RELATION

DU VOYAGE A LA RECHERCHE

DE LA PÉROUSE.

—

TOME SECOND.

RELATION

DU VOYAGE A LA RECHERCHE

DE LA PÉROUSE,

FAIT

PAR ORDRE DE L'ASSEMBLÉE CONSTITUANTE,

Pendant les années 1791, 1792, et pendant la 1ère. et la 2de. année de la République Françoise.

PAR LE C^{EN}. LABILLARDIÈRE,

Correspondant de la ci-devant académie des sciences de Paris, membre de la société d'histoire naturelle, et l'un des naturalistes de l'expédition.

TOME SECOND.

A PARIS,

CHEZ H. J. JANSEN, IMPRIMEUR-LIBRAIRE,
RUE DES MAÇONS, N°. 406, PLACE SORBONNE.

AN VIII DE LA RÉPUBLIQUE FRANÇOISE.

RELATION

DU VOYAGE A LA RECHERCHE

DE LA PÉROUSE.

CHAPITRE X.

Séjour dans la baie des Roches. Diverses excursions dans l'intérieur des terres. Bonté du sol. Organisation singulière de l'écorce de plusieurs arbres particuliers à la Nouvelle-Hollande. Difficulté de pénétrer dans les forêts. Les arbres dans l'intérieur des terres ne sont point creusés par le feu comme sur les bords de la mer. Charbon de terre vers le nord-ouest du cap méridional. Entrevue avec les Sauvages. Leur conduite très-pacifique à notre égard. L'un d'eux vint nous observer la nuit pendant notre sommeil. Plusieurs nous accompagnèrent à travers les bois. Diverses autres entrevues avec ces habitans. Ils font griller sur les charbons les coquillages pour les manger. Polygamie établie chez ces peuples. Leur pêche. Les femmes vont chercher des crustacées et des coquillages en plongeant quelquefois à de grandes profondeurs. L'un des Sauvages vient à bord. Leurs connoissances en botanique.

<small>1ere. année de la rép. Pluviose. 4.</small>

Je descendis à terre dès cinq heures du matin, vers l'entrée de notre mouillage. J'y vis le long de la grève des blocs de grès dont les débris avoient formé le sable quartzeux et très-fin sur lequel je marchai pendant quelque tems.

L'Espérance avoit déja trouvé dans une petite anse vers le nord-ouest une aiguade dont l'eau étoit très-bonne et très-facile à faire. Le ruisseau qui la fournissoit se précipitoit dans la mer de plus d'un mètre de haut. Il fut très-aisé de l'amener jusque dans la chaloupe, avec des auges de bois.

Bientôt nous arrivâmes vers le fond de la baie où nous trouvâmes une case artistement construite par les Sauvages. Nous admirâmes l'habilité avec laquelle ils avoient disposé les écorces d'arbres qui la couvroient; elle étoit impénétrable aux pluies les plus fortes: son ouverture étoit placée du côté de la mer; le désir d'en visiter l'intérieur nous y fît entrer.

On nous avoit raconté que quelques personnes du bord de l'Espérance avoient apperçu la veille, tout près de cette case, trois naturels assis autour d'un petit feu, mais que ces Sauvages, épouvantés par le bruit d'un coup de fusil tiré sur un oiseau, s'étoient enfuis avec précipitation. Nous ne tardâmes pas à avoir une autre preuve de leur présence à cette extrémité de la baie, et il nous sembla qu'ils venoient habituellement coucher dans la case. Nous fûmes bientôt fâchés d'être entrés dans cette cabane, car la vermine qui s'accrocha à nos vêtemens nous piqua peu de tems après d'une manière très-désagréable.

Le flot venoit d'amener les eaux de la mer dans l'intérieur des terres; nous y vîmes beaucoup de canards qui ne se laissèrent approcher que d'une très-grande distance. Cette crainte qu'ils montroient pour l'homme me fît penser que les naturels leur font la chasse.

Nous avions trouvé peu d'insectes dans le bois, mais à notre retour sur le rivage nous fûmes amplement dédommagés. Comme le ciel étoit fort beau, les insectes avoient volé de toutes parts, et parmi le grand nombre de ceux qui avoient essayé de traverser la baie, il étoit tombé dans l'eau beaucoup de *thermes* et divers coléoptères de formes très-bizarres; le vent les avoit poussés jusque sur le sable où il nous fut très-aisé de les ramasser.

1ère. année de la rép.
Pluviose.
5.

Le lendemain, dès le point du jour nous nous fîmes débarquer vers le fond de la rade, d'où nous entrâmes dans une grande vallée qui s'étend au sud-ouest entre des côteaux fort élevés. Du sommet d'un des plus hauts nous découvrîmes tout le pays jusqu'à la base de la grande montagne qui restoit au nord-ouest de nos vaisseaux. Les neiges qui s'étoient encore conservées sur son sommet offroient un coup-d'œil très-pittoresque, et faisoient ressortir la belle verdure des grands arbres qui sembloient y croître avec vigueur.

Diverses espèces d'*embothrium* se remarquoient sur la pente des côteaux où nous étions. Plus bas nous vîmes sourdre de plusieurs points une eau fort claire qui se rendoit dans un lac où j'apperçus des pélicans, que malheureusement je ne pus tirer que de fort loin. Ce lac est au milieu d'une grande plaine dont le sol, dans les lieux les plus bas, est composé d'une argille impregnée d'eau et couverte de racines de différentes plantes qui forment une assez mauvaise tourbe posée sur un terrain vacillant. Ce terrain entr'ouvert de quelques décimètres de largeur dans plusieurs endroits montre dans l'intérieur une vase très-délayée et couverte d'eau. J'eus le plaisir de cueillir près de ces fondrières un grand nombre de plantes parmi lesquelles je remarquai plusieurs espèces nouvelles de *calceolaria* et de *drosera*.

Bientôt nous marchâmes sur une terre végétale que
je

je trouvai la même à plus d'un demi-mètre de profondeur dans toute la largeur de la vallée. La température du climat y favoriseroit puissamment la culture de la plupart des végétaux de l'Europe ; d'ailleurs, quelques fossés faits dans les endroits convenables, donneroient aux eaux l'écoulement nécessaire pour faire disparoître presque tous les marécages qui s'y trouvent et en former une terre fertile.

1ere. année de la rép. Pluviose.

Nous étions aux approches de la nuit vers le lieu de notre débarquement, où nous vîmes plusieurs monceaux de coquilles d'huîtres apportées par les naturels, ce qui détermina nos pêcheurs à en chercher dans la rade. Au moment de la marée basse, ils reconnûrent tout près de-là un banc d'huîtres dont ils firent une grande provision. Le flot amena aussi dans cet enfoncement plusieurs espèces de rayes, dont quelques-unes fûrent prises par ces mêmes pêcheurs.

J'employai la journée du 6 à décrire et à préparer tout ce que j'avois recueilli depuis notre arrivée dans la baie des Roches. Je fus étonné de la grande variété des productions que m'offrit encore cette partie de la Nouvelle-Hollande, où j'avois déja fait des recherches très-exactes l'année précédente pendant plus d'un mois, à la vérité dans des endroits éloignés de plusieurs myriamètres de ceux que nous venions de parcourir, et dans une saison beaucoup plus avancée ; aussi j'y trouvai un grand nombre de plantes qui avoient déja dis-

6.

paru lors de notre premier séjour sur cette terre.

1ᵉʳᵉ. année de la rép.
Pluviose.
7.

Nous partîmes le lendemain dès le lever de l'aurore dans le dessein de ne pas revenir à bord avant deux jours, et avec la résolution de pousser nos recherches à une grande distance de notre mouillage. Nous débarquâmes au sud-ouest et nous suivîmes à peu près dans cette direction un sentier tracé par les naturels, où nous remarquâmes des empreintes assez fraiches de pieds nus, parmi lesquelles on en voyoit d'enfans extrêmement jeunes : quelques familles épouvantées par notre séjour dans la baie des Roches avoient été chercher sans doute une autre retraite où elles se croyoient plus en sûreté.

Après une heure de marche nous nous arrêtâmes dans un lieu bas où les eaux des collines voisines alloient se perdre. Plusieurs espèces de *leptospermum* s'accommodoient si bien de cette humidité qu'ils étoient devenus de très-grands arbres, tandis qu'ailleurs je ne les avois encore trouvés qu'avec la taille de petits arbustes. Quelques-uns avoient ici plus de trente mètres de haut, quoique le corps de l'arbre n'eût pas deux décimètres d'épaisseur ; une de ces espèces étoit remarquable par son écorce épaisse d'environ trois centimètres et composée d'un grand nombre de feuillets placés les uns sur les autres, très-faciles à séparer, et aussi minces que le papier de la Chine le plus fin : cette singulière organisation de l'écorce ne se rencontre qu'à la Nouvelle-Hollande ; elle est à peu près la même dans l'*eucalyp-*

tus resinifera; je l'avois aussi observée à la côte sud-ouest de cette même terre sur deux grands arbres, dont l'un appartient à la famille des protées et l'autre à celle des myrtes.

1ere. année de la rép. Pluviose.

Bientôt nous trouvâmes un abat-vent opposé aux fortes brises de sud-ouest, et nous vîmes auprès l'emplacement d'un feu qui nous parut avoir été allumé depuis peu. Les naturels y avoient laissé une partie de la tige du *fucus palmatus*, qu'ils mangent après l'avoir fait griller, comme nous eûmes occasion de nous en convaincre par la suite.

Le vent de sud-ouest qui avoit été précédé d'un grand abaissement du mercure dans le baromètre, souffla l'après-midi par rafales impétueuses qui nous amenèrent de la pluie au moment où nous arrivâmes sur les bords de la mer tout près du cap méridional. Un arbuste de la famille des rutacées y formoit heureusement des touffes très-épaisses qui nous offrirent un excellent abri : cet arbre croissoit avec vigueur sur ces élévations, malgré qu'il fût exposé à toute l'impétuosité des vents fougueux qui règnent dans ces parages.

J'ai donné à ce nouveau genre le nom de *mazeutoxeron*.

Le calice est en forme de cloche et à quatre dents.

Quatre pétales sont attachés au fond du calice.

Les étamines, au nombre de huit, sont fixées sur le réceptacle.

L'ovaire est de forme ovale. Le style n'est pas tout à fait si long que les étamines. Le stigmate a quatre divisions.

La capsule est à quatre loges, dont chacune est formée de deux valves; elle est couverte de poils.

Chaque loge contient deux à trois semences presque sphériques.

Cette plante a ses feuilles opposées, arrondies, couvertes d'un duvet épais, et de couleur fauve en dessous.

Les fleurs sont solitaires et placées à l'aisselle des feuilles.

Je désigne cet arbuste sous la dénomination de *mazeutoxeron rufum*.

Explication des figures. Planche 17.

Figure 1. Rameau.
Figure 2. Fleur.
Figure 3. Pétale.
Figure 4. Les pétales ont été enlevés pour faire voir les étamines.
Figure 5. Etamines grossies.
Figure 6. Capsule.

Nous marchâmes pendant quelque tems au nord à travers des sables amoncelés, avant de descendre sur la grève dont nous suivîmes les contours avec beaucoup de facilité dans un grand espace; mais nous fûmes enfin arrêtés par une montagne coupée à pic qui s'avançoit dans la mer. En vain nous cherchâmes à en faire le tour; il nous fut impossible de pénétrer à travers les fourrés qui l'environnoient.

1ere. année de la rép. Pluviose.

La nuit approchoit, nous retournâmes sur nos pas dans le dessein de chercher près d'un ruisseau que nous avions déja traversé, un lieu commode pour passer la nuit. Un buisson touffu fut le meilleur abri que nous y trouvâmes. Nous le garnîmes encore de branchages, comptant être parfaitement à l'abri des injures de l'air; mais le vent de sud-ouest souffla avec une telle force pendant la nuit qu'il fît pénétrer la pluie de toutes parts. Par surcroît de malheur le froid fut très-vif, et força la plupart d'entre nous à s'approcher du feu, quoiqu'on y fût encore plus mouillé que dans cette espèce de case.

Dès que le jour parut nous quittâmes notre mauvais gîte, et nous parcourûmes les dunes qui nous environnoient. J'observai dans quelques endroits qui paroissoient éboulés depuis peu, que ces monceaux de sable reposoient les uns sur une stéatite dure de couleur gris-foncé, et d'autres sur du grès. Je le remarquai aussi un moment après sur les bords du rivage : un très-gros rocher avancé dans la mer et peu éloigné de la côte montroit dans tous ses points la même espèce de stéatite :

8.

ce rocher qui est fort élevé est percé à une de ses extrémités.

1ère. année de la rép.
Pluviose.

La vague avoit détaché du fond des mers l'éponge appelée *spongia cancellata*, que nous voyions jetée en grande quantité sur le rivage.

Au milieu de ces dunes croissoit une nouvelle espèce de plantain que je nomme *plantago tricuspidata*, à cause de la forme de ses feuilles; il doit être rangé au nombre des plantes les plus utiles que cette terre fournit à la nourriture de l'homme. L'espoir de trouver quelques végétaux bons à manger en salade, avoit déterminé les plus prévoyans d'entre nous à emporter l'assaisonnement nécessaire pour ce mets : les feuilles de ce plantain étoient fort tendres, et la salade qu'elles nous fournîrent fut du goût de tous les convives.

Diverses graminées, parmi lesquelles je remarquai plusieurs espèces nouvelles de *festuca*, servoient à fixer les sables. Un geranium nouveau à tige herbacée, très-petite, et à feuilles très-découpées se trouva au nombre des plantes que je recueillis : ce fut la première espèce de ce genre que j'observai sur cette terre.

J'avois déja apperçu quelques terriers creusés dans les endroits où le sable avoit assez de solidité. Bientôt j'en vis un plus grand nombre; mais j'ignorois par quel animal ils avoient été formés, lorsqu'un kangourou de grandeur moyenne se leva à notre approche et alla s'y terrer : ce fut en vain que nous y tirâmes plusieurs coups de fusil dans l'espoir que la fumée l'en feroit sortir; il y resta toujours blotti.

Bientôt beaucoup de traces de kangouroux frayées à travers un petit bois réveillèrent l'ardeur de deux chasseurs qui étoient avec nous; ils ne tardèrent pas à appercevoir au milieu d'une prairie arrosée par un charmant ruisseau plusieurs de ces quadrupèdes dont aucun pourtant ne se laissa approcher.

Enfin, nous arrivâmes à bord d'autant plus fatigués que depuis plus de quarante heures nous n'avions pas dormi un seul instant.

J'employai les quatre jours suivans à parcourir les environs de notre mouillage; j'y trouvai vers le sud-sud-est un bel arbre qui me sembla appartenir à la famille des conifères, à en juger par la disposition de ses étamines et l'odeur résineuse de toutes ses parties; mais je n'ai jamais pu m'en procurer le fruit, quoique j'aie rencontré par la suite beaucoup d'autres pieds du même arbre. La saison n'étoit pas sans doute encore assez avancée : les étamines que j'y remarquai paroissoient s'être conservées depuis l'année précédente. Je cite cet arbre non-seulement à cause de la singularité de ses feuilles dans une espèce de cette famille, car elles sont larges et divisées profondément sur leurs bords, mais encore à cause de leur utilité dans la préparation de la bierre : leur extrait amer et en même tems aromatique me fît penser qu'il pourroit servir, comme celui du spruce.

1ʳᵉ. année
de la rép.

Pluviose.

L'expérience que j'en fis avec du malt m'apprit que je ne m'étois pas trompé.

Ce bel arbre a souvent jusqu'à un mètre d'épaisseur sur une hauteur de vingt-cinq à trente mètres : son bois est très-dur, de couleur rougeâtre et susceptible de recevoir un beau poli.

Les forêts épaisses que nous avions au nord-nord-ouest de nos vaisseaux m'offrirent un grand nombre d'arbres de hauteur médiocre qui croissoient avec vigueur, malgré l'ombrage que leur portoient des pieds énormes d'*eucalyptus globulus*.

Je vais donner quelques détails sur un genre nouveau de la famille des millepertuis, qui faisoit l'ornement de ces endroits solitaires et que j'appelle *carpodontos*.

Le calice est à quatre feuilles scarieuses réunies par leur partie supérieure ; elles se détachent à mesure que la corolle se développe.

La corolle est formée de quatre pétales attachés sous l'ovaire.

Les étamines sont nombreuses (trente à quarante).

L'ovaire est allongé et surmonté de six à sept styles, dont chacun est terminé par un stigmate aigu.

La capsule s'ouvre en six à sept valves, ligneuses, fendues intérieurement dans toute leur longueur et marquées de deux dents à leur extrémité supérieure.

Les graines sont peu nombreuses et applaties.

Cet

DE LA PÉROUSE.

Cet arbre, qui ne s'élève pas au-delà de huit à dix mètres, est assez mince.

Ses feuilles sont ovales, opposées, coriaces, luisantes et couvertes d'une légère couche de résine qui transsude de leur partie supérieure; le revers est blanchâtre, les nervures transversales y sont à peine sensibles. Je lui ai donné le nom de *carpodontos lucida*.

1ère. année de la rép. Pluviose.

Explication des figures. Planche 18.

Figure 1. Rameau du *carpodontos lucida*.
Figure 2. Fleur avec le calice déja détaché par sa base.
Figure 3. Fleur vue par devant.
Figure 4. Partie postérieure de la fleur, où l'on remarque le calice qui y reste quelquefois attaché par une de ses écailles après le développement de la corolle.
Figure 5. Pétale.
Figure 6. Etamines grossies.
Figure 7. Ovaire.
Figure 8. Capsule.

Nous avions formé le 13 le dessein d'aller visiter la plus haute des montagnes de cette partie de la Nouvelle-Hollande: ses sites variés nous faisoient espérer un grand nombre de productions nouvelles. Chacun de nous emporta pour cinq jours de vivres, persuadés que ce tems

13.

suffiroit pour remplir notre but. Nous partîmes de très-grand matin assez bien approvisionnés de biscuit, de fromage, de lard salé et d'eau-de-vie, notre approvisionnement accoutumé dans nos excursions lointaines.

Après nous être avancés à la moitié du chemin que nous avions déja suivi auparavant en allant au cap méridional, nous trouvâmes une vaste clairière qui facilita notre marche vers l'ouest jusqu'au pied des monticules qu'il nous falloit traverser, et enfin nous nous enfonçâmes au milieu des forêts n'ayant plus d'autre guide que l'aiguille aimantée.

Nous nous portâmes au nord, et nous n'avancions que lentement, obligés de franchir les obstacles que nous opposoient à chaque pas des arbres énormes entassés les uns sur les autres; la plupart déracinés par la tempête avoient emporté dans leur chûte une partie du terrain où ils avoient pris naissance; d'autres tombés de vétusté étoient vermoulus de toutes parts, et souvent on voyoit l'extrémité inférieure de leur tronc se tenir encore debout au milieu des entassemens énormes de leurs débris.

Après une marche extraordinairement pénible nous parvînmes enfin sur le sommet d'une montagne d'où nous apperçûmes au sud le milieu de la rade du cap méridional, et au nord-ouest la grande montagne vers laquelle nous dirigions nos pas.

Bientôt la nuit nous força de nous arrêter. Nous allumâmes un grand feu auprès duquel un doux sommeil vint nous surprendre et nous délasser des fatigues du jour. Nous dormîmes en plein air, parce qu'il nous eût été très-difficile de construire rapidement un abri au milieu de ces grands arbres, leurs branches étant situées principalement vers leur sommité; d'ailleurs, cette partie de la forêt étoit dénuée d'arbustes. Nous avions en vain cherché quelques gros troncs creusés par le feu; mais on n'en rencontre que dans les lieux fréquentés par les naturels; nous en avions vu un grand nombre sur les bords de la mer, nous y avions remarqué beaucoup de sentiers frayés par eux; rien, au contraire, ne nous indiqua qu'ils fussent venus au milieu de ces épaisses forêts.

1ere. année de la rép. Pluviose.

L'air étoit extrêmement calme; je me réveillai vers minuit, et me voyant isolé au milieu de ces forêts silencieuses dont la foible clarté des étoiles me laissoit encore entrevoir la majesté, je me sentis pénétré d'un sentiment d'admiration de grandeur de la nature au-dessus de toute expression.

Dès le point du jour nous suivîmes la même direction que la veille: les difficultés s'accroissoient de plus en plus; souvent les troncs renversés les uns sur les autres formoient une barrière presqu'impénétrable et nous mettoient dans la nécessité de gravir jusque sur les plus élevés et de marcher ainsi d'arbre et arbre aux risques de nous précipiter d'une grande hauteur; car plusieurs

14.

étant couverts d'une écorce fongueuse imbibée par l'humidité constante qui règne dans ces épaisses forêts ne nous offroient qu'un passage extrêmement glissant et difficile.

Le jour étoit déja fort avancé lorsque nous parvînmes au sommet d'une montagne d'où nous apperçûmes dans toute son étendue une longue vallée que nous étions encore obligés de traverser avant d'arriver au pied de la montagne que nous avions dessein d'aller visiter : l'intervalle qui nous en séparoit nous parut d'environ trois myriamètres, et cet espace étoit occupé par des forêts aussi épaisses que celles où nous venions de pénétrer. Il étoit douteux que nous ne missions pas plus de deux jours pour arriver au but que nous nous étions proposés, même dans la supposition que notre marche n'eût point été ralentie par de grands marécages ou d'autres obstacles impossibles à prévoir. Il falloit à peu près le même tems pour revenir : d'après ce calcul nous eussions manqué de vivres pendant trois jours. Ces forêts d'ailleurs ne nous offroient pas le moindre moyen de subsistance; nous fûmes donc obligés de renoncer à notre projet.

La grande chaîne de montagnes paroissoit dans une vaste étendue se diriger du nord-est au sud-ouest.

Nous trouvâmes dans les forêts que nous venions de parcourir les mêmes sortes de pierres que nous avions déja rencontrées vers le cap méridional. Nous voyions ce cap au sud quart sud-est : nous prîmes cette direction, et nous allâmes passer la nuit sur les bords de la forêt, près d'un ruisseau qui couloit au pied des montagnes.

La difficulté de pénétrer à travers les bois nous fît prendre le parti de suivre désormais la grève aussi loin que nous pourrions, et de profiter des clairières qui venoient y aboutir, pour nous enfoncer dans les terres : de cette manière nous pouvions parcourir en peu de tems une grande étendue de terrain ; mais il nous falloit d'abord franchir l'escarpement qui s'avançoit sur la grève et qui nous avoit arrêté quelques jours auparavant. De nouvelles tentatives nous réussîrent enfin, et nous parvînmes, après les plus grandes difficultés, à pénétrer au travers des bois fourrés qui en défendoient l'approche : après en être sortis nous pûmes continuer notre marche sur les bords de la mer où nous trouvâmes pendant quelque tems un chemin facile, les montagnes venant y aboutir par une pente douce, mais bientôt nous fûmes obligés de gravir sur des rochers escarpés au pied desquels nous voyions la mer briser d'une manière effrayante. Ce chemin, quelque difficile qu'il fût, étoit cependant fréquenté par les naturels. Nous y trouvâmes une de leurs zagaies : cette arme étoit un long bâton très-droit qu'ils ne s'étoient pas donné la peine de polir, mais qu'ils avoient aiguisé par les deux bouts.

Le flanc des montagnes mis à découvert dans une très-grande étendue, nous montra une couche horizon-

1ere. année de la rép.

Pluviose.

15.

tale de charbon de terre, dont la plus grande épaisseur ne surpassoit pas un décimètre. Nous le remarquâmes dans un espace de plus de trois cents mètres. Il reposoit sur du grès et il étoit couvert d'un schiste brun-foncé. Ces indices me font présumer qu'à une plus grande profondeur on trouveroit abondamment d'excellent charbon de terre. On sait que les mines les plus riches de ce combustible se trouvent communément au-dessous du grès.

La rouille dont je vis l'eau qui suintoit des rochers fortement colorée, fut le premier indice qui m'avertit que ces montagnes contenoient du fer ; mais bientôt je trouvai de beaux morceaux d'hematite de couleur rouge-bronzée et plus loin une terre ocreuse d'un rouge assez vif. Le tripoli étoit aussi répandu par petits morceaux isolés au milieu du chemin que nous suivions ; il s'étoit détaché probablement des couches supérieures qu'on ne pouvoit plus distinguer, parce que de grands éboulemens de terre les avoient cachées.

Plusieurs espèces nouvelles de *lobelia* sortoient des fentes des rochers qui devenoient de plus en plus escarpés ; quelques-uns étoient coupés à pic et avoient plus de deux cents mètres de hauteur perpendiculaire au-dessus du niveau de la mer. Des traces fort récentes d'éboulemens nous déterminèrent à prendre notre route à travers les bois et à ne plus nous approcher de ces roches qu'avec la plus grande précaution.

Nous marchâmes pendant quelque tems au milieu d'arbustes dont la plupart étoient de la famille des bruyères et de celle des plaqueminiers.

Bientôt nous fûmes attirés par un bruit effrayant dont les redoublemens nous sembloient suivre le mouvement des vagues, et nous vîmes avec le plus grand étonnement le terrible spectacle des effets destructeurs de la mer qui mine continuellement ces bords escarpés. La base d'un énorme rocher étoit déja engloutie sous les eaux, tandis que son sommet se creusoit en une voûte énorme suspendue à plus de deux cents mètres d'élévation perpendiculaire, qui, en renvoyant les sons, augmentoit le bruit du choc redoublé des vagues impétueuses qui se brisent contre leurs flancs.

Nous avions dépassé les deux premiers caps qu'on trouve dans l'ouest du cap méridional. Nous retournâmes vers ce dernier où nous passâmes une fort mauvaise nuit, car malheureusement nous étions peu éloignés d'eaux stagnantes, et le grand calme de l'atmosphère nous avoit abandonnés à toute la fureur des moustiques.

Le matin étoit le moment de la marée basse : nous comptions en profiter pour nous procurer des coquillages dont la mauvaise qualité de nos provisions nous faisoit sentir un besoin pressant; mais la brise du large vint tromper notre espoir en faisant monter les eaux à peu près à la même élévation qu'elles auroient atteint à la marée haute; il fallut donc nous contenter de nos provisions salées.

1ère. année de la rép.
Pluviose.

La cascade du cap méridional qui, quand Furneaux aborda à cette terre portoit beaucoup d'eau à la mer, étoit presqu'à sec à l'époque où nous nous y trouvions. On appercevoit bien pourtant aux traces du torrent, que son cours doit être considérable dans la saison des pluies.

Nous trouvâmes mort sur la grève un veau marin de l'espèce appelée *phoca monachus*. Deux fortes contusions qu'il avoit à la tête nous fîrent présumer que peut-être il avoit été entraîné malgré lui sur quelque roche par la violence des vagues.

En nous dirigeant vers notre mouillage nous trouvâmes à l'est-nord-est du cap méridional deux grandes mares, et en parcourant leurs bords, nous y vîmes plusieurs terriers de kangouroux. Une nouvelle espèce d'*utricularia* montroit ses fleurs charmantes à la surface de ces eaux tranquilles. Je fus étonné que ces eaux stagnantes ne répandissent pas une odeur fétide comme il arrive ordinairement : il est probable qu'elles se renouvelloient rapidement en se filtrant à travers les terres.

Il étoit trois heures après midi lorsque nous arrivâmes à bord. Nous apprîmes qu'un des canonniers de l'Espérance, appelé Boucher, venoit de mourir des suites d'une phthisie pulmonaire.

17 et 18.

Le tems qui me resta après avoir décrit et préparé les objets

objets que j'avois recueillis les jours précédens, je l'employai à visiter les terres basses que nous avions au sud-est. Je pénétrai facilement dans ces forêts dont les arbres étoient assez distans les uns des autres. J'y trouvai presque par-tout une excellente terre végétale. J'y coupai des échantillons de plusieurs sortes de bois, afin de connoître les divers usages auxquels chacun d'eux pourroit être employé. Le bel arbre que je crois de la famille des conifères, et dont j'ai déja parlé, opposa une grande résistance à la scie ; ce seroit sans doute celui de cette famille qui fourniroit le bois le plus compacte.

1ere. année de la rép.
Pluviose.

Je désirois depuis long-tems qu'on déposât sur cette partie de la côte dans une bonne terre végétale suffisamment humectée, la plupart des graines que nous avions apportées d'Europe et qui pouvoient y réussir ; mais à mon retour je vis avec peine qu'on venoit de bêcher et d'ensemencer assez près du fond de la baie un terrain très-sablonneux et très-sec.

Le 19 nous partîmes de grand matin, le jardinier et moi et deux hommes de l'équipage, dans le dessein d'employer deux jours consécutifs à parcourir les environs du port Dentrecasteaux. Nous débarquâmes à son entrée sur la rive occidentale. C'étoit le moment de la marée basse, et par un heureux hazard nous nous trouvâmes sur un banc d'huîtres dont nous fîmes une ample provision.

19.

Nous revîmes avec plaisir un terrain que nous avions

visité plusieurs fois l'année précédente. La plupart des petits ruisseaux que nous y avions rencontré, et même celui où nous avions puisé notre eau à cette époque, étoient pour-lors à sec.

Bientôt nous arrivâmes au fond du port, et nous trouvâmes, en remontant la rivière, des bosquets très-fourrés et marécageux qui ralentîrent souvent nos pas.

Les serpens sont peu communs au cap de Diemen: j'en vis cependant deux qui dormoient au soleil sur de gros troncs d'arbres; mais à notre approche ils gagnèrent les troncs creusés qui leur servoient de retraite. Ils étoient de l'espèce des couleuvres que j'avois déja trouvé l'année précédente et qui n'est nullement dangereuse.

Quoique le cours de la rivière fût obstrué presqu'à chaque pas par de grands arbres, nous fûmes pourtant obligés de la remonter à plus de deux kilomètres de distance pour en trouver un qui nous donnât le moyen de passer sans trop de difficulté sur l'autre rive.

Nous nous portâmes ensuite au nord-est, et nous traversâmes très-commodement une grande plaine dont les naturels avoient brûlé depuis peu une partie des végétaux. Bientôt nous arrivâmes au fond du grand lac, dont nous suivîmes les bords jusqu'à la mer; et, après avoir parcouru une grande étendue de terrain, nous retournâmes à son extrémité pour passer la nuit tout près d'un ruisseau que nous avions déja traversé. Comme le ciel étoit fort beau, nous dormîmes en plein air, abrités seulement par de gros troncs d'arbres couchés par terre; mais bientôt le froid qui se fît vivement sentir nous força d'allumer un grand feu.

1ère. année de la rép. Pluviôse.

Il est remarquable que la température de l'atmosphère à cette extrémité de la Nouvelle-Hollande varia quelquefois de 17^d du jour à la nuit (du 6$^{me\,d}$ au 23$^{me\,d}$. Il s'agit toujours du thermomètre à mercure gradué d'après l'échelle de Réaumur). A la vérité cette terre étroite, située par une aussi haute latitude, est peu capable de retenir long-tems la chaleur que lui ont imprimé les rayons du soleil; cette grande différence dans la température ne laissoit pas de nous gêner, en ce qu'elle nous forçoit de nous charger de vêtemens fort incommodes pendant le jour. Je dois observer encore que la variation du thermomètre observée à bord dans le même tems, n'alloit pas au-delà de 5^d à 6^d.

Dès que le jour parut, pendant que les deux hommes qui nous avoient accompagné dormoient encore, nous nous avançâmes seuls, le jardinier et moi, vers la partie du lac opposée à celle que nous avions visitée la veille.

20.

J'eus le plaisir de recueillir plusieurs espèces de *mimosa* à feuilles simples, dont toutes les parties de la fructification étoient développées. J'en possédois déja quelques échantillons, mais ils étoient fort incomplets.

Après avoir fait au moins trois kilomètres de chemin,

nous crûmes entendre devant nous quelques voix humaines. Nous redoublâmes d'attention en avançant de quelques pas, quand tout à coup il partit du même endroit un cri formé de la réunion de plusieurs voix, et nous apperçûmes à travers les arbres un grand nombre de naturels, dont la plupart sembloient occupés à la pêche sur les bords du lac. Comme nous ne connoissions point leurs intentions et que d'ailleurs nous étions sans armes, nous ne balançâmes pas à prendre le parti de rejoindre nos deux compagnons de voyage qui avoient chacun un fusil. Sur-le-champ nous traversâmes les bois pour nous dérober à la vue des Sauvages, et nous tâchâmes de leur cacher notre fuite pour ne pas être poursuivis par eux.

Après avoir raconté à nos deux hommes le sujet de notre retour, je leur témoignai le vif désir que j'avois de communiquer avec ces habitans, mais il falloit auparavant disposer nos moyens de défense de manière à nous en servir dans le cas où ils nous auroient attaqué. Nous préparâmes à la hâte quelques cartouches et nous nous mîmes en route vers le lieu où nous les avions apperçus ; il n'étoit encore que neuf heures. A peine eûmes-nous fait quelques pas que nous les rencontrâmes. Les hommes faits et les jeunes garçons étoient rangés en avant à peu près sur un demi-cercle, les femmes, les filles et les enfans se tenoient derrière, à quelques pas de distance. Leur air ne me paroissant annoncer aucun dessein hostile, je ne balançai point à m'approcher du plus âgé; il accepta de bonne grâce un morceau de biscuit que je lui offris et dont il m'avoit vu manger : ensuite je lui tendis la main en signe de bonne intelligence, et j'eus le plaisir de voir que ce Sauvage me comprenoit très-bien; il me donna la sienne, en se courbant un peu et levant en même tems le pied gauche qu'il portoit en arrière à mesure qu'il inclinoit le corps. Ces mouvemens fûrent accompagnés d'un sourire agréable.

1ere. année de la rép. Pluviose.

Mes compagnons de voyage s'avancèrent aussi tout près des autres, et sur-le-champ la meilleure intelligence régna entre nous et ces habitans. Ils reçûrent avec joie les mouchoirs que nous leur offrîmes : les jeunes gens se rapprochèrent encore davantage de nous; un d'entre eux eut la générosité de me donner quelques petits buccins percés vers le milieu et enfilés dans une corde : cet ornement, qu'il appela *canlaride*, étoit le seul qu'il possédât; il le portoit autour de la tête. Un mouchoir remplaça ce présent et combla les désirs de notre Sauvage, qui s'avança pour que je lui en ceignisse la tête, et qui, en y portant la main à plusieurs reprises, exprima la plus grande joie. Nous avions, comme je l'ai déja dit, beaucoup de vêtemens à cause de la fraicheur des nuits; nous nous defîmes de la majeure partie en faveur de ces insulaires.

Les femmes désiroient bien de s'avancer plus près de

1ᵉʳᵉ. année de la rép.
Pluviose.

nous, et quoique les hommes leur fissent signe de se tenir à l'écart, la curiosité étoit à chaque instant prête à l'emporter sur toute autre considération. Cependant la confiance s'établit de plus en plus, et alors elles obtînrent la permission de s'approcher. Il nous parut bien étonnant que par une aussi haute latitude où, à cette époque peu avancée de l'année, nous éprouvions déja un froid assez vif pendant la nuit, ces peuples ne sentissent pas la nécessité de se vêtir. Les femmes étoient même pour la plupart entièrement nues, comme les hommes. Quelques-unes seulement avoient les épaules et une partie du dos couvertes d'une peau de kangourou, dont le poil étoit appliqué contre leur chair ; parmi celles-ci on en remarquoit deux qui avoient chacune un enfant à la mamelle ; une autre avoit pour tout vêtement une lanière de peau de kangourou large d'un demi-décimètre qui se rouloit six à sept fois autour de son ventre : une autre portoit un collier de peau ; quelques autres avoient la tête ceinte de plusieurs tours d'une corde assez mince. Je reconnus par la suite que ces cordes étoient faites pour la plupart avec l'écorce d'un arbuste de la famille des thymelées très-répandue sur cette terre.

Bientôt une hache d'armes dont nous nous servîmes pour couper quelques branches excita l'admiration de ces habitans. Comme ils nous voyoient disposés à leur donner ce que nous possédions, ils ne craignîrent pas

DE LA PÉROUSE.

de nous la demander ; et dès que nous la leur eûmes accordée, ils fûrent au comble de la joie : ils sentîrent aussi tout le prix de nos couteaux, et reçûrent avec plaisir quelques vases de fer blanc. Dès que je leur eus fait voir ma montre, elle excita leur envie. Un d'entre eux sur-tout m'annonça le désir de l'avoir; mais il se désista bien vîte de sa demande, quand il vit que je ne voulois pas m'en défaire.

1ere. année de la rép. Pluviose.

La facilité avec laquelle nous leur donnions nos effets leur fît sans doute présumer que désormais ils pouvoient prendre tout ce qui nous appartenoit, en se dispensant de rien demander davantage ; c'est pourquoi nous fûmes obligés de mettre des bornes à leurs désirs ; mais nous vîmes avec satisfaction qu'ils rendoient, sans faire la moindre résistance, les objets que nous ne pouvions pas leur laisser.

Je leur avois donné beaucoup de choses sans rien exiger d'eux. Je désirai à mon tour d'acquérir une peau de kangourou dans le moment où parmi les Sauvages qui nous entouroient il n'y avoit qu'une jeune fille qui en eût. Dès que je lui eus proposé de me la donner en échange d'un pantalon, elle s'enfuit et courut se cacher dans les bois. Les autres naturels parûrent vraiment peinés de ce refus. Ces braves gens se réunîrent à moi auprès de cette jeune fille et l'appelèrent à différentes reprises. Enfin, elle se rendit à leurs sollicitations et s'approcha pour me remettre la peau. Peut-être n'étoit-ce que par timidité qu'elle avoit eu de la peine à se défaire de cette espèce de vêtement; elle obtint en retour un pantalon qui, selon les usages de ces dames, lui étoit bien moins utile que cette peau qui lui servoit à se couvrir les épaules. Nous lui en montrâmes l'usage; mais pour cela il fallut bien le lui passer nous-mêmes. Elle s'y prêta de la meilleure grâce du monde, s'appuyant les deux mains sur nos épaules pour se soutenir tandis qu'elle levoit les jambes l'une après l'autre, afin de recevoir ce nouveau vêtement. Voulant éviter tout sujet de mésintelligence, nous conservâmes dans cette circonstance toute la gravité dont nous étions capables.

Ces Sauvages étoient au nombre de quarante-deux dont sept hommes faits et huit femmes, les autres paroissoient être leurs enfans, parmi lesquels nous remarquâmes plusieurs filles déja nubiles et encore moins vêtues que la plupart des mères. Nous les engageâmes tous à venir se reposer auprès de notre feu; dès que nous y fûmes arrivés, un de ces Sauvages nous exprima par des signes non équivoques qu'il étoit venu nous reconnoître pendant la nuit: pour nous faire comprendre qu'il nous y avoit vu dormir, il mît sa main droite sur un côté de la tête qu'il inclina au même instant, en fermant les yeux pour exprimer le sommeil; il nous montra de l'autre main le lieu où nous avions passé la nuit; puis il nous indiqua par d'autres signes non moins expressifs

pressifs qu'au même moment il se tenoit de l'autre côté du ruisseau, d'où il nous avoit observé. En effet, un d'entre nous avoit été réveillé vers le milieu de la nuit par un bruit de branches agitées, il avoit cru même en entendre briser quelques-unes; mais accablé de fatigue il s'étoit bientôt rendormi; il crut d'ailleurs que c'étoit un kangourou qui étoit venu nous rendre visite. Notre feu avoit été un point de reconnoissance pour le naturel que cette peuplade avoit chargé de venir nous observer : pour nous, quoique nous eussions été pendant toute cette nuit entièrement à la merci de ces Sauvages, nous n'en avions pas moins dormi du sommeil le plus tranquille. Un des hommes qui nous accompagnoient nous apprit alors que la veille, au coucher du soleil, ayant apperçu de la fumée de l'autre côté du lac, il avoit bien présumé que des naturels s'y étoient rassemblés; mais il n'avoit pas pensé, nous dit-il, à nous en parler lorsque nous nous étions réunis.

Nous voulûmes montrer à ces Sauvages l'effet de nos armes à feu, après leur avoir fait entendre de notre mieux qu'ils n'en avoient rien à craindre; ils parûrent cependant un peu effrayés du bruit de l'explosion.

Ces naturels ont les cheveux laineux et se laissent croître la barbe. Les planches 6, 7 et 8 donnent sur le caractère de leur figure des idées bien plus exactes que tout ce que je pourrois en apprendre par de longs détails. On remarque (planche 7) que la mâchoire supérieure s'avance dans les enfans, beaucoup au-delà de l'inférieure, mais que s'affaissant avec l'âge elle se trouve dans l'adulte à peu près sur la même ligne. Leur peau n'est pas d'un noir très-foncé; mais c'est sans doute une beauté chez ces peuples d'être très-noirs, et pour le paroître encore beaucoup plus qu'ils ne le sont en effet, ils se couvrent de poussière de charbon principalement les parties supérieures du corps.

On voit sur leur peau, particulièrement à la poitrine et aux épaules, des tubercules disposés symétriquement, offrant tantôt des lignes d'un décimètre de long, tantôt des points placés à différentes distances les uns des autres. Le mordant dont ils s'étoient servi pour produire ces sortes d'élévations, n'avoit pas pourtant détruit le tissu réticulaire de la peau, car elle y conservoit la même couleur que les autres parties du corps.

L'usage de s'arracher deux des dents incisives supérieures que, d'après le rapport de quelques voyageurs, on avoit cru général parmi ces habitans n'est certainement pas introduit chez cette peuplade, car nous n'en vîmes aucun à qui il en manquât à la mâchoire supérieure; et ils avoient tous de fort belles dents.

Un des matelots qui nous accompagnoient crut ne pouvoir mieux les régaler qu'en leur offrant de l'eau-de-vie; mais accoutumés à ne boire que de l'eau, ils la rejetèrent bien vîte, et il parut qu'elle leur causa un sensation fort désagréable.

Ces Sauvages étant tout nus sont sujets à se blesser, sur-tout aux extrémités inférieures, lorsqu'ils traversent les bois. Nous en remarquâmes un qui marchoit avec difficulté et qui s'étoit enveloppé un des pieds avec un morceau de peau.

Je n'appercevois plus depuis quelque tems les jeunes filles, et je croyois qu'elles s'étoient déja toutes retirées dans les bois; mais portant la vue derrière moi, j'en vis avec suprise sept qui avoient été se percher sur une grosse branche élevée de plus de trois mètres au-dessus de la terre, et qui de-là observoient avec beaucoup d'attention nos moindres mouvemens: elles se tenoient toutes accroupies, et formoient un groupe charmant.

Nous étions fort éloignés du rivage où un canot devoit nous attendre pour nous conduire à bord. Il étoit tems de se mettre en route pour y arriver. Nous quittions à regret ces paisibles habitans, lorsque nous vîmes les hommes et quatre jeunes gens se séparer de leur troupe pour nous accompagner. Bientôt un des plus robustes s'enfonça dans le bois, d'où il revint presque sur-le-champ tenant à la main deux longues zagaies; mais en s'avançant vers nous, il nous engagea par signes à ne rien craindre; il paroissoit, au contraire, vouloir nous mettre sous la protection de ses armes.

1ᵉʳᵉ. année de la rép.
Pluviose.

C'étoit sans doute pour ne pas nous effrayer qu'ils les avoient déposées dans la forêt, lorsque le matin ils étoient venus à notre rencontre.

Les autres naturels que nous venions de quitter se rapprochèrent de notre troupe. Sitôt que nous eûmes invité celui qui portoit les zagaies à nous montrer son adresse, il en saisit une de la main droite à peu près vers le milieu, puis l'élevant à la hauteur de la tête, et la tenant toujours dans une situation horizontale, il la retira vers lui trois fois de suite par secousses en occasionnant un trémoussement fort sensible à ses deux extrémités, ensuite il la lança à près de cent pas. Cette arme, soutenue dans toute sa longueur par la colonne inférieure de l'air, parcourut dans une direction assez horizontale plus des trois quarts de cette distance. Le trémoussement qu'il lui imprima avant de la lancer, contribua sans doute à accélérer son mouvement de progression et à la soutenir plus long-tems dans l'air.

Ce Sauvage voulut bien se rendre à nos désirs en lançant plusieurs fois de suite la même zagaie; puis il visa à un but que nous lui indiquâmes, et à chaque fois il en approcha assez pour nous donner une grande idée de son adresse. Un moment après un autre nous fît remarquer dans une peau de kangourou deux trous qui paroissoient avoir été faits par la pointe d'une zagaie, nous faisant ainsi connoître qu'ils s'en servent pour tuer ces quadrupèdes. En effet, ils la lancent avec assez de force pour percer l'animal de part en part.

1ere. année de la rép. Pluviose.

Nous partîmes enfin avec nos nouveaux guides, dont la marche fut assez lente pour que nous pussions les suivre aisément. Il semble qu'ils ne sont pas accoutumés à faire de suite une longue course; car à peine avions-nous marché une demi-heure qu'ils nous engagèrent à nous asseoir, en nous disant *mèdi;* nous nous arrêtâmes sur-le-champ. Cette halte ne dura que quelques minutes, après lesquelles ils se levèrent en nous criant *tangara*, qui signifie *partons*. Nous nous remîmes aussitôt en route. Ils nous firent faire encore quatre autres pauses à des distances à peu près égales.

Les attentions que nous prodiguèrent ces Sauvages nous étonnèrent singulièrement. Notre passage étoit-il embarrassé par des monceaux de branches sèches, quelques-uns d'eux marchoient devant nous et les rangeoient sur les bords du sentier; ils cassoient même celles qui, attachés encore aux arbres renversés, obstruoient le chemin que nous suivions.

Nous ne pouvions marcher sur l'herbe sèche sans glisser à chaque instant, sur-tout dans les lieux en pente; mais ces bons Sauvages, pour nous empêcher de tomber, nous soutenoient en nous prenant par le bras. Nous eûmes beau faire pour leur persuader qu'aucun de nous ne tomberoit quand bien même il ne seroit aidé par

personne, ils n'en continuèrent pas moins à nous donner ces marques d'une tendre affection ; souvent même ils se mettoient deux l'un à droite et l'autre à gauche pour nous soutenir encore mieux. Comme ils per-
sistèrent opiniâtrement dans le dessein de nous rendre
ces soins obligeans nous prîmes le parti de ne les plus
refuser.

Certainement ils se doutoient bien que nous avions
formé le projet de nous rendre au port Dentrecasteaux,
car deux fois nous nous trompâmes de chemin et ils
nous remîrent toujours dans celui qui y conduisoit di-
rectement.

Un petit incident donna lieu de croire qu'ils prennent quelquefois des oiseaux à la main. Une perruche
de l'espèce figurée planche 10, dont je donnerai bientôt
la description, passa tout près de nous et alla se poser
à peu de distance sur le gazon. Aussitôt deux des jeunes Sauvages se détachèrent, la poursuivirent, et ils
étoient sur le point de mettre la main dessus lorsque
l'oiseau s'envola.

Il est à présumer qu'au cap de Diemen on ne rencontre aucun serpent dont la morsure soit à craindre, du
moins s'il en existe quelques-uns, les naturels savent
bien les distinguer des autres ; ils nous en firent remarquer un qui se glissa dans l'herbe assez près d'eux, mais
il ne parut leur inspirer aucune crainte.

Enfin, ils nous conduisîrent près du lieu où nous

étions mouillés l'année précédente. Le plus âgé de tous étoit très-altéré; il se fît apporter aussitôt par un des jeunes gens une coquille d'huître pour s'en servir en guise de tasse; mais il lui fallut puiser à bien des reprises avant de parvenir à étancher sa soif.

1ere. année de la rép. Pluviose.

Comme nous étions tout près du jardin qui avoit été formé l'année précédente sous la direction du citoyen Lahaye, jardinier de l'expédition, nous résolûmes de le visiter; nous profitâmes du moment où les Sauvages étoient assis; nous voulions faire en sorte qu'ils restassent avec nos deux matelots, dans la crainte qu'ils n'allassent endommager les végétaux qui pouvoient avoir réussi; mais un d'entre eux voulut absolument nous suivre; il examina avec attention les plantes de ce jardin, et nous les montra au doigt en paroissant les distinguer parfaitement des végétaux indigènes. Nous vîmes avec peine qu'il n'y étoit resté qu'un petit nombre de choux, quelques pommes de terre, des radis, du cresson, de la chicorée sauvage et de l'oseille, mais le tout en très-mauvais état: ces plantes eussent sans doute mieux réussi plus près d'un ruisseau que nous appercevions vers l'ouest. Je m'étois attendu au moins à trouver le cresson planté sur ses bords; sûrement ce n'avoit pu être qu'un oubli de la part du jardinier.

Notre canot n'étoit pas encore arrivé. Nous désirions bien que ces Sauvages le vissent de près; d'ailleurs, nous comptions en engager quelques-uns à venir à bord avec nous ; mais déja ils nous quittoient pour rejoindre leurs familles. Cependant sur notre invitation ils retardèrent leur départ, et nous marchâmes ensemble le long de la grève vers l'entrée du port. Des arbres couchés par terre sur la plage leur fournîrent occasion de nous donner une idée de leur légéreté en sautant par-dessus. Pour nous, nous étions trop fatigués pour nous amuser à leur montrer notre savoir-faire ; mais je crois que tout Sauvages qu'ils étoient, un Européen un peu agile eût pu obtenir sur eux l'avantage dans cette espèce de lutte.

Dès que le canot fut arrivé nous en engageâmes quelques-uns à s'embarquer avec nous. Après avoir mis beaucoup de tems à se décider, ils voulûrent bien y entrer au nombre de trois ; mais il paroît qu'ils n'avoient pas eu le dessein d'abandonner leur troupe, car ils sortîrent précipitamment dès que nous nous disposâmes à quitter le rivage.

Nous les vîmes alors marcher tranquillement le long de la mer en regardant de tems en tems vers nous et en poussant des cris de joie.

Le lendemain nous retournâmes en grand nombre vers ces mêmes Sauvages.

Nous longions depuis quelque tems la côte au-delà du port Dentrecasteaux, lorsqu'un feu que nous apperçûmes dans le voisinage de la mer nous détermina à descendre à terre.

Bientôt

Bientôt quelques naturels vînrent à notre rencontre, en exprimant par leurs cris le plaisir qu'ils avoient de nous revoir.

1ere. année de la rép. Pluviose.

Notre ménétrier avoit apporté son violon comptant exciter en eux par des airs bruyans le même enthousiasme que nous avions remarqué parmi les insulaires de Bouka; mais son amour-propre fut vraiment piqué de l'indifférence de ceux-ci. Les Sauvages sont généralement peu sensibles aux sons des instrumens à cordes.

En nous avançant sur les hauteurs qui bordent la mer, nous ne tardâmes pas à trouver rassemblés une partie des naturels qui nous avoient si bien accueillis la veille. Une joie vive se peignit dans tous leurs traits, lorsqu'ils nous vîrent approcher; ils étoient au nombre de dix-neuf autour de trois petits feux, faisant leur repas de moules à mesure qu'elles cuisoient sur les charbons. Quelques femmes alloient de tems en tems détacher ces coquillages de dessus les rochers voisins et ne revenoient que lorsqu'elles en avoient rempli leurs paniers. On voyoit aussi griller sur ces mêmes feux l'espèce de varec appelé *fucus palmatus*, et lorsqu'il avoit acquis un certain degré de ramollissement ils le déchiroient par morceaux pour les manger.

Nous remarquâmes avec beaucoup d'intérêt tous les soins que prît une des mères pour calmer son enfant encore à la mamelle dont notre présence avoit excité les pleurs; elle n'en vint à bout qu'en lui mettant sa main sur les yeux pour l'empêcher de nous voir davantage.

Aucun de ces habitans ne se présenta avec des armes; peut-être les avoient-ils déposées tout près dans les bois? car plusieurs d'entre nous ayant témoigné le désir d'y pénétrer, un des Sauvages les pria avec instance de ne pas aller de ce côté. On n'insista pas dans la crainte de leur donner quelque sujet de méfiance; cependant des gens de l'équipage voulant tromper la vigilance de cette sentinelle s'avancèrent un peu le long du rivage pour pouvoir entrer à son insçu dans la forêt; mais une des femmes s'appercevant de leur dessein jeta d'horribles cris pour avertir les autres Sauvages qui les engagèrent à revenir vers la mer.

Nous ne sûmes à quoi attribuer leur répugnance pour nos alimens; ils ne voulûrent goûter à aucun de ceux que nous leur offrîmes; ils ne permettoient pas même à leurs enfans de manger le sucre que nous leur donnions, ayant grand soin de le leur retirer de la bouche dès qu'ils alloient pour le manger. La confiance étoit cependant établie au point qu'une des femmes qui allaitoit un enfant ne craignoit pas de le confier à plusieurs d'entre nous.

Je croyois que ces habitans passant la plupart des nuits en plein air sous un un ciel d'une température très-variable, auroient été sujets à de violentes ophtalmies; mais ils avoient tous la vue fort saine, à l'exception d'un seul qui avoit une cataracte.

Quelques-uns étoient assis sur des peaux de kangouroux, et quelques autres avoient un petit oreiller qu'ils nomment *roéré*, long d'environ deux décimètres, et couvert de peau, sur lequel ils appuyoient un des coudes.

1ere. année de la rép. Pluviose.

Nous remarquâmes avec surprise la contenance singulière des femmes lorsqu'elles sont assises par terre. Il paroît qu'il est du bon ton parmi ces dames, qui ont alors les genoux très-écartés, de cacher avec un de leurs pieds ce qu'il n'est pas de la décence de laisser voir dans cette posture, quoique d'ailleurs elles soient pour la plupart entièrement nues.

Ces peuples me semblèrent si rapprochés de l'état de nature que leurs moindres actions me parûrent mériter d'être observées : aussi je ne passerai pas sous silence la correction qu'infligea un père à un de ses enfans pour avoir jeté une pierre sur le dos d'un autre encore plus jeune; il le frappa assez légèrement sur l'épaule : cette correction lui fît verser quelques larmes et l'empêcha de recommencer.

Le peintre de l'expédition témoigna à ces Sauvages le désir d'avoir la peau couverte, comme eux, de poussière de charbon. Sa demande fut accueillie favorablement comme elle devoit l'être. Aussitôt un des naturels choisit quelques charbons des plus friables qu'il écrasa en les frottant entre ses mains, puis il appliqua cette poudre sur toutes les parties du corps qui étoient à découvert, n'employant pour la fixer que le frottement de la main, et bientôt notre ami Piron fut aussi noir qu'un Nouveau-Hollandois. Le Sauvage parut on ne peut plus satisfait de son ouvrage qu'il termina en soufflant légérement pour chasser la poussière qui étoit très-peu adhérente, prenant d'ailleurs un soin particulier d'enlever celle qui eût pu entrer dans les yeux.

Nous partîmes pour nous rendre au port Dentrecasteaux ; aussitôt plus de la moitié de ces paisibles habitans se levèrent pour nous accompagner : quatre des jeunes filles fûrent aussi de la partie; elles reçûrent avec indifférence les vêtemens que nous leur donnâmes, et pour ne pas se charger d'un fardeau très-inutile, elles les déposèrent sur-le-champ dans les cépées voisines du sentier que nous suivions, ayant sans doute le dessein de les reprendre à leur retour. Ce qui prouve qu'elles firent peu de cas de ces sortes de présens, c'est que nous ne les vîmes porter aucun de ceux que nous leur avions donnés la veille. Trois de ces jeunes personnes étoient déja nubiles, et toutes d'une humeur extrêmement enjouée. On en remarquoit une dont le sein gauche n'avoit encore éprouvé aucun développement, tandis que le droit avoit pris toute son extension. Cette difformité passagère n'altéroit point sa gaieté. Plusieurs fois s'exerçant à la course sur une plage extrêmement unie, quelques personnes d'entre nous essayèrent de les atteindre. Nous vîmes avec plaisir que des

Européens couroient souvent mieux que ces Sauvages.

Les hommes suivoient d'un pas grave, chacun ayant ses mains l'une contre l'autre et posées sur ses reins ; quelquefois la main gauche portée derrière le dos tenoit le bras droit vers le milieu.

Nous perdîmes sans doute beaucoup à ne pas entendre le langage de ces naturels, car une des jeunes filles nous dit prodigieusement de choses ; elle nous parla très-long-tems avec une volubilité extraordinaire : cependant elle eût bien dû s'appercevoir que nous ne la comprenions pas ; mais n'importe il falloit qu'elle parlât.

Les autres essayèrent à différentes reprises de nous charmer par des airs dont la modulation me frappa singulièrement par leur grande analogie avec ceux des Arabes de l'Asie mineure. Plusieurs fois elles chantèrent à deux le même air, mais constamment à la tierce l'une de l'autre, et formant cet accord avec la plus grande justesse.

Au milieu des sables croissoit une espèce de ficoïde presqu'en tout semblable au figuier des Hottentots, *mesembryanthemum edule* ; elle en différoit cependant essentiellement par la couleur de ses fleurs qui sont rouges ; tandis que le figuier des Hottentots les a de couleur jaune ; mais comme lui elle portoit des fruits dont le goût approche beaucoup de celui de pommes douces extrêmement mûres. Ces fruits firent les délices des

1ere. année de la rép.
Pluviose.

Nouveaux-Hollandois qui les recherchèrent avec soin pour les manger sur-le-champ.

Pendant cette longue promenade quelques-uns nous prenoient de tems en tems par les bras dans le dessein de nous aider à marcher.

Une jeune fille ayant apperçu de loin une tête qu'avoit sculpté sur le pied d'un arbre le maître canonnier de l'Espérance, parut d'abord extrêmement surprise et s'arrêta un moment; ensuite elle s'en approcha avec nous, et après l'avoir considérée avec attention, elle nous en nomma les différentes parties, en nous les désignant en même tems avec la main.

Bientôt nous arrivâmes à l'entrée du port Dentrecasteaux.

Deux des jeunes filles éloignées des autres naturels suivoient sans méfiance les différentes sinuosités du rivage avec trois de nos matelots, lorsque ceux-ci profitèrent d'un des endroits les plus retirés pour se comporter à leur égard d'une manière beaucoup trop libre; mais ils fûrent reçus bien autrement qu'ils ne l'espéroient. Ces jeunes personnes s'enfuîrent aussitôt sur les roches les plus avancées dans la mer, paroissant disposées à se jeter à la nage si on les eût poursuivies : elles ne tardèrent pas à se rendre au lieu où nous étions rassemblés avec les autres Sauvages. Il paroît qu'elles gardèrent le secret sur cette aventure, car l'intelligence la plus parfaite continua à régner entre eux et nous.

Désirant savoir si ces insulaires sont des nageurs habiles, un des officiers se jeta à l'eau et plongea plusieurs fois; mais ce fut en vain qu'il les engagea à le suivre; ils plongent cependant fort bien, comme nous eûmes occasion de le voir par la suite, puisque c'est de cette manière qu'ils se procurent une grande partie des alimens dont ils se nourrissent. Nous les invitâmes à manger avec nous des huîtres et des homards que nous venions de faire griller sur les charbons; mais tous nous refusèrent, excepté un seul qui voulut bien goûter à un homard. D'abord nous pensâmes que l'heure de leur repas étoit encore fort éloignée, cependant nous nous trompions, car ils ne tardèrent pas à manger, mais des alimens qu'ils apprêtèrent eux-mêmes; c'étoient également des coquillages et des crustacées qu'ils firent griller beaucoup plus que ceux que nous leur avions présentés.

Nous vîmes quelques-uns de ces Sauvages occupés à tailler en forme de spatule et à polir avec une coquille de petits morceaux de bois destinés à détacher de dessus les rochers les oreilles de mer et les lepas dont ils se regalèrent à mesure qu'ils cuisoient.

Le moment de nous en retourner à bord étoit arrivé. Aucun de ces naturels ne voulut venir avec nous; ils nous quittèrent en s'enfonçant dans les bois.

L'ingénieur géographe de la Recherche partit dans la matinée du 22 dans le grand canot pour aller reconnoître l'étendue de la vaste baie qu'on trouve à l'entrée

1ere. année de la rép.
Pluviose.

22.

du détroit Dentrecasteaux. Nous ne devions pas tarder à faire voile pour le même détroit.

On abandonna dans cette journée tous les établissemens qu'on avoit faits à terre pendant notre séjour dans la baie des Roches. Les réparations des deux vaisseaux étoient achevées. L'essai qu'on avoit fait l'année précédente du bois d'*eucalyptus globulus* avoit déterminé nos charpentiers à l'employer de préférence aux autres espèces du même genre.

Je m'enfonçai dans les forêts épaisses qui nous restoient au nord-ouest. A l'ombre des grands arbres croissoient diverses espèces d'arbustes de la famille des térébinthes; le *fagara evodia* s'y faisoit remarquer par son beau feuillage. Dans ces lieux sombres la vue se reposoit avec plaisir sur le *carpodontos lucida*, dont les rameaux étoient tout couverts de belles fleurs blanches.

En m'avançant vers le sud-ouest, je traversai des clairières où je tuai une espèce charmante de perruche que je désigne sous le nom de perruche à taches noires du cap de Diemen (*voyez planche* 10, elle y est figurée de grandeur naturelle). Je l'avois déja rencontrée dans plusieurs autres endroits, mais toujours dans des lieux bas et découverts. Il paroît que bien différente des espèces connues du même genre, elle ne perche point, car je l'ai constamment vue se lever du milieu des plantes graminées pour aller s'y poser presqu'aussitôt. La forme de ses pieds munis d'ongles

gles très-longs et peu courbés indique assez les habitudes de cet oiseau, dont le plumage est de couleur verte, tacheté de noir ; quelques-unes de ces taches sont entourées de petites bandes jaunâtres; le dessous des aîles est gris-cendré, on y voit une large bande d'un jaune pâle, le noir et le jaune dominent sous le ventre ; les plumes inférieures de la queue sont remarquables par des bandes transversales, les unes noirâtres et les autres d'un jaune pâle placées alternativement : quelques petites plumes rougeâtres se distinguent à la base du bec au-dessus de la mandibule supérieure.

1ere. année de la rép.

Pluviose.

Le lendemain nous débarquâmes près du port Dentrecasteaux avec un grand nombre de personnes des deux navires, pour tâcher de revoir les Sauvages. Quelques-uns ne tardèrent pas à venir à notre rencontre, en nous donnant des marques de la plus grande confiance ; d'abord ils visitèrent avec beaucoup d'attention l'intérieur de nos chaloupes, ensuite ils nous prîrent par les bras et nous engagèrent à les suivre le long du rivage.

23.

A peine eûmes-nous fait deux kilomètres de chemin que nous nous trouvâmes au milieu de quarante-huit naturels ; savoir, dix hommes, quatorze femmes et vingt-quatre enfans, parmi lesquels on remarquoit autant de filles que de garçons. Sept feux étoient allumés et autour de chacun étoit rassemblée une petite famille.

1ere. année de la rép.
Pluviose.

Les plus petits enfans, effrayés du spectacle que leur offroit un si grand nombre d'Européens, allèrent aussitôt se réfugier entre les bras de leurs mères qui leur prodiguèrent des marques de la plus grande tendresse. Ces enfans fûrent bien vîte rassurés et ils nous montrèrent qu'ils n'étoient pas exempts de petites passions, d'où naissoient des différends que les mères appaisoient presqu'aussitôt par une légère correction ; mais elles faisoient bientôt cesser leurs pleurs par des caresses.

Nous savions déja que ces Sauvages avoient peu de goût pour les sons du violon. On se flatta cependant qu'ils n'y seroient pas insensibles si l'on jouoit des airs vifs et d'une mesure très-marquée. D'abord ils nous laissèrent quelque tems dans l'incertitude ; notre musicien redoubla d'efforts, comptant obtenir leurs applaudissemens ; mais son archet lui tomba des mains lorsqu'il vit cette nombreuse assemblée se mettre les doigts dans les oreilles pour ne pas l'entendre davantage.

Ces peuples sont couverts de vermine. Nous admirâmes la patience d'une femme qui fut long-tems occupée à en délivrer un de ses enfans ; mais nous vîmes avec beaucoup de répugnance que, comme la plupart des Noirs, elle écrasoit avec ses dents ces dégoûtans insectes, et les avaloit sur-le-champ. Il est à remarquer que les singes ont les mêmes habitudes.

Les petits enfans étoient fort curieux de tout ce qui

avoit un peu d'éclat; ils ne se cachoient pas pour détacher les boutons de métal de nos habits. Les mères, 1ʳᵉ. année
moins jalouses de leur propre parure que de celle de de la rép.
leurs enfans, nous les présentoient afin que nous leur Pluviose.
attachassions les ornemens que nous leur donnions pour
elles-mêmes.

Je ne dois pas oublier de citer une espieglerie d'un
jeune Sauvage à l'égard d'un de nos matelots. Celui-ci
avoit déposé au pied d'un rocher un sac rempli de coquillages. Aussitôt le naturel le transporta furtivement
ailleurs et le lui laissa chercher pendant quelque tems;
puis il le rapporta à la même place, et il s'amusa beaucoup du tour qu'il venoit de jouer.

Cette nombreuse assemblée fut transportée d'admiration en voyant les effets de la poudre à canon, lorsque
nous la jetions sur des charbons ardens. Tous nous invitèrent à les faire jouir plusieurs fois de suite du même
spectacle.

Ne pouvant se persuader qu'il n'y eût que des hommes parmi nous, ils crûrent long-tems, malgré tout
ce que nous leur dîmes, que les plus jeunes étoient des
femmes. Leur curiosité à cet égard alla beaucoup plus
loin que nous n'eussions pensé; enfin, ils ne fûrent convaincus qu'après avoir obtenu de s'assurer du fait par
eux-mêmes.

Il est difficile de savoir si c'est par coquetterie que
les femmes ont mis en usage un moyen qui certaine-

ment ne fera jamais fortune parmi nos petites maîtresses, quoiqu'il fasse disparoître une bonne partie des rides produites par la grossesse. La peau de leur ventre étoit marquée de trois grandes élévations demi-circulaires placées les unes au-dessus des autres.

Un des Sauvages avoit à la tête plusieurs traces fort récentes de brûlure. Peut-être qu'ils appliquent le cautière actuel dans diverses maladies, usage établi chez beaucoup d'autres peuples, et notamment parmi la plupart des Indiens.

Nous les vîmes faire leur repas vers le milieu du jour. Nous n'avions eu jusqu'alors qu'une foible idée des peines que se donnent les femmes pour procurer les alimens nécessaires à la subsistance de leur famille ; bientôt elles prirent chacune un panier et fûrent suivies de leurs filles qui les imitèrent ; puis elles gagnèrent des rochers avancés dans la mer, et de-là elles s'aventurèrent au fond des eaux pour y chercher des crustacées et des coquillages. Comme elles y étoient déja depuis long-tems, nous eûmes de vives inquiétudes sur leur sort ; car elles avoient plongé au milieu de plantes marines d'une grande longueur, parmi lesquelles on remarquoit le *fucus pyriferus* ; nous craignions qu'elles ne s'y trouvassent engagées et qu'elles ne pussent regagner la surface de la mer ; enfin, elles reparûrent et nous montrèrent qu'il leur étoit facile de rester sous l'eau deux fois plus long-tems que nos plus habiles plongeurs. Un instant leur suffisoit pour respirer, puis elles replongeoient à différentes reprises, jusqu'à ce que leur panier fût à peu près rempli. La plupart étoient munies d'un petit morceau de bois taillé en forme de spatule, et dont j'ai déja parlé ; elles s'en servoient pour détacher de dessus les roches cachées sous les eaux, à de grandes profondeurs, de fort grosses oreilles de mer : peut-être les choisissoient-elles, car celles qu'elles apportoient étoient toutes très-volumineuses.

A la vue des gros homards qui remplissoient leurs paniers, nous craignîmes que ces crustacées ne déchirassent ces malheureuses femmes avec leurs énormes pinces ; mais nous ne tardâmes pas à nous appercevoir qu'elles avoient eu la précaution de les tuer dès qu'elles les avoient pris. Elles ne sortoient de l'eau que pour venir apporter à leurs maris les fruits de leur pêche, et souvent elles retournoient plonger presqu'aussitôt jusqu'à ce qu'elles eussent fait une provision assez abondante pour nourrir leurs familles : d'autres fois elles se réchauffoient pendant quelque tems, le visage tourné vers le feu où grilloit leur pêche, et elles avoient allumé derrière elles d'autres petits feux pour se chauffer en tout sens à la fois.

Il sembloit qu'elles regrettassent de rester oisives un seul instant, car tout en se réchauffant elles étoient encore occupées à faire griller des coquillages qu'elles mettoient sur les charbons avec la plus grande précaution, mais elles prenoient beaucoup moins de soin pour les homards qu'elles jetoient indifféremment au milieu des flammes; dès qu'ils étoient cuits, elles en distribuoient les pattes aux hommes et aux enfans, se réservant le corps qu'elles mangeoient quelquefois avant de retourner au fond de la mer.

Nous fûmes tous on ne peut plus affligés de voir ces pauvres femmes condamnées à un si rude travail. D'ailleurs, elles s'exposoient à être dévorées par des requins, ou à se trouver engagées au milieu des fucus qui s'élèvent du fond de ces mers. Plusieurs fois nous invitâmes les maris à partager au moins leurs peines, mais ce fut toujours en vain; ils restèrent constamment auprès du feu, se régalant des meilleurs morceaux: ils mangeoient aussi des fucus grillés et des racines de fougères. De tems en tems ils étoient occupés à casser par petits morceaux des branches pour alimenter le feu, ayant soin de choisir les plus sèches. Leur manière de casser du bois nous fît connoître qu'ils avoient le crâne fort dur, car il leur servoit de point d'appui; les mains fixées vers les extrémités de chaque morceau, ils le courboient fortement jusqu'à ce qu'il se rompît. Leur tête étant constamment à découvert et souvent exposée à toutes les injures du tems, par cette haute latitude, acquiert la faculté de résister à de semblables efforts; d'ailleurs, leurs cheveux forment un coussin qui amortit cette pression et la rend beaucoup moins doulou-

DE LA PÉROUSE. 55

reuse sur le sommet de la tête que sur toute autre partie du corps. La plupart des femmes n'auroient pas pu en faire autant, car les unes avoient les cheveux coupés assez ras et portoient à la tête une corde qui en faisoit plusieurs fois le tour; les autres n'avoient qu'une simple couronne de cheveux (*voyez les planches* 4 *et* 5). Nous fîmes encore la même observation à l'égard de plusieurs enfans, mais jamais sur les hommes; ceux-ci ont le dos, la poitrine, les épaules et les bras couverts de poils cotonneux.

1ere. année de la rép. Pluviose.

Deux des plus robustes de la troupe étoient assis au milieu de leurs enfans et avoient chacun à leurs côtés deux femmes; ils nous indiquèrent par des signes qu'elles leur appartenoient, et nous donnèrent encore une nouvelle preuve que la polygamie est établie parmi ces peuples. Les autres femmes, qui n'avoient qu'un seul mari, avoient également soin de nous le faire connoître. Il est difficile de savoir lesquelles sont les plus heureuses. Chargées les unes comme les autres des travaux les plus pénibles du ménage, les premières ont l'avantage de les partager, et cela compense peut-être le partage des témoignages d'affection du mari.

Leur repas duroit déja depuis long-tems, et nous étions fort surpris qu'aucun d'eux n'eût encore bu; mais ils attendîrent à être entièrement rassasiés. Alors les femmes et les filles allèrent chercher de l'eau avec les vases de goemon dont j'ai déja parlé, elles la puisèrent à l'endroit le plus proche et la déposèrent tout près des hommes, qui la bûrent sans répugnance, quoiqu'elle fût très-croupie et très-bourbeuse. Ce fut ainsi qu'ils terminèrent leur repas.

Lorsque nous retournâmes vers le port Dentrecasteaux, la plupart de ces Sauvages nous accompagnèrent, et avant de nous quitter ils nous fîrent entendre que dans deux jours, après avoir suivi les contours du rivage, ils se rendroient fort près de nos vaisseaux. Pour nous indiquer qu'ils auroient fait ce trajet dans deux jours ils nous montrèrent avec leur main le mouvement diurne du soleil, ayant soin de nous en indiquer deux par autant de doigts.

Lorsque nous nous rembarquâmes pour aller à bord, ces braves gens nous suivîrent des yeux pendant quelque tems avant de quitter le rivage, puis ils s'enfoncèrent dans les bois; leur chemin les conduisoit par fois sur les bords de la mer, et aussitôt nous en étions avertis par des cris de joie dont ils faisoient retentir les airs. Ces démonstrations ne cessèrent que lorsqu'un grand éloignement nous les eut fait perdre de vue.

Pendant tout le tems que nous passâmes avec eux rien ne nous indiqua qu'ils eussent des chefs; chaque famille nous sembla, au contraire, vivre dans une parfaite indépendance; seulement nous remarquâmes dans les enfans une grande subordination à l'égard de ceux qui leur avoient donné le jour, et dans les femmes pour

leurs

leurs maris. Il nous parut qu'elles prenoient bien garde d'exciter leur jalousie; cependant à notre retour un homme de l'équipage se vanta d'avoir été très-bien accueilli par une des beautés du cap de Diemen; mais il est difficile de savoir jusqu'à quel point la chose étoit fondée.

1ere. année de la rép. Pluviose.

J'allai le 24 au sud-est où je trouvai encore à ajouter aux observations que j'avois déja faites sur les diverses productions de cette terre.

24.

Le lendemain tout étoit disposé pour notre départ, et nous n'attendions plus qu'un vent favorable pour mettre à la voile; mais le calme nous ayant retenu, nous vîmes avec plaisir que les Sauvages qui, dans leur dernière entrevue, nous avoient promis de venir dans deux jours fort près de notre mouillage, nous avoient tenu parole. En effet, vers le milieu du jour nous apperçûmes un feu à peu de distance de notre aiguade et il n'y avoit aucun doute qu'il n'eût été allumé par eux, car tous les équipages étoient à bord. Aussitôt nous nous embarquâmes en grand nombre dans plusieurs chaloupes pour nous trouver au rendez-vous que ces habitans nous avoient donné. Ce fut pour la première fois que le général Dentrecasteaux se procura le plaisir de les voir. Bientôt ils quittèrent leur feu, et suivîrent pendant quelque tems des sentiers frayés au travers des bois le long de la rive pour s'approcher encore davantage de nous. Nous allâmes à leur rencontre, et lorsque

25.

nous fûmes près d'eux ils s'arrêtèrent et nous parûrent bien contens de nous voir aborder sur la côte. Ils étoient au nombre de cinq. Un d'entre eux portoit un morceau de bois pourri allumé à une de ses extrémités et qui brûloit lentement ; il se servoit de cette espèce de mêche pour conserver du feu, prenant plaisir à brûler de tems en tems quelques cépées où se trouvoient des herbes très-sèches. Les autres ayant été invités par des gens de l'équipage à danser en rond avec eux, imitèrent assez bien tous leurs mouvemens ; ils se laissèrent attacher au cou avec des cordes un grand nombre d'objets dont nous venions de leur faire présent ; bientôt leur corps en fut couvert en grande partie et ils parûrent très-satisfaits ; mais ils ne nous donnèrent rien, car ils ne s'étoient chargés d'aucun de leurs effets, probablement pour marcher avec plus de facilité.

Un naturel à qui on venoit de donner une hache nous montra beaucoup d'adresse à frapper de suite un grand nombre de coups dans le même endroit, voulant imiter un de nos matelots qui venoit d'abattre un arbre. On lui montra qu'il falloit frapper en différens endroits pour former des entailles, ce qu'il exécuta sur-le-champ et il fut au comble de la joie, lorsqu'il eut fait tomber l'arbre. Ils fûrent étonnés de la rapidité avec laquelle on en scia le tronc. Nous leur fîmes présent de quelques scies à main dont ils se servîrent avec beaucoup de facilité, dès que nous leur en eûmes montré l'usage.

La manière dont nous les avions vu pêcher nous fît présumer avec fondement qu'ils n'avoient point d'hameçons ; nous leur donnâmes quelques-uns des nôtres et nous leur apprîmes à s'en servir, nous félicitant de leur avoir procuré le moyen d'alléger un des travaux les plus pénibles dont les femmes sont chargées.

1ere. année de la rép. Pluviose.

Ces Sauvages fûrent bien surpris de nous voir allumer, au foyer d'une lentille, l'écorce fongueuse de *l'eucalyptus resinifera*. Celui d'entre eux qui paroissoit le plus intelligent, cherchant à connoître par lui-même l'effet de cette lentille, dirigea sur sa cuisse les rayons solaires concentrés ; mais la douleur qu'il ressentit lui ôta l'envie de recommencer cette expérience.

Nous fîmes voir à un de ces naturels nos deux frégates au moyen d'une bonne longue-vue, et bientôt il se rendit à nos invitations en s'embarquant dans une chaloupe pour aller à bord de la Recherche. Il y monta avec un air d'assurance et examina l'intérieur avec beaucoup d'attention ; ensuite il porta ses regards principalement sur les objets qui peuvent servir à la nourriture de l'homme. Guidé par l'analogie qui se trouve entre la forme des cignes noirs du cap de Diemen et celle des oies de Guinée qu'il voyoit à bord, il en demanda une, nous faisant entendre que c'étoit pour la manger. Lorsqu'il fut vis-à-vis de nos cages à poules, il parut frappé de la beauté d'un très-gros coq ; on le lui offrit et il nous fît connoître en le recevant qu'il ne tarderoit pas à le faire griller pour le manger. On le combla de présens. Après être resté dans le navire pendant plus d'une demi-heure, il demanda à s'en retourner; aussitôt on le conduisit à terre. Nous y avions porté un singe qui amusa beaucoup ces Sauvages. Un des hommes de l'équipage y avoit mené un chevreau, qui fît pendant quelque tems le sujet de leur conversation; par fois ils lui adressoient la parole en lui disant *mèdi* (*reposez-vous*).

Ils ont assigné des noms particuliers à chaque végétal. Nous nous assurâmes que leurs connoissances en botanique sont invariables, en demandant à plusieurs d'entre eux, et à différentes reprises les noms des mêmes plantes.

Nous eûmes dans cette entrevue les moyens d'ajouter beaucoup au vocabulaire de leur langage que nous avions déja recueilli et qui se trouve à la fin de ce tome. On verra, en le comparant avec les vocabulaires que plusieurs voyageurs nous ont donné de la langue des habitans de la côte orientale de la Nouvelle-Hollande, qu'il n'a aucun rapport avec eux; ce qui prouve que tous ces peuples n'ont pas la même origine.

Le Sauvage qui avoit été à bord ne tarda pas à nous quitter en nous témoignant beaucoup de reconnoissance et en nous montrant le coq qu'il venoit de charger sur une de ses épaules.

Les autres avant de s'en aller nous firent entendre que le lendemain leurs familles se rendroient au lieu où nous étions ; mais ils parûrent nous comprendre lorsque nous leur annonçâmes que nous devions mettre à la voile ce même jour, et ils semblèrent en être vraiment affligés.

1ere. année de la rép. Pluviose.

Notre observatoire, situé vers le sud-sud-est, à environ un kilomètre du mouillage, étoit par 43^d 34' 37" de latitude sud, et 144^d 37' de longitude orientale.

Un grand nombre d'observations qui fûrent faites à bord donnèrent pour variation de l'aiguille aimantée 7^d 34' est, tandis qu'à l'observatoire on n'eut que 2^d 55' est. Une aussi grande différence venoit sans doute de quelque point magnétique; d'ailleurs, nous avions déja trouvé des indices de matières ferrugineuses à peu de distance de ce lieu. Il est remarquable qu'à l'observatoire de l'Espérance, éloigné d'environ six cents mètres de celui de la Recherche, la variation de l'aiguille aimantée fut de 8^d est. On s'assura que cette différence ne dépendoit point des compas dont on se servoit, car elle se trouva la même ayant porté successivement les mêmes compas aux deux observatoires.

L'inclinaison de l'aiguille aimantée fut de 72^d à l'observatoire de la Recherche, et de 71^d à celui de l'Espérance.

1ʳᵉ. année de la rép.
Pluviose.

Pendant notre séjour dans la baie des Roches les vents varièrent du nord-ouest au sud-ouest et soufflèrent souvent par fortes rafales. Le ciel fut rarement découvert, et il tomba même peu de pluie.

Les marées ne se firent sentir qu'une fois dans vingt-quatre heures. Comme les vents avoient sur elles beaucoup d'influence, on ne put déterminer avec précision l'heure de leur établissement dans cette baie. La plus grande hauteur perpendiculaire des eaux n'étoit que de seize décimètres.

Nos marins avoient perdu dans cette relâche beaucoup de leur ardeur pour la pêche, car ce pénible exercice, qu'ils faisoient principalement pendant la nuit, ne les dispensoit point des travaux du bord; de sorte qu'après avoir veillé pour pêcher, ils n'en étoient pas moins obligés de travailler pendant tout le jour comme ceux qui avoient bien dormi pendant la nuit. On eût pourtant dû prendre garde de ralentir le zèle des pêcheurs, car il étoit de l'intérêt général qu'on eût une abondante provision de vivres frais; d'ailleurs, il étoit injuste de ne pas accorder au moins quelques heures de repos pendant le jour à des hommes qui avoient passé la nuit pour procurer à tout l'équipage une nourriture agréable et très-saine.

Nous mîmes sur cette terre une chèvre et un jeune bouc, dans l'espoir d'y naturaliser ces quadrupèdes : ils réussiront sans doute parfaitement sur les montagnes de cette extrémité de la Nouvelle-Hollande, et seront un jour d'une grande ressource aux navigateurs; seulement il est à craindre que les Sauvages ne les détruisent avant qu'ils aient eu le tems de multiplier.

1ere. année de la rép.
Pluviose.

CHAPITRE XI.

Départ de la baie des Roches pour passer par le détroit Dentrecasteaux. Les vaisseaux échouent dans ce détroit. Diverses excursions sur les terres voisines. Entrevue avec des naturels. Ils avoient déposé dans les bois leurs armes qu'ils reprîrent en s'en retournant. Notre mouillage à la baie de l'Aventure.

1ere. année
de la rép.
Pluviose.
26.

Dès le point du jour, par un vent de sud-ouest, nous appareillâmes de la baie des Roches, et nous gouvernâmes vers l'est-nord-est jusqu'à sa sortie, ayant le dessein d'aller mouiller dans le détroit Dentrecasteaux.

Des naturels nous donnèrent des signes de leur présence par plusieurs feux qu'ils avoient allumés sur la côte orientale.

Nous avions déja traversé la grande rade qu'on trouve au commencement du détroit et nous longions de fort près dans la plus grande sécurité la côte qui nous
restoit

restoit à bâbord, lorsque vers une heure et demie après midi nous échouâmes sur un bas-fond de peu d'étendue formé par du sable mêlé de vase. Le jusant venoit de déterminer un courant qui nous étoit contraire. La mer baissant de plus en plus, il nous fallut attendre jusqu'à six heures et demie pour que la marée haute mît à flot notre navire. L'Espérance s'étoit enfoncée dans le sable encore plus profondément que nous, car elle ne put s'en dégager que vers huit heures.

1ere. année de la rép. Pluviose.

Le canot expédié depuis cinq jours revint après avoir reconnu plusieurs enfoncemens très-profonds qui forment d'excellens mouillages; il n'avoit rencontré aucune rivière. Il est remarquable que toutes celles que nous avons vu au cap de Diemen sont petites, ce qui indique des terres entrecoupées.

Le canot étoit chargé de cignes noirs qui s'étoient laissés approcher de très-près et qu'on avoit tués à coups de fusil. Il n'avoit pas été facile d'avoir ceux qui avoient été seulement blessés, car nageant encore avec une grande vîtesse il avoit fallu, pour les atteindre, les poursuivre en ramant avec beaucoup de force.

Nous vîmes pendant toute la nuit plusieurs feux que les naturels avoient allumés sur les bords de la mer vers le sud-sud-est à trois kilomètres de distance du lieu où nous étions au mouillage.

Nous espérions qu'un vent favorable nous auroit permis de remettre à la voile dans la matinée; mais il nous

27.

fut contraire, et le Général décida que nous resterions à l'ancre jusqu'au lendemain. Alors nous descendîmes à terre vers le sud-est sur une côte basse d'où il étoit facile de se rendre en peu de tems à la baie de l'Aventure.

Parmi les différens arbustes qui faisoient l'ornement de ces lieux, j'en citerai un que je rapporte au genre que j'ai décrit précédemment sous le nom de *mazeutoxeron*. Il y convient par tous ses caractères; seulement les pétales distincts les uns des autres à la base adhérent ensemble par la partie moyenne de leurs bords; mais on peut les séparer sans les rompre. Le style est simple et aigu.

J'ai donné à cette nouvelle espèce le nom de *mazeutoxeron reflexum*, à cause de ses feuilles qui sont inclinées vers la terre; elles sont velues et blanchâtres en dessous.

Les fleurs, de couleur verdâtre, sont solitaires et sortent d'entre deux petites feuilles ovales; elles ont vers le milieu de leur pédoncule deux appendices filiformes un peu plus longs que le calice.

Explication des figures. Planche 19.

Figure 1. Rameau.
Figure 2. Fleur.
Figure 3. Corolle.

Figure 4. Corolle développée pour faire voir comment les pétales tiennent ensemble latéralement.

Figure 5. Calice avec les étamines et l'ovaire, la corolle ayant été enlevée.

Figure 6. Capsule au-dessous de laquelle on voit le calice.

Figure 7. Une des valves de la capsule.

1ere. année de la rép.
Pluviose.

Le citoyen Beaupré, ingénieur-géographe, partit le soir dans le canot du Général pour se rendre dans le grand enfoncement que nous avions apperçu l'année précédente au nord en sortant du détroit Dentrecasteaux. Il s'agissoit principalement de reconnoître s'il n'offriroit point quelque ouverture qui communiquât avec la pleine mer, et si l'île Maria étoit vraiement séparée de la grande terre ; car cette question n'avoit pas été suffisamment éclaircie par Marion, ni même par le capitaine Cook.

Le vent de nord qui se fît sentir le 28 pendant toute la journée nous empêcha de lever l'ancre. Nous fûmes à terre tandis que nos pêcheurs s'avancèrent vers la sortie du détroit. Le flot y amena beaucoup de poisson ; ils prirent plusieurs espèces de raies d'un très-grand volume. On en remarqua quelques-unes du poids de plus de douze myriagrammes.

28.

Le lendemain dans la matinée nous déployâmes nos voiles, mais par un vent trop foible pour refouler le cou-

29.

rant qui nous étoit contraire; c'est pourquoi nous ne tardâmes pas à laisser tomber l'ancre.

Vers le milieu du jour quelques naturels se montrèrent sur la rive orientale à un kilomètre de distance de notre vaisseau; bientôt d'autres se réunîrent à eux, et déja nous en comptions dix lorsqu'ils allumèrent un feu autour duquel ils s'assîrent. De tems en tems ils répondoient par des cris de joie à ceux de nos matelots. Nous ne tardâmes pas à descendre à terre en grand nombre pour les voir de près. Lorsque nous fûmes à peu de distance de la côte ils s'avancèrent vers nous sans armes, et leur air riant ne nous laissa aucun doute que notre visite ne leur fît plaisir. Ils n'étoient pas plus vêtus que ceux que nous avions rencontrés aux environs du port Dentrecasteaux; mais nous fûmes assez surpris de voir que la plupart tenoient de la main gauche l'extrémité de leur prépuce, sans doute par suite d'une mauvaise habitude, car nous ne remarquâmes rien de semblable dans les autres qui vînrent peu de tems après se réunir à eux. Leur joie se manifesta par de grands éclats de rire; ils portoient en même tems leurs mains sur la tête et trépignoient des pieds, tandis que leur physionomie nous montroit qu'ils étoient extrêmement satisfaits de nous voir. Nous les engageâmes à s'asseoir, en leur parlant le langage des autres naturels que nous avions déja rencontrés à cette extrémité de la Nouvelle-Hollande; ils nous entendîrent très-bien et se rendîrent sur-le-champ à notre invitation ; ils comprîrent aussi les au- tres mots du vocabulaire du langage de ces peuples que nous avions recueillis, et nous ne doutâmes pas qu'ils ne parlassent la même langue ; cependant Anderson a fait connoître quelques mots de la langue des habitans de la baie de l'Aventure qui n'ont aucun rapport avec ceux que nous fûmes à portée de vérifier.

1ere. année de la rép. Pluviose.

Ces Sauvages nous témoignèrent beaucoup de reconnoissance lorsque nous leur donnâmes quelques morceaux d'étoffe de différentes couleurs, des grains de verre, une hache, et quelques autres objets de quincaillerie.

Plusieurs autres Sauvages sortirent des bois et s'approchèrent de nous. Il n'y avoit parmi eux aucune femme, mais seulement quelques jeunes gens; on en remarquoit un d'une taille moyenne, dont la forme, que nous admirâmes tous, étoit, même d'après le jugement de notre peintre, dans les plus belles proportions. A son costume nous prîmes ce Sauvage pour un petit maître de la Nouvelle-Hollande; il étoit tatoué avec beaucoup de symétrie : ses cheveux, couverts de graisse, avoient été fortement saupoudrés d'ocre.

Un des naturels nous fît entendre qu'il avoit vu déja des vaisseaux dans la baie de l'Aventure; peut-être voulut-il nous parler de Bligh, qui étoit venu y mouiller au commencement de 1792, comme nous l'apprîmes quelques jours après par plusieurs inscriptions

1ᵉʳᵉ. année
de la rép.
Pluviose.

que nous trouvâmes gravées sur des pieds d'arbres. Un officier de notre vaisseau ne crut pas qu'il les intimideroit en leur faisant connoître l'effet de nos armes à feu ; mais comme la plupart n'avoient pas été prévenus, ils fûrent effrayés du bruit de l'explosion ; aussitôt ils se levèrent et ne voulûrent plus se rasseoir. Croyant que leurs femmes et leurs enfans s'étoient retirés à peu de distance dans les bois, nous leur témoignâmes l'envie de les voir s'approcher de nous ; ces Sauvages nous fîrent entendre que nous les trouverions après avoir marché pendant quelque tems à travers les bois dans un sentier qui menoit vers le sud-sud-ouest, et qu'ils prirent aussitôt en nous engageant à les accompagner. Nous les suivîmes ; mais ils nous marquèrent bientôt le désir de nous voir retourner vers nos vaisseaux, et ils s'éloignèrent de nous en regardant souvent derrière eux pour observer nos mouvemens. Cependant au mot de *quangloa* (dans leur langage *voulez-vous venir*), que je prononçai, ils s'arrêtèrent, et j'eus le tems de les rejoindre avec un officier de la Recherche. Ils continuèrent à nous mener par le même sentier qui nous parut très-fréquenté, et nous marchâmes d'un pas lent, afin que les gens de l'équipage eussent le tems de se réunir à nous. Nous cheminâmes ainsi pendant un quart d'heure en les tenant tous par les bras, lorsque tout à coup ils accélérèrent leur marche de manière qu'il nous fut difficile de les suivre davantage. Il nous parut qu'ils désiroient que nous les quittassions, car quelques-uns ne voulûrent plus qu'on les tint par les bras, et marchèrent seuls à une certaine distance de nous ; un homme de l'équipage désirant rejoindre un de ces fuyards courut après lui en criant de toutes ses forces et jeta l'alarme parmi tous les autres qui s'éloignèrent aussitôt avec précipitation, et se tinrent à une bonne distance de nous. Ils vouloient sans doute arriver seuls au lieu où ils avoient déposé leurs armes ; car après avoir encore accéléré leur course, ils s'écartèrent un peu du sentier, et bientôt nous les vîmes se charger chacun de trois à quatre zagaies qu'ils emportèrent en se dirigeant pour la plupart du côté de la baie de l'Aventure, tandis que d'autres s'avancèrent vers l'ouest. Alors ils nous engagèrent à les suivre, mais nous ne voulûmes pas aller plus loin, car nous n'avions pas envie de les imiter dans leur course ; d'ailleurs, il étoit tems de nous en retourner à bord.

1ère. année de la rép. Pluviose.

Ces naturels nous parûrent avoir la plus grande analogie avec ceux que nous avions vu quelques jours auparavant, seulement nous en remarquâmes quelques-uns à qui il manquoit à la mâchoire supérieure une des dents incisives moyennes et d'autres à qui elles manquoient toutes les deux. Nous ne pûmes savoir à quoi tient cet usage ; mais il n'est pas général, puisque la plupart avoient même conservé toutes leurs dents.

Il paroît qu'ils ignorent, ainsi que les autres, l'usage de l'arc.

Ils étoient presque tous tatoués au moyen de points élevés placés tantôt sur deux lignes les uns au-dessus des autres, imitant à peu près la forme d'un fer de cheval; souvent ces points étoient sur trois lignes droites et parallèles de chaque côté de la poitrine, on en remarquoit aussi quelques-uns vers la partie inférieure des omoplates, etc.

Plusieurs avoient le nombril gonflé et très-saillant, mais nous nous assurâmes que cette difformité ne venoit point d'une hernie; peut-être tenoit-elle à la trop grande distance à laquelle ils séparent le cordon ombilical.

Ils nous firent connoître qu'ils vivoient de poisson, de même que les autres habitans du cap de Diemen. Je dois remarquer que nous n'en vîmes pas un seul qui eût la moindre trace d'aucune maladie de la peau; ce qui ne s'accorde point avec l'opinion de ceux qui ont avancé que les peuples ichtyophages sont sujets à une espèce de lèpre; l'histoire même rapporte que ceux des Grecs qui ne voulûrent pas adopter en Egypte le régime diététique d'Orphée y fûrent atteints de l'éléphantiasis.

Nous arrivâmes à bord peu de tems avant le coucher du soleil. Le vent étant devenu favorable, on appareilla, et nous allâmes mouiller à un myriamètre plus loin.

Le lendemain on leva l'ancre de très-bonne heure;
mais

mais il fallut la laisser retomber presqu'aussitôt, car le vent nous devint contraire.

1ere. année de la rép. Pluviose. 30.

Je descendis sur la rive orientale, d'où je pénétrai dans les forêts en suivant des sentiers très-fréquentés par les Sauvages. Je ne tardai pas à observer une nouvelle espèce d'*exocarpos*, que j'appelle *exocarpos expansa*, parce que ses branches sont beaucoup plus écartées les unes des autres que celles de l'*exocarpos cupressiformis*; son fruit est plus gros que celui de cette dernière espèce.

Nous fûmes avertis par deux coups de canon tirés à bord de la Recherche, qu'on étoit sur le point d'appareiller; aussitôt nous nous rendîmes sur ce vaisseau, et à cinq heures nous étions sous voiles; mais la brise fut si foible que nous fîmes peu de chemin avant la nuit. Du lieu où nous laissâmes tomber l'ancre nous ne comptions plus qu'environ un myriamètre pour arriver à l'extrémité du détroit; mais, contrariés par les vents et les courans, il nous fallut encore quatre jours avant de pouvoir en sortir.

Dans cet intervalle le canot que le Général avoit expédié pour faire des recherches géographiques revint après cinq jours d'absence. Il avoit découvert plusieurs baies inconnues jusqu'alors; la plus éloignée vers le nord s'étendoit jusqu'au $42^{me\ d}$ 42′ de latitude sud, et la plus orientale se prolongeoit jusque par la longitude du cap Pillar. On avoit apperçu le canal qui sépare l'île Maria de la grande terre.

Ventose. 3.

TOME II. K

Nous vîmes avec étonnement la prodigieuse quantité d'abris qui, depuis le cap méridional jusque par le méridien du cap Pillar, offrent une continuité d'excellens mouillages dans un espace d'environ huit myriamètres de l'ouest à l'est, et d'environ dix myriamètres du nord au sud.

Il paroît que dans cette saison l'eau douce est aussi fort rare dans ces nouvelles baies; on trouva pourtant vers le fond de celle qui se prolonge le plus au nord une rivière où, dans une étendue d'environ cinquante pas depuis son embouchure, même une heure après la pleine mer, il n'y avoit pas moins de deux mètres perpendiculaires d'eau qui étoit très-douce, car son cours étoit assez rapide pour refouler les eaux de la mer et les empêcher de se mêler avec elle.

Nous mouillâmes le 5 ventose au matin vers onze heures et demie dans la baie de l'Aventure par vingt-deux mètres de profondeur sur un fond de vase mêlée d'une petite quantité de sable.

Le rivage le plus voisin nous restoit au sud-est à un kilomètre de distance, et l'île aux Pinguins au nord 51 d est.

Aussitôt on expédia un canot pour voir s'il étoit facile de nous approvisionner d'eau vers le nord-ouest à l'aiguade indiquée par le capitaine Cook dans le plan qu'il a donné de cette baie; les vents d'est-sud-est y occasionnoient un ressac fort incommode; c'est pourquoi nous préférâmes de faire de l'eau vers le sud-est; mais elle se ressentit d'avoir été prise dans un endroit trop bas et trop près du rivage, car elle étoit un peu saumâtre.

1ere. année de la rép. Ventose.

Cette baie étant ouverte aux vents d'est et de sud-est, ils amenoient quelquefois sur sa rive occidentale une forte houlle qui, réfluant de toutes parts, rendoit le débarcadaire assez difficile.

Pendant le tems que nous restâmes à l'ancre, je fis tous les jours des excursions sur les terres voisines; mais j'y trouvai peu à ajouter aux nombreuses collections que j'avois déjà faites au cap de Diemen.

L'île des Pinguins que j'allai visiter n'est qu'un monticule à peine détaché de la grande île, car lors de la marée basse je traversai presqu'à pied sec le canal qui l'en sépare. Elle est composée d'un grès de couleur gris-foncé, de même qu'une bonne partie des bords de la baie de l'Aventure. On la voyoit dominée au sud par le cap Cannelé, qui est formé d'un grès rougeâtre disposé par couches parallèles entre elles et perpendiculaires à l'horizon. La différence de teinte de ses couches offre de loin les apparences de cannelures profondes, ce qui lui a fait donner le nom qu'elle porte. Ce ne peut être que par une erreur typographique qu'il est rapporté qu'Anderson a trouvé que ce cap étoit formé d'un grès blanc.

Je recueillis sur l'île aux Pinguins une nouvelle espèce d'armoise remarquable par ses larges feuilles de couleur fauve peu foncée; un *eucalyptus* de hauteur médiocre, qu'on reconnoîtra facilement à ses feuilles opposées, sessiles et glauques; un *embothrium* à feuilles découpées très-profondement; plusieurs belles espèces de *philadelphus*, dont les fleurs sont inodores, etc.

Nous trouvâmes un radeau que la vague avoit jeté dans la baie de l'Aventure sur sa rive occidentale. Peut-être avoit-il servi à des Sauvages pour venir de l'île Maria dans cette baie. Il étoit d'écorce d'arbre, de la forme à peu près de celui qui est figuré *planche* 44, *figure* 2, aussi large, mais moins long de plus d'un tiers. Les morceaux d'écorce qui entroient dans sa composition étoient par feuillets beaucoup plus minces que ceux de l'*eucalyptus resinifera*. Ils avoient été réunis par des liens faits avec des feuilles de graminées qui présentoient un tissu de mailles très-larges dont la plupart avoient la forme d'un pantagone assez régulier.

Tout près nous vîmes quelques roches calcaires qui terminoient une vaste plage sablonneuse. Sur ses bords nous trouvâmes les restes d'un établissement qui avoit été fait par des Européens pour scier du bois; on y voyoit les piquets qui leur avoient servi à dresser une tente et de gros billots sur lesquels il nous parut qu'ils avoient placé des instrumens pour faire des observations astronomiques.

Les côteaux escarpés dont la plage sablonneuse est bordée un peu plus loin vers le nord offroient des cavités qui nous parûrent assez fréquentées par les naturels ; ce que nous jugeâmes à la couleur noire dont elles avoient été teintes par la fumée et aux débris de coquillages et de homards que nous y trouvâmes.

1ere. année de la rép. Ventose.

Plusieurs inscriptions gravées sur des pieds d'arbres nous firent connoître que le capitaine Bligh avoit mouillé dans cette baie au mois de février 1792 ; il devoit se rendre aux îles de la Société pour y prendre l'arbre à pain et le transporter dans les colonies angloises des Indes occidentales situées entre les tropiques.

Bligh avoit dans son expédition deux botanistes qui semèrent à peu de distance du rivage du cresson, quelques glands, du céleri, etc. Nous vîmes trois jeunes figuiers, deux grenadiers et un coignassier plantés par eux et qui avoient très-bien réussi ; mais il nous parut que parmi les jeunes plants qu'ils avoient confiés à cette terre un avoit déja péri, car l'inscription suivante que nous trouvâmes sur un gros tronc voisin en annonçoit sept :

Near this tree cap^{tn}. W^m. Bligh planted 7 fruit trees 1792. Mes^{rs}. S. and W. botanists.

Les autres inscriptions étoient conçues à peu près dans les mêmes termes. On y voyoit les mêmes marques de déférence des botanistes anglois pour le commandant de leur vaisseau, en ne mettant que les lettres initiales de leurs noms, et en indiquant que le capitaine avoit semé et planté lui-même ces diverses productions végétales qu'il avoit apportées de l'Europe. Je doute beaucoup que Bligh ait été très-sensible aux honneurs que ces botanistes ont voulu lui rendre.

Nous trouvâmes vers le sud-est à peu de distance de la grève un pommier dont la tige avoit près de deux mètres d'élévation sur un demi-décimètre d'épaisseur. Il ne nous parut pas qu'il eût jamais été greffé.

Nos pêcheurs fûrent assez heureux dans ce mouillage. Les feux qu'ils allumèrent pendant la nuit sur le rivage attirèrent une grande quantité de poissons dans leurs filets. Ce moyen avoit déja réussi si complettement aux pêcheurs de l'Espérance dans le détroit Dentrecasteaux, qu'ils avoient fait provision pour plusieurs mois de poissons qu'ils conservèrent les uns dans une forte saumure, et les autres après les avoir séchés.

Je me trouvai plusieurs fois pendant le jour au moment où l'on sena, et toujours j'observai quelques espèces nouvelles de *diodon*. J'admirai avec quelle promptitude ces petits poissons, aussitôt qu'on venoit à les toucher, dressoient, en se gonflant, les pointes dont ils sont couverts; mais ils les abaissoient et les tenoient appliquées dans toute leur longueur contre leur peau, dès qu'ils se croyoient éloignés du danger. On voit par cette observation que l'attitude qu'on donne aux poissons de ce genre en les gonflant autant qu'il est possible, et qu'on expose ainsi dans les cabinets d'histoire naturelle, n'est pas celle qu'ils ont le plus ordinairement.

Nous mîmes à terre près de la rive septentrionale de cette baie une chèvre qui étoit pleine et un jeune bouc, en faisant des vœux pour que les Sauvages laissassent ces quadrupèdes se propager dans leur île. Peut-être s'y multiplieront-ils au point d'occasionner un changement total dans la manière de vivre des habitans, qui, pouvant alors devenir des peuples pasteurs, abandonneront sans regret les bords de la mer et goûteront le plaisir de n'être plus obligés de plonger pour aller chercher leur nourriture, aux risques d'être dévorés par les requins. Les femmes étant condamnées à ces travaux pénibles sentiront encore beaucoup mieux que les hommes le prix d'un semblable présent; mais il est à craindre qu'ils ne tuent ces quadrupèdes avant qu'ils aient multiplié, car il paroît qu'il en est arrivé ainsi à l'égard de la truie et du verrat que le capitaine Cook leur avoit laissés; du moins personne d'entre nous n'a apperçu la moindre trace de ces animaux.

Nous avions pour latitude de l'observatoire, qu'on avoit établi à deux kilomètres au sud de notre mouillage, 43^d 21′ 18″ sud, et pour longitude 145^d 12′ 17″ est.

La variation de l'aiguille aimantée observée au même lieu fut de 7^d 30′ est.

CHAPITRE

CHAPITRE XII.

Départ de la baie de l'Aventure. Nous passons tout près et au nord de la Nouvelle-Zélande. Entrevue avec ses habitans. Découverte de plusieurs îles inconnues jusqu'alors. Mouillage à Tongatabou, l'une des îles des Amis. Empressement des naturels à venir à bord, et à nous procurer des vivres frais. Nous salons un grand nombre de cochons. Les insulaires sont très-enclins au vol. Une de nos sentinelles est assassinée pendant la nuit par un naturel qui lui vole son fusil. Le roi Toubau livre l'assassin au général Dentrecasteaux, et lui remet le fusil qui avoit été volé. La reine Tiné vient à bord. Toubau donne une fête au Général. La reine Tiné lui en donne aussi une. Le forgeron de la Recherche tombe sous les coups de massue que lui assènent des naturels par lesquels il est dépouillé en plein jour à la vue de nos vaisseaux. On embarque de jeunes pieds d'arbres à pain pour enrichir nos colonies de ce végétal précieux.

1ère. année de la rép.
Ventose.
10.

Nous appareillâmes de la baie de l'Aventure vers huit heures du matin ; nous fûmes poussés par de fortes rafales qui vînrent du sud-ouest, et nous ne tardâmes pas à doubler le cap Pillar, derrière lequel nous vîmes plusieurs feux allumés par des Sauvages. Nous nous dirigeâmes ensuite vers le nord ; nous fîmes environ huit myriamètres à la vue des côtes, laissant dans l'ouest la baie aux Huîtres, puis nous fîmes route pour les îles des Amis.

22.

Dès le point du jour, le 22 ventose, nous eûmes connoissance des îlots nommés les Trois-Rois.

Nous étions vers huit heures par 169^d 56′ de longitude orientale, lorsque nous relevâmes au nord, à un demi-myriamètre de distance, l'îlot du milieu de ce groupe, et nous en déterminâmes la latitude par 34^d 20′ sud.

Nous voyions trois rochers principaux, d'une élévation moyenne, placés à peu près sur le même parallèle, peu distans les uns des autres et environnés d'autres rochers beaucoup plus petits. Malgré la brume qui venoit de s'élever, nous en distinguions encore d'autres vers le nord qui faisoient partie de ce même groupe. Ils étoient extrêmement arides et nous ne présumions pas qu'ils fussent habités. Cependant une forte colonne de fumée s'éleva de dessus l'îlot le plus oriental et nous annonça la présence des Sauvages. Sans doute ils ont choisi ce séjour, parce qu'ils trouvent facilement les moyens de faire la pêche au milieu de ces écueils.

1ere. année de la rép. Ventose.

Nous apperçûmes vers dix heures trois quarts les terres de la Nouvelle-Zélande, dont nous nous approchâmes en nous portant vers l'est à la faveur d'un petit vent d'ouest-nord-ouest.

Les naturels avoient allumé un grand feu sur le plus élevé des côteaux qui bordent la mer et qui s'avancent jusqu'au cap nord. Vers cinq heures et demie nous étions peu éloignés de ce cap, lorsque deux pirogues partîrent de la côte et se dirigèrent vers nous. Elles ne tardèrent pas à nous atteindre, et elles restèrent quelque tems derrière notre vaisseau avant d'oser y aborder, mais jugeant bien de nos dispositions à leur égard, elles s'approchèrent avec confiance; d'ailleurs, ces Sauvages n'ignoroient sans doute pas que les Européens qui avoient visité leurs côtes n'avoient jamais été les premiers agresseurs ; ils nous montrèrent sur-le-champ des paquets de lin de la Nouvelle-Zélande *(phormium tenax)* en les agitant pour nous en faire remarquer toute la beauté, et ils nous offrîrent de faire des échanges. Ce fut avec des témoignages d'une grande satisfaction qu'ils

L 2

reçûrent les étoffes de différentes couleurs que nous leur donnâmes, et toujours ils nous en remîrent avec une exactitude scrupuleuse le prix dont ont étoit convenu.

Ils donnèrent au fer une préférence très-marquée sur tous les autres objets que nous leur offrîmes. Ce métal est d'un si grand prix pour ce peuple guerrier, qu'ils fîrent éclater la joie la plus vive lorsqu'ils sçûrent que nous en avions; quoique nous ne leur en eussions montré d'abord que de très-loin, néanmoins ils le reconnûrent parfaitement au son que rendîrent deux morceaux frappés l'un contre l'autre.

Ces habitans nous donnèrent en échange de nos effets presque tout ce qu'ils avoient dans leurs pirogues; nous regardâmes comme une marque de la plus grande confiance qu'ils ne fissent pas la moindre difficulté de se désaisir de toutes leurs armes en notre faveur.

Les plus grandes zagaies qu'ils nous donnèrent n'avoient pas plus de cinq mètres de longueur, sur une épaisseur de quatre centimètres; les plus petites étoient de moitié moins longues. Elles étoient toutes d'un seul morceau de bois très-dur qu'ils avoient parfaitement poli.

Ils nous donnèrent des lignes et des hameçons de différentes formes; ils avoient mis au bout de quelques-uns des plumes, appât dont ils se servent pour attirer les poissons voraces. Plusieurs de ces lignes étoient fort longues et avoient à leur extrémité un morceau de serpentine dure, qu'ils y attachent pour les faire descendre dans les eaux à de grandes profondeurs. Nous admirâmes le beau poli qu'ils avoient donné à cette pierre de forme sphérique et surmontée d'une petite protubérance à laquelle ils avoient fait un trou pour y passer une corde. Il doit être bien difficile à ces Sauvages de percer des pierres aussi dures, et ils y emploient sans doute beaucoup de tems, mais ils ont tout le loisir de se livrer à ces sortes de travaux, car leurs besoins sont peu multipliés, et d'ailleurs la mer leur fournit une nourriture très-abondante. Ils nous vendîrent beaucoup de poisson qu'ils venoient de prendre : il y en a une si grande quantité le long de la côte que, dans le peu de tems que nous restâmes en panne, nous en vîmes plusieurs bancs fort nombreux, qui, se portant à la surface de la mer, l'agitèrent dans un espace très-étendu à différentes reprises, en produisant un effet à peu près semblable à celui des courans, lorsque, dans un tems calme, ils passent sur des basfonds.

Ces Sauvages se dépouillèrent même de leurs vêtemens pour se procurer nos objets d'échange.

Quelques jeunes gens avoient des pendans d'oreille faits avec une serpentine d'une grande dureté; ils étoient taillés en ovale et la plupart avoient environ un décimètre de longueur.

Les hommes portoient comme une espèce de trophée une petite partie d'un cubitus humain qui pendoit sur leur poitrine au bout d'une corde passée à leur cou (*voyez planche 25*). Ils attachoient un grand prix à cet ornement.

On sait que ces peuples mangent avec avidité la chair humaine; aussi tout ce qui réveille en eux l'idée d'un pareil aliment leur fait le plus grand plaisir. Un homme de l'équipage offrit à un d'entre eux un couteau; mais voulant lui en montrer l'usage, il fit semblant de se couper le doigt qu'il porta sur-le-champ à sa bouche en feignant de le manger, aussitôt le cannibale qui observoit tous ses mouvemens en ressentit une joie extrême et nous le vîmes rire pendant quelque tems à gorge déployée en se frottant les mains. Tous étoient d'une très-grande taille et fortement musclés. Ils nous quittèrent peu de tems après le coucher du soleil.

Au même instant une troisième pirogue arriva de la côte la plus voisine; elle étoit montée par douze insulaires qui aussitôt nous demandèrent des haches pour leurs effets. Un d'entre eux en avoit déja obtenu une, lorsqu'un autre s'adressa à nous d'une voix mâle, en criant de toutes ses forces *etoki* (*une hache*), et il ne se tut que lorsqu'on lui en eut donné une.

Il faisoit déja nuit. L'Espérance étoit trop éloignée de notre vaisseau pour que nous pussions l'appercevoir; nous brûlâmes quelques amorces afin de l'engager à nous faire connoître sa position; mais nous vîmes avec surprise que ces naturels, bien éloignés de marquer aucune crainte des effets de la poudre à canon, n'en continuèrent pas moins leurs échanges. Nous avions déja plus d'une heure de nuit lorsqu'ils pagayèrent en se dirigeant vers la côte.

1ère. année de la rép.
Ventôse.

Comme nous restâmes en panne, la sonde fut jetée à différentes reprises. Toujours elle nous indiqua un fond de sable fin à la profondeur de soixante-six à quatre-vingt-treize mètres.

Aux vents de terre qui se firent sentir foiblement pendant la nuit, succédèrent vers le lever de l'aurore des vents de nord-ouest. Nous étions encore très-près de la côte, il nous eût été facile d'aller mouiller dans la baie de Lauriston ; mais les tristes événemens arrivés au capitaine Marion, et ensuite à Furneaux, déterminèrent le Général à passer outre.

23.

Cependant je crus de mon devoir de lui exposer combien il seroit important de prendre à la Nouvelle-Zélande la plante liliacée connue sous le nom de *phormium tenax* (*le lin de la Nouvelle-Zélande*), pour la transporter en Europe, où elle réussiroit parfaitement. Les fils qu'on retire de ses feuilles ont une force bien supérieure à toutes les autres productions végétales qui sont employées à faire des cordes ; les cables qu'on pourroit en fabriquer résisteroient aux plus grands efforts. Personne n'eût dû apprécier mieux que le Commandant de notre expédition toute l'utilité de cette plante pour notre marine. Cependant nous n'en continuâmes pas moins notre route vers les îles des Amis, en nous dirigeant au nord-est.

D'ailleurs, il eût été avantageux de relâcher à l'extrémité septentrionale de la Nouvelle-Zélande pour y vérifier nos observations qui nous firent placer le cap nord 36′ plus à l'est que ne l'indique Wales. On reconnoîtra pourtant que nous sommes fondés à leur donner une juste préférence sur celles de cet astronome, lorsqu'on saura qu'il n'a déterminé ce point que d'après la longitude qu'il avoit observée dans l'anse du vaisseau, ayant suivi le prolongement de la côte sur la route du capitaine Cook ; mais on doit se rappeler que ce célèbre navigateur n'avoit pas de garde-tems dans sa première campagne, et l'on sait que cet instrument est d'une nécessité indispensable lorsqu'on veut fixer avec exactitude le prolongement d'une côte où l'on éprouve des courans irréguliers et très-rapides.

26. Vers quatre heures après midi le matelot qui étoit en vigie nous annonça qu'il venoit d'appercevoir un gros rocher au nord-nord-est. Bientôt nous fûmes entourés d'un grand nombre d'oiseaux de mer parmi lesquels nous remarquâmes beaucoup de foux et de goelettes. Il étoit déja nuit lorsque nous passâmes à environ six cents mètres sous le vent de cet écueil, d'où plusieurs de ces oiseaux faisoient entendre leurs cris ; mais à la faveur d'un beau clair de lune nous distinguâmes sur les pointes

tes les plus saillantes une blancheur que nous attribuâmes à leurs excrémens.

Ce rocher, qui est par 31^d 33′ 20″ de latitude sud, et 179^d de longitude orientale, n'a pas plus d'un kilomètre de circonférence sur soixante-dix à quatre-vingt mètres d'élévation. Quelques récifs se remarquèrent vers sa pointe occidentale.

Nous fûmes entièrement à l'abri de la vague lorsque nous passâmes sous le vent de cet écueil, de sorte que s'il se fût trouvé dans notre route quelque roche à fleur d'eau, nous n'eussions été avertis du danger qu'au moment où notre vaisseau s'y fût brisé. On n'auroit pas couru ces risques, si on l'eût doublé au vent ou bien sous le vent, mais à une distance convenable.

Le lendemain dès le point du jour nous eûmes connoissance des îles Curtis; elles sont au nombre de deux, très-petites, et éloignées l'une de l'autre de près de deux myriamètres. La plus australe n'a pas plus de deux kilomètres de longueur du nord au sud; elle est escarpée, très-aride et parsemée d'un grand nombre de rochers dont les pointes les plus hautes s'élèvent à environ cent mètres perpendiculaires au-dessus du niveau de la mer. Leur couleur blanchâtre me fit penser qu'ils étoient de nature calcaire comme la majeure partie des îles qu'on trouve dans ces mers.

L'autre île est assez arrondie, couverte de verdure et aussi élevée que la première; elle est escarpée dans pres-

1ere. année de la rép. Ventose.

27.

1ᵉʳᵉ. annéé
de la rép.
Ventose.

28.

que tous ses contours, cependant on pourroit y aborder vers l'ouest. Elle gît par 30ᵈ 18′ 26″ de latitude sud, et 179ᵈ 38′ de longitude orientale.

Vers six heures du soir, nous apperçûmes de très-loin au nord-nord-ouest une terre nouvelle, ce qui nous détermina à passer la nuit en panne.

Le lendemain dès que le jour parut nous la revîmes encore vers le nord à la distance de plus de cinq myriamètres; mais vers cinq heures après midi nous en étions tout proche, et nous en avions vu déja tous les contours, qui ont environ deux myriamètres et demi.

Nous donnâmes le nom de la Recherche à cette île, qui est par 29ᵈ 20′ 18′ de latitude sud, et 179ᵈ 55′ de longitude orientale. Sa forme est à peu près triangulaire. Vers le centre son terrain est élevé d'environ cinq cents mètres perpendiculaires au-dessus du niveau de la mer. Nous apperçûmes sur la côte quelques petits éboulemens par où l'on pourroit y aborder.

Nous distinguions parfaitement dans tous les endroits coupés à pic la disposition des couches minces, parallèles et horizontales d'une pierre blanchâtre et sans doute calcaire dont elle est formée. L'intérieur nous offroit de grands escarpemens. Des arbres se voyoient jusque sur les sommités les plus élevées.

Un bas-fonds situé tout près de la côte au nord-ouest s'étendoit à six cents mètres au moins dans cette même direction.

Huit rochers, éloignés les uns des autres de quelques centaines de mètres, s'avançoient dans la mer jusqu'à un demi-myriametre de distance vers l'est-sud-est.

1ere. année de la rép.

Ventose.

Entre la pointe du nord-ouest et celle de l'ouest nous remarquâmes un petit enfoncement où l'on trouveroit probablement un très-bon fond; on y seroit parfaitement à l'abri des vents d'est.

Nous vîmes entre les pointes du nord-ouest et du sud-est un petit ruisseau qui se jetoit dans la mer, et à peu de distance dans un endroit coupé à pic on appercevoit un gros bloc d'une terre de couleur rouge assez foncée qui paroissoit comme incrustée dans la pierre calcaire.

Le 2 germinal vers neuf heures du soir nous entrâmes dans la zone torride par 184^d de longitude orientale: c'étoit pour la quatrième fois que nous passions sous le tropique du capricorne.

Germinal.

2.

Le lendemain à une heure après midi nous apperçûmes Eoa, une des îles des Amis; elle nous restoit au nord-ouest à environ sept myriamètres de distance; mais nous ne tardâmes pas à la voir d'assez près: la belle verdure qui la couvroit de toutes parts annonçoit la fécondité de son sol. Le terrain est d'une élévation moyenne.

3.

Il étoit six heures et demie lorsque nous mîmes en panne pour attendre l'Espérance. Nous passâmes la nuit en courant des bords.

Le 4 vers sept heures du matin, nous n'étions plus qu'à environ trois myriamètres de Tongatabou, et pourtant il nous étoit difficile de l'appercevoir, car les terres sont assez basses. Bientôt nous rangeâmes de très-près sa côte orientale en nous portant vers le nord et le nord-ouest, afin de ne pas manquer l'ouverture qui conduit au havre, où l'on n'arrive qu'après avoir passé entre des récifs très-rapprochés les uns des autres et dont on ne peut reconnoître l'interruption que lorsqu'on en est à peu de distance.

Dès que nous fûmes vers le milieu de cette passe beaucoup de pirogues à balancier vinrent à notre rencontre, chargées de fruits, de cochons et de volailles qu'elles nous offrirent: elles étoient montées par deux à trois naturels, et il étoit rare qu'il y en eût quatre. Une d'entre elles, s'avançant vers nous d'une marche trop rapide, son balancier se détacha et nous eûmes la douleur de voir les trois pagayeurs tomber dans l'eau; mais beaucoup moins embarrassés que nous ne l'eussions cru, ils nagèrent vers la côte la plus proche en y conduisant leur nacelle, qui fut bien vîte remise à flot. Ces sortes d'embarcations sont si frêles qu'elles doivent être souvent exposées à de pareils accidens; aussi les pirogues qui passèrent près de celle-ci parûrent à peine s'en appercevoir.

Elles avoient toutes des commestibles, cependant nous en remarquâmes une qui n'en avoit point, et nous pensâmes qu'elle n'avoit rien à nous offrir; mais nous

nous trompions; elle étoit dirigée par deux hommes dont la physionomie annonçoit beaucoup de gaieté en nous montrant au doigt deux femmes qui pagayoient avec eux ; leurs signes ne nous laissèrent aucun doute qu'ils ne nous fissent des offres très-galantes.

1ere. année de la rép. Germinal.

Nous voyions au loin de grandes pirogues à la voile.

Vers onze heures et demie, étant dans l'endroit le plus resserré de la passe, nous trouvâmes fond vers le milieu avec une ligne de onze mètres. Cette ouverture ne nous parut pas avoir plus de quatre cents mètres de largeur.

Au moment où nous avions été sur le point de nous y engager, une grande pirogue étoit venue au-devant de nous et nous avoit invités à la suivre dans une passe beaucoup plus large qui nous restoit à tribord; mais lorsqu'elle nous vit prendre une autre route, elle revint et se tint encore pendant quelque tems devant nous, voulant nous indiquer comment il falloit gouverner.

Nous arrivâmes enfin dans la rade de Tongatabou, et après avoir couru plusieurs bords pour atteindre le mouillage, nous laissâmes tomber l'ancre à deux kilomètres au sud-ouest de Pangaïmotou par vingt-un mètres de profondeur sur un fond de sable gris très-fin.

Nous voyions à l'ouest 3^d nord une pointe occidentale de Tongatabou; au nord 24^d est l'extrémité occidentale de Pangaïmotou; et au nord 20^d ouest l'extrémité des récifs de ce même côté.

1ere. année de la rép.

Germinal.

Aussitôt nous fûmes environnés de naturels qui montèrent sur notre vaisseau en si grand nombre que le pont en fut bien vîte couvert. Plusieurs étoient venus sur des doubles pirogues de la forme de celle qui est figurée *planche* 28.

Un naturel, suivi de quelques autres qui paroissoient avoir pour lui beaucoup de considération, s'annonça comme un des chefs de l'île. Il demanda à voir le Commandant de notre vaisseau, et sur-le-champ il fit apporter un cochon qu'il lui donna en présent. Cet insulaire marqua beaucoup de reconnoissance en recevant une hache des mains du Général.

En moins d'une heure on se procura, par la voie des échanges, une douzaine de cochons, dont les plus petits pesoient au moins cinq myriagrammes. On donna pour le prix de chacun une hache de grandeur moyenne.

Le Général avoit chargé un de ses officiers de traiter avec les insulaires des vivres qu'ils pourroient nous fournir, et pour éviter toute concurrence qui eût nui à l'approvisionnement de nos vaisseaux, il avoit défendu à toute autre personne de faire des échanges; mais il fut impossible de tenir entièrement la main à l'exécution de cet ordre. D'ailleurs, il étoit difficile de résister à l'empressement que mettoient les naturels à débiter leur marchandise; chacun l'étaloit de son mieux. Nous nous amusâmes singulièrement à les voir tenir sous le bras leurs petits cochons qu'ils tiroient de tems en tems par les oreilles pour nous faire connoître qu'ils vouloient les vendre.

Un chef des guerriers, nommé *Finau*, vint à bord vers cinq heures après midi. C'étoit un homme d'environ quarante-cinq ans, d'une taille médiocre et fort gras. De même que les autres habitans il avoit tous les traits d'un Européen. Son corps étoit couvert de cicatrices dans plusieurs endroits; il nous en fit remarquer deux sur sa poitrine qu'il nous dit être les suites de coups de zagaies qu'il avoit reçu dans divers combats contre les habitans de Fidgi.

Le portrait de ce guerrier, *planche 8, figure 2,* est d'une grande vérité; ses cheveux poudrés avec de la chaux étoient arrangés de manière qu'on eût cru qu'il portoit une perruque.

Il s'assit sur le banc de quart avec quatre naturels, et il ordonna à tous les autres de s'accroupir; cependant il permit à quelques-uns de s'asseoir sur le coffre d'armes. Je ne sais si ces derniers étoient de grands personnages; mais nous remarquâmes parmi eux un homme d'un âge avancé qui étoit suivi d'une jeune fille, et qui employoit toute son éloquence pour tenter ceux d'entre nous qui s'approchoient d'elle.

Finau donna en présent au Général le cochon le plus gros que nous eussions encore vu depuis que nous étions au mouillage; il lui donna aussi deux très-belles massues faites de bois de *casuarina*, où l'on voyoit incrustées des plaques d'os taillées les unes en rond, les autres en forme d'étoiles de mer, d'autres représentoient des oiseaux, mais assez mal dessinés. Ce chef parut bien content lorsque le Général lui remit une hache, un grand morceau d'étoffe rouge et quelques clous. Pour témoigner sa reconnoissance, il porta aussitôt chacun de ces objets contre la partie gauche de son front, après les avoir pris de la main gauche.

Vers le coucher du soleil, nous le priâmes de renvoyer de dessus notre vaisseau tous les naturels dont la foule étoit devenue prodigieuse. Nous désirions qu'il n'y en restât aucun, pour ne pas avoir l'embarras de les surveiller pendant la nuit; mais son autorité ne s'étendoit peut-être pas sur tous, car après en avoir chassé seulement la plus grande partie, il nous quitta et se dirigea vers la côte occidentale de Tongatabou.

On devineroit difficilement comment il s'y prit pour faire sortir de notre vaisseau ces insulaires qui nous gênoient à un point excessif. Il les poursuivit en agitant sa massue avec une telle force, qu'ils ne trouvèrent le moyen d'échapper aux coups de cette arme meurtrière qu'en se précipitant dans la mer.

Presque toutes leurs massues sont faites avec le bois du *casuarina*, qui est extrêmement dur; cependant nous en vîmes quelques-unes d'os et elles avoient un peu plus d'un mètre de longueur. Comme ces insulaires
n'ont

n'ont aucun quadrupède qui puisse leur fournir de pareils ossemens, il n'y a aucun doute qu'ils n'appartiennent à quelques grands cétacées.

Outre beaucoup de volailles, ils nous vendîrent encore des pigeons de l'espèce appelée *columba aenea*, des fruits de l'arbre à pain, des cocos, des ignames et plusieurs variétés de bananes d'un goût délicieux.

Nous avions engagé tous les naturels à s'en aller à terre avant la nuit, car plusieurs n'étoient pas venus seulement pour satisfaire leur curiosité ou pour nous vendre leurs effets. Nous n'avions pas tardé à nous appercevoir qu'ils nous avoient volé beaucoup de choses. Cependant toutes les pirogues étoient déja parties et il restoit encore à bord six insulaires qui, n'ayant plus d'autre moyen de retourner à terre qu'en nageant, nous prièrent de les laisser passer la nuit sur le pont; il y en eut pourtant un qui préféra de s'en retourner à la nage, quoique nous fussions à environ deux kilomètres de la côte la plus proche. Nous admirâmes la facilité avec laquelle il exécuta tous ses mouvemens. Il nagea constamment sur le ventre, son cou étant entièrement hors de l'eau; il faisoit avec la main gauche de très-petits mouvemens en la tenant toujours devant lui, tandis qu'il donnoit un très-grand développement à la main droite en la portant à chaque élan jusque contre la cuisse du même côté: le corps étoit en même tems un peu incliné à gauche, ce qui ajoutoit encore à la rapidité avec laquelle il fendoit les eaux. Je n'ai jamais vu d'Européen nager avec autant d'assurance ni avec autant de vîtesse.

Finau revint le lendemain matin passer quelques heures à bord ; il s'amusa singulièrement à examiner jusqu'aux moindres mouvemens d'un singe qui appartenoit à un de nos canonniers.

On dressa les tentes de l'observatoire sur la côte sud-ouest de Pangaïmotou, et l'on transporta au même lieu des étoffes de différentes couleurs et une grande quantité d'objets de quincaillerie pour nous procurer en échange des vivres frais. Comme les habitans nous apportèrent beaucoup de porcs, le Général prit le parti de renouveller nos salaisons ; le citoyen Renard, l'un des chirurgiens-majors de notre expédition, voulut bien surveiller ce travail.

Une enceinte fut tracée avec une corde attachée à l'extrémité de piquets fichés dans la terre à la distance de quatre à cinq mètres les uns des autres. Ce fut avec de pareilles barrières qu'on se proposa de contenir jour et nuit les habitans dont plus de deux mille, arrivés pour la plupart de Tongatabou, étoient déja rassemblés autour de nous.

Fatafé, un des fils du feu roi *Poulao*, se rendit de très-bonne heure au même lieu. Il se chargea de faire régner beaucoup d'ordre parmi les naturels ; aussi les échanges se fîrent avec la plus grande tranquillité ; mais nous vîmes avec peine que pour se faire obéir il employoit des moyens aussi barbares à leur égard qu'ils étoient pénibles pour lui-même ; car si quelqu'un d'entre eux osoit dépasser seulement de quelques décimètres l'enceinte qui avoit été tracée, aussitôt, pour l'avertir de se retirer, il lui lançoit tout ce qu'il trouvoit sous sa main, sans égard au mal qui pouvoit en résulter. Un jeune homme s'étant un peu trop avancé pensa perdre la vie pour avoir été inattentif aux ordres de *Fatafé*, qui lui lança aussitôt avec force une très-grosse bûche ; mais il eut le bonheur de l'éviter.

Il nous fallut traverser ce cercle nombreux pour pénétrer dans l'intérieur de l'île ; il étoit bien difficile de ne pas heurter les pieds et les jambes des naturels qui étoient assis par terre très-près les uns des autres, ayant tous les jambes croisées ; cependant bien loin de se fâcher, ils nous donnoient la main pour nous soutenir, lorsque, dans la crainte de les blesser, nous ne savions où poser nos pieds. Nous fûmes suivis par un très-petit nombre.

Nous trouvâmes beaucoup d'habitans qui étoient occupés à construire des cases pour se fixer sur l'île de Pangaïmotou ; ils y avoient été attirés par le choix que nous avions fait de cette petite île pour acheter les vivres qu'ils pouvoient nous fournir. Déja plusieurs de ces cases étoient achevées. Les insulaires que nous y rencontrâmes nous reçûrent en nous donnant divers témoignages d'une grande affection.

1ᵉʳᵉ. année de la rép.
Germinal.

L'emplacement occupé par chacune de ces habitations n'avoit pas ordinairement plus de trois mètres de largeur sur cinq de longueur. Le toit, élevé d'environ deux mètres vers le milieu, s'abaissoit jusqu'à terre, par une pente très-inclinée. On avoit formé sur un de ses côtés une ouverture qui occupoit quelquefois toute la longueur de la case, mais si peu élevée qu'on ne pouvoit y entrer qu'en se courbant au point d'être obligé de se soutenir sur les mains : on remarquoit au côté opposé une autre ouverture encore beaucoup moins élevée et plus étroite qui sembloit destinée à favoriser la circulation de l'air. Ailleurs on en voyoit un plus grand nombre, mais plus petites et situées dans le sens de la largeur des habitations. Nous y admirâmes le beau tissu des nattes qui étoient étendues par terre. Le toit étoit couvert avec des feuilles de cocotier et de palmier appelé *corypha umbraculifera,* quelquefois aussi avec des souchets et des graminées. Sous un pareil toit on ne pouvoit se tenir de bout que vers le milieu, mais ces peuples y restent communément accroupis, aussi ils peuvent s'approcher assez près de ses bords.

Souvent on rencontroit aux environs de ces demeures paisibles des hommes extrêmement obligeans et d'ailleurs très-robustes qui prenoient soin d'instruire les étrangers des facilités qu'ils pouvoient trouver auprès du beau sexe dans ces îles fortunées. L'envie d'obliger entroit sans doute pour beaucoup dans leurs offres, mais il paroît que leur intérêt particulier y étoit aussi pour quelque chose ; car jamais ils n'oublioient de demander une récompense pour prix de leurs renseignemens.

Nous suivîmes pendant quelque tems les bords du rivage, où nous vîmes un grand nombre d'arbres à pain très-vigoureux, quoique leurs racines fussent baignées par une eau saumâtre. Bientôt la mer gonflée par le flot nous obligea à rentrer dans l'intérieur de l'île où nous traversâmes des bois fourrés à l'ombre desquels croissoient le *tacca pinnatifida*, le *saccharum spontaneum*, le *mussaenda frondosa*, l'*abrus precatorius*, le poivrier qui sert aux habitans à faire le *kava*, etc. Nous marchâmes ensuite sur des terrains employés les uns à la culture des patates, les autres à celle de l'espèce d'igname appelée *dioscorea alata*; nous voyions ailleurs de jeunes plants de *vacoua*, *pandanus odoratissima*, dont les feuilles servent à faire des nattes. Plus loin nous trouvâmes des champs de mûrier à papier qu'ils cultivent à cause de son écorce dont ils fabriquent des étoffes pour se vêtir. L'*hybiscus tiliaceus* croissoit spontanement sur les bords de ces diverses cultures et tout près de la mer: son écorce leur fournit aussi de quoi faire des étoffes, mais beaucoup moins belles que celle du mûrier à papier.

Des naturels qui nous suivoient de très-près affectoient de paroître n'avoir d'autre but que de nous être utiles; nous en surprîmes pourtant quelques-uns qui mettoient de tems en tems les mains dans nos poches pour s'emparer de nos effets; mais à chaque fois que nous nous en appercevions nous les forcions de nous les restituer. Cependant un d'entre eux s'étant emparé d'un couteau qui appartenoit à un des hommes de l'équipage s'enfuit à toutes jambes et disparut au milieu des bois.

Nous ne tardâmes pas à trouver un groupe d'insulaires qui se disposoient à prendre le *kava*. Ils nous invitèrent à nous asseoir auprès d'eux; nous y restâmes pendant tout le tems qu'ils préparèrent ce breuvage. Ils appellent du même nom l'espèce de poivrier qui en fait la base, et dont les racines, allongées, charnues et très-tendres, ont souvent plus d'un décimètre d'épaisseur. D'abord ils les nettoyèrent avec le plus grand soin; ensuite ils les mâchèrent pour les réduire en une espèce de pâte dont ils formèrent des boulettes d'un décimètre à peu près de circonférence. Ils les déposèrent à mesure dans un grand vase de bois, et dès que le fond en fut garni après les avoir placées à un décimètre de distance les unes des autres, ils le remplîrent d'eau. Aussitôt cette liqueur fut agitée et ensuite distribuée à tous les convives. Les uns bûrent dans des tasses de cocos et les autres dans celles qu'ils formèrent sur-le-champ avec des feuilles de bananier.

Les grosses racines avec lesquelles on venoit de faire

le *kava* avoient dans le sens de leur longueur des fibres ligneuses très-minces qui se déposèrent au fond de ce breuvage. Celui qui le distribua les rassembla avec une de ses mains et s'en servit comme d'une éponge pour remplir les tasses.

1ère. année de la rép., Germinal.

Nous fûmes engagés à prendre notre part de cette boisson ; mais il n'eût pas fallu la voir préparer pour céder aux invitations de ces honnêtes gens. Cependant l'aumônier de notre vaisseau eut le courage d'en avaler une tasse toute pleine. Désirant aussi connoître la saveur de cette racine, je préférai d'en mâcher moi-même un petit morceau, que je trouvai âcre et stimulant. Chacun mangea ensuite des ignames nouvellement cuites sous la cendre et des bananes, sans doute pour diminuer la chaleur qu'on ressent dans l'estomac après avoir bu de cette liqueur enivrante.

Les habitans font beaucoup de cas du poivrier dont ils la retirent. Sa tige, souvent plus grosse que le pouce, est assez droite et se soutient d'elle-même. Ils en coupèrent dans l'intervalle des nœuds plusieurs morceaux dont ils nous firent présent, en nous indiquant qu'ils les mettoient ainsi dans la terre pour multiplier la plante.

Nous étions peu éloignés des tentes de l'observatoire lorsque nous fûmes engagés par quelques autres habitans à manger des fruits au nombre desquels nous eûmes le plaisir de voir ceux du *spondias cytherea* (*pom-*

mes de cythère). Chacun s'assit; le citoyen Riche venoit de poser par terre une hache d'armes, lorsqu'un naturel se glissa furtivement derrière lui, la lui enleva et s'enfuit de toutes ses forces; aussitôt nous le poursuivîmes, mais il étoit déja trop éloigné pour que nous pussions l'atteindre. Un chef qui se trouvoit alors tout près de nous courut aussi après le voleur, mais il ne tarda pas à revenir, et il parut très-affligé de ne l'avoir pas rencontré.

Bientôt nous arrivâmes dans l'enceinte où se faisoient les échanges. *Fatafé* y étoit encore. Nous apprîmes qu'il avoit fait rendre un sabre et plusieurs autres objets appartenant à différentes personnes de l'équipage qui avoient été volés par les habitans. Riche s'adressa à lui pour tâcher de ravoir sa hache d'armes; mais les recherches de *Fatafé* fûrent inutiles.

6. Un grand nombre de pirogues entouroient nos vaisseaux, quoique le Général eût donné l'ordre de les forcer à s'en éloigner; mais elles y tiroient un meilleur parti de leurs effets qu'au marché déja établi sur la côte, où l'on n'achetoit guère que des commestibles dont le prix n'étoit point variable, tandis qu'à bord souvent elles recevoient une grande valeur pour des objets de fantaisie. D'ailleurs, ces pirogues faisoient un autre commerce encore bien plus prohibé par les ordres du général Dentrecasteaux; mais les sentinelles y tenant peu la main beaucoup de jeunes filles échappoient facilement

à

à leur surveillance et entroient à chaque instant par les sabords.

1ᵉʳᵉ. année de la rép. Germinal.

Nous nous fîmes débarquer de très-bonne heure sur la côte la plus voisine, où nous eûmes le plaisir de voir que ces insulaires possèdent la canne à sucre. Ils nous en offrîrent de fort grosses que nous acceptâmes. Ils nous vendîrent plusieurs oiseaux, entre autres, une espèce charmante de lori qu'ils nous assurèrent leur avoir été apportée de Fidgi, une belle espèce de tourterelle remarquable par une tache rouge sur la tête, et qui est connue sous le nom de *columba purpurata*, l'espèce de râle nommée *rallus philippensis*, le pigeon appelé *columba pacifica*, etc. : plusieurs avoient le lézard connu sous la dénomination de *lacerta amboinensis*, qu'ils nous offrîrent comme étant très-bon à manger.

Les naturels qui nous suivoient nous gênoient beaucoup par leur nombre et même par leur empressement à vouloir nous obliger. Nous voyant recueillir des plantes, plusieurs ramassoient indistinctement toutes celles qu'ils trouvoient, en faisoient sur-le-champ de très-gros paquets et nous les apportoient, voulant ensuite nous charger de ce fardeau. D'autres nous voyant ramasser des insectes ne cessoient de nous demander s'ils n'étoient pas destinés à nourrir les oiseaux que nous venions d'acheter; mais la plupart faisoient semblant d'avoir pour nous beaucoup d'affection, tandis qu'ils s'emparoient de nos effets. En vain nous essayâmes plusieurs fois de nous débarrasser d'eux; les moyens que nous employâmes étoient sans doute beaucoup trop doux pour réussir auprès de ces peuples qui sont accoutumés à être traités fort rudement par leurs chefs.

Fatafé, accompagné d'un autre chef, avoit été dîner avec le Général, qui fit présent à l'un d'un habit rouge, et à l'autre d'un habit bleu. Parés de ce nouveau vêtement qu'ils avoient mis par-dessus leur habillement ordinaire, ils étoient sous une des tentes de l'observatoire lorsque *Finau* se présenta à l'entrée, et montra beaucoup de jalousie de les voir ainsi vêtus. Il se retira d'un air très-mécontent en disant que tous se faisoient passer pour des chefs (*egui*), et il fut prendre le *kava* avec d'autres. Nous ne scûmes que penser de la retraite précipitée de *Finau*, cependant nous présumâmes qu'il étoit moins puissant que *Fatafé*, et qu'il évitoit de paroître devant lui pour ne pas lui rendre les honneurs dus à son rang.

L'officier qui s'étoit chargé de l'achat des commestibles avoit une tâche bien pénible à remplir; car quoiqu'il eût fixé une valeur constante pour chaque objet, les naturels, comptant toujours vendre plus cher, ne cédoient jamais leurs marchandises qu'après en avoir longtems débattu le prix.

Pressés par la faim nous nous retirâmes sous la tente où étoient déposés les approvisionnemens qu'on avoit acheté dans la journée; nous y fûmes suivis par deux

DE LA PÉROUSE. 107

habitans que nous prîmes pour des chefs. L'un d'eux montra le plus grand empressement à me choisir les meilleurs fruits; j'avois mis mon chapeau par terre, le croyant dans un lieu sûr; mais ces deux filoux faisoient leur métier : celui qui étoit derrière moi fut assez adroit pour cacher mon chapeau sous ses vêtemens et il s'en alla avant que je m'en fusse apperçu; l'autre ne tarda pas à le suivre. Je me méfiois d'autant moins de ce tour que je n'eusse pas cru qu'ils osassent s'emparer d'un objet aussi volumineux, au risque d'être surpris dans l'enceinte où nous les avions laissé entrer; d'ailleurs, un chapeau ne pouvoit être que d'une bien foible utilité pour ces peuples qui ont ordinairement la tête nue. L'adresse qu'ils avoient mis à me voler nous prouva que ce n'étoit pas leur coup d'essai, et nous fit présumer qu'ils se volent fréquemment entre eux; d'ailleurs, les chefs pouvoient bien avoir quelqu'intérêt aux vols qu'on nous faisoit, car souvent nous les vîmes s'emparer de ce qu'ils trouvoient entre les mains de leurs sujets qu'ils pilloient très-ouvertement.

Il nous répugnoit toujours de sévir contre ces fripons; mais il étoit tems de réprimer leur audace, car elle ne faisoit que s'accroître par l'impunité. Pour atteindre ce but on se proposa de leur faire connoître l'effet de nos armes à feu sur un coq que l'on mit au bout d'une longue perche; mais on eut l'imprévoyance de se servir d'un fusil à deux coups qui avoit été exposé pen-

1ere. année de la rép. Germinal.

O 2

dant la nuit précédente à l'humidité de l'atmosphère ; d'abord il rata, ensuite il fit long feu, et il fallut recourir à un autre fusil pour jeter le coq par terre; aussi ces habitans parûrent conserver une bien plus grande idée de leurs armes que des nôtres, lorsqu'un autre coq qui avoit été attaché à l'extrémité de la même perche fut percé par un de ces insulaires avec une longue flèche armée de trois pointes divergentes. Pour viser à cette volaille, s'étant placé juste dessous, il s'étoit encore élevé le plus possible sur la pointe de pieds, de sorte que l'extrémité de sa flèche n'en étoit pas éloignée de quatre mètres. Tous les autres avoient les yeux fixés vers lui et gardoient le plus profond silence ; mais dès qu'il eut atteint le but, leurs cris d'admiration nous firent connoître qu'ils ne réussissoient pas ordinairement aussi bien, même à une aussi petite distance.

La flèche qu'il venoit de décocher avoit près de trois mètres de longueur ; ils en ont aussi de plus petites qu'ils renferment également dans des carquois de bambou.

7. Deux factionnaires veilloient jour et nuit à la sûreté de l'établissement que nous avions formé sur l'île de Pangaïmotou. Ils suffisoient bien pour en éloigner les naturels qui eussent essayé de s'y glisser furtivement, afin de voler les effets que nous y avions déposé. On n'avoit pas craint, sans doute, qu'ils s'y fussent introduits à force ouverte, car on n'avoit pris aucune précau-

tion pour se mettre à l'abri d'un coup de main; cependant un insulaire profita d'une pluie très-abondante qui survint aux approches du jour pour s'avancer derrière un de nos factionnaires, et il le frappa si violemment sur la tête avec sa massue, que celui-ci tomba sous le coup, quoique pourtant il eût été paré en grande partie par son casque. Sur-le-champ l'assassin lui enleva son fusil. L'autre factionnaire avertit aussitôt ceux d'entre nous qui dormoient sous les tentes. L'alerte fut vive, chacun courut aux armes, plusieurs se rapprochèrent encore davantage de la mer dans le dessein de gagner la chaloupe si les insulaires fussent venus à fondre sur eux en grande foule. Le cri d'alarme fut entendu à bord de l'Espérance, qui, dès la veille, s'étoit avancée à la portée de la voix; aussitôt elle lança quelques fusées pour avertir la Recherche; mais on ne tarda pas à bannir toute crainte d'une attaque générale de la part de ces naturels, car on s'assura bien vîte que la plupart dormoient encore autour de notre établissement et que ceux qui venoient d'être réveillés s'en éloignoient; d'ailleurs, un officier qui arrivoit de l'intérieur de l'île presqu'au moment de cet assassinat, rapporta qu'il avoit rencontré un grand nombre d'habitans, et que tous lui avoient paru dormir d'un sommeil profond.

Le Commandant de notre expédition se rendit à terre vers six heures du matin avec un détachement bien armé. Il donna l'ordre de démonter sur-le-champ les tentes et de les transporter à bord, de même que tous les objets qu'on avoit déposé dans l'enceinte pour faire des échanges.

1ere. année de la rép. Germinal.

Notre retraite affligea singulièrement plusieurs chefs qui s'approchèrent du Général pour lui témoigner toute la douleur que ce fâcheux accident leur avoit causé ; ils désapprouvèrent hautement cette lâche trahison, disant que le coupable avoit mérité la mort et qu'il ne survivroit pas long-tems à ce forfait. Ils mîrent tout en usage pour obtenir que les échanges continuassent comme auparavant.

Notre détachement s'étant un peu avancé dans l'intérieur de l'île pour examiner les dispositions des naturels, en trouva près de mille qui avoient dormi dans le voisinage de notre établissement ; il les engagea à s'en éloigner davantage, ce qu'ils firent tous, excepté un petit groupe de gens armés qui, levant aussitôt leurs massues et leurs zagaies, refusèrent de reculer d'un seul pas. Peut-être eût-il fallu réprimer cette audace qui nous les fit regarder comme les complices de l'assassin ; mais un chef nommé *Toubau*, l'un des parens du roi, fondit sur eux avec impétuosité et à grands coups de massue, il les eut bien vîte dispersés.

Le Général, avant de s'embarquer pour s'en retourner à bord, fit quelques présens aux différens chefs qui étoient rassemblés autour de lui. Il exigea d'eux qu'ils lui livrassent l'assassin, et qu'ils lui rendissent le fusil qu'il avoit volé, de même qu'un sabre qui avoit été enlevé le jour précédent à un de nos canonniers, et il les prévint que ce ne seroit qu'à cette condition qu'il permettroit qu'on recommençât à faire des échanges.

1ere. année de la rép.
Germinal.

Tous les habitans se retirèrent aussitôt que notre chaloupe eut quitté le rivage ; mais dès qu'elle eut atteint le vaisseau plusieurs parcourûrent l'emplacement que nous venions d'abandonner et cherchèrent avec beaucoup de soin s'il n'y étoit pas resté quelques-uns de nos effets. Nous en remarquâmes un qui eut l'adresse d'arracher le clou qui avoit servi à suspendre à un poteau une de nos horloges.

Finau vint à bord dans l'après-midi, et donna en présent au Général des fruits à pain, des ignames, un porc et des bananes : il reçut une scie à main, une hache et plusieurs ciseaux de menuisier ; mais nous vîmes qu'il donnoit à la hache une préférence très-marquée sur les autres instrumens. Après avoir prêté la plus grande attention au récit que nous lui fîmes du meurtre qui venoit d'être commis par un des habitans à l'égard d'une de nos sentinelles, il promit de nous faire rendre dès le lendemain le fusil, et nous dit qu'il nous ameneroit l'assassin, dont il vouloit faire justice en notre présence. Il demanda à voir le canonnier qui avoit été blessé. Celui-ci avoit à la tête une plaie fort grande ; mais heureusement elle ne présentoit aucun danger, car la violence du coup avoit été amortie par le casque qu'il portoit. *Finau* marqua beaucoup de sensibilité en voyant cette blessure; il fit présent au malade d'une pièce d'étoffe fabriquée avec l'écorce de mûrier à papier pour qu'il s'en servît dans les pansemens de sa plaie; en effet, cette étoffe a des qualités qui la rendent très-propre à un pareil usage.

Finau ayant ordonné à plusieurs naturels de sa suite de faire le *kava*, sur-le-champ ceux-ci mâchèrent de grosses racines du poivrier qui porte le même nom, et bientôt cette liqueur fut préparée. Il en but le premier, le reste fut partagé entre les autres habitans, qui, de même que *Finau*, mangèrent ensuite des bananes. Par respect pour lui, ils se tenoient tous accroupis sur le pont, tandis qu'il étoit assis sur le banc de quart.

Nous fîmes voir à ce chef plusieurs gravures des voyages du capitaine Cook. Ce fut avec le plus grand respect qu'il prononça à différentes reprises le nom de ce célèbre navigateur qu'il appeloit *Touté*. Il est remarquable que quoique nous eussions beaucoup de facilité à prononcer les termes du langage de ces habitans, il n'en étoit pas de même pour eux à l'égard du nôtre; par exemple, voulant répéter le mot *François*, ils prononçoient tous *Palançois*; au lieu de *Beaupré*, *Beaupélé*, etc. etc. *Finau* nous parla de Taïti, et nous dit qu'il avoit vu Omaï à Anamouka. Peut-être étoit-ce le même *Finau* qui avoit eu des liaisons particulières avec Cook

Cook dans son dernier voyage; pourtant ce capitaine dit qu'il étoit d'une belle taille.

Les gens de sa suite nous parlèrent long-tems du roi *Toubau* dont ils nous vantèrent la puissance; et pour nous indiquer combien il étoit supérieur à *Finau*, ils élevoient le bras droit fort haut en prononçant son nom, et portoient ensuite la main gauche vers le coude pour indiquer le degré d'infériorité de *Finau*. Celui-ci convint de cette prééminence de *Toubau*, qu'il nous annonça devoir se rendre à bord le lendemain.

J'avois formé le projet d'aller passer la journée sur l'île de Tongatabou avec quelques-uns de mes compagnons de voyage; mais le Général nous engagea à différer cette partie jusqu'à ce que les chefs nous eussent prouvé que vraiment ils avoient pris la résolution de mettre un frein au brigandage de leurs sujets.

Beaucoup de pirogues entouroient nos vaisseaux; et cependant on ne permettoit à aucune de venir le long du bord. Plusieurs insulaires, ennuyés de ne pouvoir faire aucun genre de commerce, s'amusèrent à pêcher avec des filets qui avoient à peu près huit mètres de long sur près d'un mètre et demi de large, et dont les mailles étoient d'environ un quart de décimètre carré. Nous avions déja acheté plusieurs de ces filets, et d'après la forme qu'ils présentoient nous avions pensé que les habitans s'en servoient comme nous de la seine, en les traînant sur la grève; mais nous fûmes bien étonnés de les voir jeter en pleine rade à peu près comme nous jetons l'épervier. Des morceaux de lithophites attachés à leur bord inférieur les entraînoient rapidement vers le fond de la mer; mais les pêcheurs plongeoient aussitôt pour en rapprocher les deux extrémités au moyen de petites cordes qui y sont attachées et cerner ainsi le poisson qu'ils mettoient dans leurs pirogues. On sent que pour en prendre de cette manière en pleine eau, il faut qu'il y en ait très-abondamment. Ces pêcheurs ne se donnoient sans doute tant de peine que parce qu'ils étoient violemment tourmentés par la faim; car, n'ayant dans leurs pirogues aucun moyen de faire cuire leur poisson, ils prenoient le parti de le manger cru.

Vers neuf heures du matin trois chefs vînrent à bord pour nous annoncer que bientôt nous allions recevoir la visite de *Toubau*, chef suprême (*egui lai*) de Tongatabou, de Vavao, d'Anamouka, etc.; qu'il alloit nous livrer l'assassin que nous demandions, et nous remettre le fusil qu'il avoit volé. En effet, il étoit à peine onze heures lorsque *Toubau* arriva avec plusieurs chefs. Le coupable étoit à ses pieds couché sur le ventre, les mains liées derrière le dos. Sur-le-champ il le fit monter à bord, et fit ensuite apporter le fusil muni de sa bayonnette qu'il avoit enlevé à une de nos sentinelles. Deux pièces d'étoffe d'écorce de mûrier à papier, si grandes que chacune étant déployée eût entièrement couvert notre vaisseau, deux cochons et plusieurs belles nattes fûrent les présens qu'il fit au Commandant de notre expédition. Le guerrier *Finau* ne dédaignant pas de faire l'office de bourreau, leva aussitôt sa massue pour assommer le coupable, et il fut assez difficile de l'empêcher d'en faire justice devant nous; enfin, il le remit à la disposition du Général, croyant sans doute qu'il vouloit se réserver de lui faire subir lui-même la peine due à son crime : aussi le patient présentoit déja le cou, s'imaginant être au moment de sa dernière heure; sur ces entrefaites notre sentinelle qu'il avoit jeté par terre d'un coup de massue demanda qu'on fît grâce de la vie à ce criminel : on se contenta alors de lui faire donner quelques coups de corde sur les épaules; mais *Finau*, trouvant cette punition beaucoup trop douce, leva encore sa massue pour l'exterminer. Le Général avoit beau lui crier de toutes ses forces *icaï maté* (qu'il falloit le laisser vivre), *Finau* nous assura que pourtant il n'échapperoit pas au supplice qu'il avoit mérité. Comme nous examinions plusieurs marques de coups de massue que cet homme avoit déja reçus sur la tête avant qu'on nous l'amenât, on nous apprit qu'il avoit été maltraité ainsi au moment où on l'avoit arrêté. Le Général engagea notre chirurgien-major à panser ses plaies, puis on le transporta à bord de l'Espérance, dans le dessein de le mettre à terre pendant la nuit pour tâcher de lui sauver la vie.

Le roi *Toubau* reçut en présent des mains du Géné-

1ere. année de la rép. Germinal.

ral un habit rouge dont il se revêtit sur-le-champ, et en outre une grande hache; *Finau* eut aussi un habit rouge, mais une hache beaucoup moins grande : on distribua encore quelques petites haches à d'autres chefs. Ils étoient tous sur le pont formant un cercle autour de *Toubau*, qui se tenoit sur le banc de quart avec *Finau* à sa droite et un autre chef nommé *Omalaï* à sa gauche.

Toubau nous parut avoir au moins soixante ans. Ce vieillard étoit d'une taille moyenne et encore beaucoup plus gras que *Finau*. Ses vêtemens avoient la même forme que ceux des autres insulaires, dont ils ne différoient que par la finesse de leur tissu. Il portoit une très-belle natte fixée sur son corps au moyen d'une ceinture d'étoffe fabriquée avec l'écorce du mûrier à papier.

Lorsque *Toubau* donna l'ordre de faire le *kava* nous engageâmes quelques-uns des chefs à s'occuper de cette préparation et à mâcher eux-mêmes des racines du poivrier *kava* que nous leur présentâmes; mais ils nous refusèrent constamment, ayant l'air de dédaigner de s'occuper de ce travail. Il étoit confié à des hommes d'une classe inférieure (des *moua*), qui étoient assis vers le milieu du cercle formé par ces chefs.

La pluie qui survint dans ces entrefaites augmentant avec rapidité, nous croyions que chacun d'eux eût cherché un abri; mais ils bravèrent ce contre-tems, sans quitter leurs places, excepté le roi qui se retira dans la chambre du Général avec *Finau* et *Toubau-Foa*, un des parens du roi. On leur porta du *kava* dans des tasses qui venoient d'être faites avec des feuilles de bananier, puis on leur offrit des bananes. Le Général les invita tous trois à dîner, mais le roi ne permit à aucun de ces chefs de s'asseoir à la même table que lui; il goûta de tous les mets, les rejeta pour la plupart et mangea très-peu de ceux dont il parut s'accommoder, à l'exception du sucre. Le Général lui avoit fait présent d'une serinette qui l'amusa singulièrement et dont il joua pendant presque tout le repas.

1ere. année de la rép. Germinal.

Ces insulaires se faisant la barbe avec le tranchant d'une coquille, emploient beaucoup de tems à cette opération. Ils fûrent frappés d'étonnement lorsqu'ils vîrent avec quelle promptitude notre barbier rasa plusieurs personnes de l'équipage; il eut aussi l'honneur de faire la barbe à sa majesté.

Le roi nous ayant prévenu de son départ vers trois heures et demie, on lui proposa de le conduire à terre dans notre grand canot, ce qu'il accepta. Il fut suivi par un grand nombre de pirogues, et bientôt il arriva sur l'île de Pangaïmotou avec la plupart des chefs qui l'avoient accompagné à bord. Dès qu'il fut descendu sur la côte il se fit apporter des ignames, un fruit à pain, du porc et des bananes; mais nous fûmes bien surpris de le voir manger d'un très-grand appétit, car nous croyions qu'il n'avoit pas faim, ayant si peu fait honneur au dîner du Général; nous ne devions pourtant pas présumer que nos mets n'eussent pas été de son goût, puisque les autres insulaires s'en accommodoient tous parfaitement; peut-être est-il d'étiquette que sa majesté ne se livre pas à son appétit les jours d'invitation, sur-tout avec des étrangers. Elle prononça ensuite un discours dans lequel il fut sans doute question de nos dispositions amicales et du dessein que nous avions formé de punir ceux qui nous voleroient, puis elle se rendit sur l'île de Tongatabou.

Aux approches de la nuit *Finau* apporta le sabre qui avoit été enlevé à un de nos canonniers. Il le remit au Général, et lui fit présent d'un très-gros poisson du genre *perca*, appelé la sanguinolente. Avant de nous quitter, il annonça aux pirogues qui nous environnoient que dès le lendemain on recommenceroit à faire des échanges.

Notre canot porta de très-grand matin, le 9, beaucoup d'étoffes et d'objets de quincaillerie sur l'île de Pangaïmotou. Les pirogues qui entouroient nos vaisseaux furent invitées plusieurs fois mais inutilement à se rendre au marché qu'on venoient de rétablir sur cette petite île; on crut cependant avoir trouvé un moyen sûr de les éloigner de nos navires, lorsqu'on les vit fuir avec précipitation aussitôt qu'on leur eut jeté de l'eau avec une pompe; mais le succès ne fut pas durable, car sachant bien qu'elles n'avoient d'autre risque à courir que d'être mouillées, on eut beau continuer à diriger sur elles la même pompe, elles ne bougèrent plus du lieu qu'elles occupoient. Alors Dauribeau, capitaine de pavillon à bord de la Recherche, donna l'ordre de les chavirer à chaque fois que nos embarcations se rendroient à terre, et bientôt notre biscayenne partant pour la côte la plus voisine avec divers instrumens destinés à faire des observations astronomiques, força de rames en se dirigeant sur une pirogue qui portoit trois hommes et deux filles; elle en eut bientôt démonté le balancier, et nous aurions eu la douleur de voir ces deux jolies personnes tomber dans l'eau, si les hommes n'eussent prévenu cet accident en se jetant à la mer; ils se mîrent à deux pour retenir leur nacelle, tandis que le troisième ajusta le balancier, et ils ne tardèrent pas à pagayer pour se rendre à Tongatabou. Les autres pirogues, averties du danger, eûrent assez d'adresse pour éviter celles de nos embarcations qui essayèrent par la suite de les culbuter.

Finau vint à bord de très-grand matin avec *Toubau*, frère du roi. Ces deux chefs invitèrent le Général à se trouver à une fête que le roi se proposoit de lui donner le surlendemain dans l'île de Tongatabou. Nous ayant prié de leur faire connoître les effets de nos pierriers et de nos caronades, ils en témoignèrent autant d'effroi que d'admiration.

1ᵉʳᵉ. année de la rép.
Germinal.

Lorsque nous arrivâmes à terre nous remarquâmes avec surprise que le marché étoit très-bien fourni, quoiqu'il y eût trois fois moins d'insulaires que les jours précédens. Tout s'y passoit dans le plus grand ordre.

C'étoit toujours le même officier (Lagrandière) qui traitoit avec eux de l'approvisionnement de nos vaisseaux. Il se félicitoit singulièrement d'avoir imaginé de faire tailler des bouts de cercles de fer en forme de ciseaux de menuisier, et d'en tirer un bon parti avec ces habitans. Cependant nous avions à bord un grand nombre de très-bons outils qui avoient été achetés en Europe pour leur donner. Nous ne pûmes concevoir pourquoi la satisfaction qu'il auroit dû avoir de leur procurer des instrumens durables ne l'emportoit pas sur toute autre considération.

En parcourant l'intérieur de l'île nous vîmes un barbier qui étoit occupé à raser à sa manière un des chefs. Celui-ci étoit assis, et avoit le dos appuyé contre son habitation. Le barbier ayant pour rasoir les deux valves de l'espèce de coquille appelée le soleil-levant, fixoit contre la peau celle qu'il tenoit avec la main gauche, tandis qu'avec la droite il appuyoit le tranchant de l'autre valve sur la base des poils qu'il ratissoit à plusieurs reprises et qu'il enlevoit, pour ainsi dire, un à un. Nous fûmes étonnés de tant de patience, et nous les quittâmes, comme on doit bien le croire, long-tems avant la fin de cette opération.

L'art

L'art du potier n'est pas très-avancé chez ces peuples ; nous vîmes entre leurs mains des vases très-poreux, auxquels ils avoient donné une assez foible degré de cuisson. Ils y conservoient de l'eau douce, qui se fût bien vîte filtrée au travers, s'ils n'eussent eu la précaution de les enduire d'une couche de résine ; ils ne peuvent conséquemment leur être d'aucune utilité pour cuire leurs alimens. Ces habitans nous en montrèrent quelques-uns d'une assez belle forme qu'ils nous dîrent leur avoir été apportés de Fidgi (*voyez planche 31, figure 8*). Nous les vîmes boire à la ronde avec ces sortes de vases, qu'ils ont soin d'entourer d'un filet à larges mailles pour les transporter avec facilité. Dès qu'ils en eûrent vidé quelques-uns, ils allèrent les remplir dans de petits trous qu'ils avoient creusé dans la terre pour que l'eau y affluât. Cette eau étoit à peine saumâtre, quoiqu'elle ne fût puisée qu'à environ trois cents mètres du rivage. Comme il nous falloit remplacer celle que nous avions consomée depuis notre départ de la baie de l'Aventure, nous fîmes dans la terre, à une bonne distance de la côte, un trou profond de plus d'un mètre, où se réunit aussitôt une eau très-potable. On en remplit des barils de galère que des naturels de la classe des *toua* voulûrent bien porter sur leurs épaules jusque dans notre chaloupe ; mais la partie de leur corps sur laquelle posoient les cercles de fer des barils, étant à nu, ne tarda pas à être écorchée, et bientôt ils abandonnèrent ce genre de travail; mais ils consentîrent volontiers à traîner les barils sur une petite charrette que nous avions apportée d'Europe. Les *toua*, au nombre de douze, chantoient pour marquer les instans où il leur falloit réunir tous leurs efforts à la fois. Leur nombre ne tarda pas à s'accroître jusqu'à vingt, et d'abord ils ne demandèrent pas qu'on augmentât la récompense dont on étoit convenu pour chaque tour (douze grains de verre); mais quelques jours après ils mîrent leur travail à un plus haut prix. Ils nous assurèrent qu'on ne trouvoit de l'eau sur Tongatabou que dans des mares ou en creusant la terre comme à Pangaïmotou, mais qu'on pouvoit se procurer de très-bonne eau de source à Koa, petite île voisine de Toufoa.

Je n'avois encore vu aucun chien depuis que nous étions au mouillage. Un insulaire nous en apporta un dans l'après-midi pour nous le vendre, en nous assurant que sa chair étoit très-bonne à manger; ils appellent *kouli* cet animal qui, dans ces îles, est ordinairement de couleur fauve, petit, approchant assez du chien-loup.

Le citoyen Riche nous apprit que l'assassin dont j'ai parlé ci-dessus, ayant été transporté la veille pendant la nuit sur la côte occidentale de Pangaïmotou par une embarcation de l'Espérance, avoit hésité pendant quelque tems à descendre à terre, et avoit demandé d'un air très-inquiet aux canotiers qui le conduisoient, de quel côté *Finau* avoit passé en s'en retournant la veille au soir; enfin, il se détermina à aborder sur l'île, et se traîna sur les mains dans un espace de plus de trois cents pas le long de la grève avant d'oser pénétrer dans l'intérieur des terres.

Tout près du marché où les naturels venoient nous apporter leurs commestibles, nous apperçûmes une femme d'un embonpoint extraordinaire, âgée pour le moins de cinquante ans, autour de laquelle les naturels formoient un cercle très-nombreux; quelques-uns lui donnèrent en notre présence des marques de respect en prenant son pied droit pour le poser sur leur tête, après avoir fait une profonde inclination; d'autres venoient toucher avec leur main droite la plante de son pied droit. Plusieurs chefs que nous connoissions lui donnèrent encore d'autres témoignages de déférence. On nous apprit que c'étoit la reine *Tiné*. Ses cheveux, taillés de la longueur de deux tiers de décimètre, étoient couverts, de même qu'une partie de son front, d'une poudre rougeâtre.

Après avoir témoigné le désir d'aller à bord de la Recherche, pour voir le Commandant de notre expédition, elle nous engagea à l'accompagner et sur-le-champ elle s'embarqua pour s'y rendre avec une partie de sa cour. Elle donna plusieurs nattes très-belles, un porc et des ignames au général Dentrecasteaux, qui lui fit présent de différentes pièces d'étoffes auxquelles elle sembla attacher un grand prix.

124   VOYAGE A LA RECHERCHE

1ᵉʳᵉ. année
de la rép.
Germinal.

Désirant de connoître quelles sensations produiroient sur ces peuples les sons de la voix accompagnés du violon et du sistre, nous remarquâmes avec plaisir que cette musique leur étoit agréable; mais quelques airs joués avec une serinette obtînrent des applaudissemens encore plus marqués.

La reine *Tiné* ne voulant point être en reste avec nous ordonna à quelques jeunes filles de sa suite de chanter. Une des plus jolies se leva aussitôt et ne tarda pas à recevoir nos applaudissemens. Elle ne chanta pourtant autre chose que

apou lelley; apou lelley; apou lelley; apou lelley;

qu'elle répéta au moins pendant une demi-heure; mais elle déploya tant de grâces dans les mouvemens dont elle accompagna cet air, que nous fûmes fachés qu'elle cessât aussi promptement. Ses bras se portoient en avant l'un après l'autre et suivoient la mesure, tandis qu'elle levoit les pieds, en se tenant cependant toujours à la même place; chaque tems de la mesure étoit marqué avec l'index qui frappoit sur le doigt du milieu, après avoir été tendu par le pouce, et quelquefois le pouce étoit porté contre le doigt du milieu et l'index. Le charme de ces mouvemens tenoit singulièrement à la belle forme des mains et des bras, si commune parmi ces peuples et dont cette jeune personne offroit un exemple bien frappant. Peu de tems après deux autres jeunes filles répétèrent le même air qu'elles chantèrent en partie, en faisant constamment des accords de quinte, et plusieurs hommes se levèrent pour danser au son de leurs voix mélodieuses; ils marquoient la mesure par des mouvemens analogues à ceux de ces jeunes personnes, d'abord avec les pieds et souvent en portant une de leurs mains sur le bras opposé.

Nous prîmes les paroles de cet air (*apou lelley*, belle soirée) pour un compliment de la part de ces insulaires, qui se félicitoient de passer l'après-midi avec nous.

La reine goûta aux différens mets que nous lui offrîmes, mais elle donna sur-tout la préférence à des bananes confites au sucre. Notre maître-d'hôtel se tenoit derrière elle et attendoit le moment de desservir; mais elle lui en évita la peine en gardant pour elle l'assiette et la serviette.

Tiné étoit bien jalouse des honneurs que les chefs n'osoient lui refuser lorsqu'ils la rencontroient; aussi quelques-uns évitoient de se trouver en sa présence. *Finau* et le frère du roi *Toubau* étoient à bord et venoient de nous promettre d'y rester à dîner, lorsqu'elle s'y rendit; aussitôt ils nous prièrent instamment de ne pas la laisser monter sur le tillac; cependant elle ne tarda pas à y arriver, et nous vîmes ces deux chefs s'enfuir précipitamment dans leurs pirogues, car ils auroient été obligés, comme plusieurs habitans nous l'assurèrent, de venir lui prendre le pied droit et d'en approcher fort respectueusement leur tête pour marquer leur infériorité. Cette reine nous apprit d'un air de satisfaction que le roi *Toubau* même étoit tenu de lui donner ces marques de respect, parce que c'étoit d'elle qu'il tenoit sa dignité.

Après nous avoir dit qu'elle alloit demeurer dans l'île de Pangaïmotou aussi long-tems que nous séjournerions dans cette rade, elle engagea le Général à se fixer à terre et à coucher dans son habitation. Je ne crois pas que cette vieille reine eût d'autres vues que celles de lui procurer un séjour plus agréable et plus salubre que celui du vaisseau; mais le Général n'eut pas l'occasion d'apprécier au juste le motif de ces offres obligeantes, car il ne se rendit point à cette invitation.

Un de nos matelots tenoit dans la main un morceau de lard cuit auquel *Féogo*, l'une des dames d'honneur de *Tiné*, paroissoit avoir envie de goûter: il le lui offrit, et elle le reçut avec reconnoissance; mais ne pouvant se permettre de manger en présence de la reine, celle-ci eut la complaisance d'aller s'asseoir à environ douze pas plus loin, afin que sa suivante se trouvât éloignée d'elle, et avant de quitter sa place, elle avoit reçu de cette jeune personne les mêmes témoignages de respect que d'autres naturels lui avoient déja donnés en notre présence.

Deux heures avant le coucher du soleil, *Tiné* marqua le désir de s'en retourner sur l'île de Pangaïmotou, et s'embarqua peu de tems après dans notre grand canot avec une partie de sa suite.

Nous savions déja par la relation de Bligh qu'au moment où il se disposoit à quitter l'île de Toufoa, le matelot qu'il avoit envoyé à terre pour larguer l'amarre de sa chaloupe avoit été tué par un insulaire; des naturels de Tongatabou nous apprirent que ce meurtre avoit été commis par un chef nommé *Moudoulalo*; mais nous ne pûmes connoître les motifs qui l'avoient porté à cet excès de barbarie. Chacun de nous fut étonné de la froideur avec laquelle ces habitans nous firent un pareil récit.

Nous avions vu déja entre les mains des naturels plusieurs couteaux de fabrique angloise. *Finau* nous apporta de grand matin une bayonnette épointée qu'il avoit eue du capitaine Cook et qu'il nous pria d'aiguiser.

Dans l'après-midi nous parcourûmes des îlots situés à peu de distance les uns des autres, entre Tongatabou et Pangaïmotou; ils sont liés entre eux par un bas-fond qui est presqu'entièrement à découvert dans les marées basses.

1ere. année
de la rép.
Germinal.

D'abord nous arrivâmes sur un banc de sable nouvellement sorti du sein des eaux et que les insulaires appellent *Iniou*, sur lequel on voyoit pourtant déja un commencement de végétation. Voulant ensuite gagner la petite île de *Manima*, il nous fallut traverser un courant assez rapide qui, peu de tems après la marée basse, n'avoit pas plus de deux mètres de profondeur, et qui rouloit une eau d'autant plus chaude qu'elle venoit de passer sur une grève fortement échauffée par les rayons du soleil. Nous y trouvâmes une des dames d'honneur de la reine à qui nous fîmes quelques présens de verroterie ; aussitôt elle envoya prendre deux poules pour nous les offrir. Nous les acceptâmes dans la crainte qu'elle n'eût été affectée désagréablement de notre refus. Elle eut grand soin de nous faire connoître qu'elle ne nous les donnoit point à titre d'échange, en affectant de répéter d'un air de dignité *ikaï fokatau*, et de nous annoncer par le mot *adoupé* qu'elle nous faisoit un présent. En effet, les chefs ne nous proposoient point d'échanger leurs effets contre les nôtres : Ils nous faisoient des présens et ils recevoient tout ce que nous leur offrions.

Il est remarquable que les insulaires apportoient à notre marché beaucoup de coqs, mais bien rarement des poules : ils les conservoient pour les faire couver ; aussi nous vendoient-ils très-peu d'œufs.

Les deux poules qu'il nous falloit emporter avoient
été

été prises en notre présence avec la même sorte de filet que nous avions déja vu jeter en pleine rade pour prendre du poisson.

L'île de *Manima* offre un terrain peu cultivé; cependant nous y vîmes quelques champs d'ignames, des cocotiers et des bananiers.

Après avoir traversé un canal aussi peu profond que le premier, nous arrivâmes à *Onéata*. Curieux d'examiner l'intérieur d'une habitation artistement construite, nous fûmes bien surpris de voir un chef qui, assis fort gravement vers le milieu de sa case, permettoit à un particulier de notre vaisseau la plus grande liberté avec une des plus jolies personnes de l'île. Il nous prévint, en nous offrant des cocos, qu'il ne pouvoit nous en laisser boire l'eau dans l'intérieur de cette demeure. Nous n'eussions jamais pu imaginer que ce témoin de la partie que nous venions d'interrompre dans sa propre case, eût été si intolérant à l'égard de personnes qui venoient seulement pour s'y désaltérer; cependant nous nous fîmes un devoir de ne pas le contrarier.

Deux naturels arrivèrent sur ces entrefaites tenant à la main des cocos ouverts et très-mûrs avec lesquels nous leur vîmes préparer un mets dont ils parûrent très-friands. Ils en raclèrent, au moyen de coquilles emmanchées de morceaux de bois, les amandes, qu'ils écrasèrent avec une pierre très-chaude, pour en former une pulpe, à laquelle ils donnèrent la consistance d'un pouding, après l'avoir mélangée avec du fruit à pain cuit récemment ; puis ils en firent des boulettes qu'ils mangèrent sur-le-champ.

Nous vîmes sous un grand hangar une double pirogue de douze mètres de long que les naturels y avoient mise à l'abri des injures de l'air.

Nous étions assez près de la petite île appelée *Nougou nougou*, lorsque des habitans nous indiquèrent, sous le nom de *Mackaha*, un îlot très-voisin de Pangaïmotou. Nous nous acheminâmes vers cette dernière île, et comme la marée montoit, il nous fallut pour y parvenir nous enfoncer dans l'eau jusqu'à la ceinture. Bientôt nous arrivâmes au lieu où la reine tenoit régulièrement sa cour ; c'étoit à peu de distance de notre marché à l'ombre d'un arbre à pain très-touffu. Elle y donnoit un concert de voix dans lequel *Fatafé* chantoit en faisant observer la mesure que tous les musiciens suivoient avec la plus grande exactitude. Les uns y faisoient leur partie en accompagnant de diverses modulations le chant simple des autres. Nous y remarquions par fois des dissonnances dont l'oreille de ces peuples sembloit très-flattée.

Nous vîmes arriver pendant ce tems un grand nombre d'insulaires portant chacun sur l'épaule un long bâton aux bouts duquel pendoient des ignames et des poissons, dont ils formèrent sur-le-champ la base d'une pyramide quadrangulaire qu'ils élevèrent à près de deux mètres. Ce présent étoit destiné pour le général Dentrecasteaux, à qui *Tiné* donnoit une fête. Elle nous avertit du danger qu'il y avoit de nous promener seuls dans l'île vers la fin du jour, nous assurant que des voleurs pouvoient profiter de l'obscurité de la nuit pour nous piller, après nous avoir assailli à coups de massue.

1ere. année de la rép. Germinal.

Le Général partit le 11, dès six heures du matin, pour se rendre aux invitations du roi *Toubau*, qui se proposoit de lui donner une fête dans l'île de Tongatabou. Nous l'accompagnâmes avec presque tous les officiers de notre expédition et un détachement bien armé.

11.

Des naturels qui nous suivoient dans leurs pirogues nous firent longer pendant quelque tems la côte vers l'ouest pour nous conduire dans un lieu où ils nous dîrent que nous trouverions un grand nombre d'habitans réunis avec plusieurs de leurs chefs. Dès que nous fûmes arrivés, *Finau* vint au-devant du Général pour le recevoir et l'accompagner au milieu d'un grand concours d'insulaires que présidoit *Omalaï*; ce chef l'invita à s'asseoir à sa gauche après avoir ordonné aux naturels de se ranger en cercle autour de lui. Nous nous reposâmes un instant sur des nattes étendues par terre à l'ombre de plusieurs pieds de *cerbera manghas* et d'*hernandia ovigera*, dont le fruit sert d'ornement à ces peuples. Peu de tems après nous allâmes visiter un toit fort élevé qui servoit d'abri à une pirogue de guerre longue de vingt-cinq mètres, et dont l'intérieur étoit renforcé par des courbes très-solides placées à environ un mètre de distance les uns des autres. *Finau*, après nous avoir fait admirer la construction de cette double pirogue, nous dit qu'il l'avoit prise dans un combat qu'il avoit livré aux habitans de Fidgi.

En nous avançant à l'ouest nous parcourûmes une vaste enceinte formée par des palissades, dont les pieux placés obliquement étoient assez rapprochés les uns des autres, et au milieu de laquelle croissoient l'arbre à pain, le bananier, le palmier *corypha umbraculifera*, etc. Plus loin nous trouvâmes, dans un emplacement beaucoup moins étendu, une petite hutte de forme cônique où nous apprîmes qu'on avoit déposé les restes d'un chef mort depuis peu de tems, et l'on nous avertit qu'il étoit défendu d'y entrer.

Nous marchâmes ensuite pendant près d'un quart d'heure dans un chemin étroit et bordé de palissades des deux côtés ; nous le suivîmes jusqu'à une esplanade très-étendue où le roi *Toubau* ne devoit pas tarder à se rendre (*voyez la planche* 26).

Nous fûmes invités par *Omalaï* à y prendre le frais sous un toit qui offroit à peu près la forme d'un demi-ovale de la largeur de cinq mètres sur douze de longueur, et dont le faîte, élevé d'environ cinq mètres et demi, étoit couvert de feuilles de *vacoua* qui le rendoient impénétrable aux pluies les plus fortes ; il étoit soutenu par dix piliers et s'abaissoit jusqu'à deux tiers de mètre au-dessus du sol sur lequel on avoit étendu de fort belles nattes. Cet emplacement étoit d'environ deux décimètres plus élevé que le terrain environnant, ce qui le mettoit à l'abri des inondations.

Enfin, *Toubau* arriva avec deux de ses filles ; elles avoient répandu sur leurs cheveux une grande quantité d'huile de cocos, et elles portoient chacune un collier fait avec les jolies graines de l'*abrus precatorius.*

Les insulaires formoient de toutes parts un grand concours ; nous estimâmes qu'ils étoient pour le moins au nombre de quatre mille.

La place d'honneur étoit sans doute à la gauche du roi, car il invita le Général à s'y asseoir. Celui-ci fit apporter aussitôt les présens destinés pour *Toubau,* qui lui en témoigna beaucoup de reconnoissance ; mais rien de tout ce qui lui fut offert n'excita autant l'admiration de cette nombreuse assemblée, qu'une pièce de damas cramoisi, dont la couleur vive leur fit crier de toutes parts *eho, eho,* qu'ils répétèrent long-tems en marquant la plus grande surprise. Ils firent entendre le même cri lorsque nous déroulâmes quelques pièces de ruban où dominoit la couleur rouge. Le Général donna ensuite une chèvre pleine, un bouc et deux lapins (un mâle et une femelle) ; le roi promit d'en avoir le plus grand soin et de les laisser multiplier dans son île.

1ʳᵉ. année de la rép. Germinal.

Omalaï, que *Toubau* nous dit être son fils, reçut aussi du Général quelques présens, de même que plusieurs autres chefs.

Nous avions à notre droite vers le nord-est treize musiciens, qui, assis à l'ombre d'un arbre à pain chargé d'un nombre prodigieux de fruits, chantoient ensemble en faisant différentes parties. Quatre d'entre eux tenoient à la main un bambou d'un mètre à un mètre et demi de longueur, dont ils frappoient la terre pour marquer la mesure; le plus long de ces bambous servoit quelquefois à en marquer tous les tems. Ces instrumens rendoient des sons approchans assez de ceux d'un tambourin, et ils étoient entre eux dans la proportion suivante. Les deux bambous de grandeur moyenne formoient l'unisson; le plus long étoit à un ton et demi au-dessous, et le plus court à deux tons et demi plus haut. Le musicien qui chantoit la haute-contre se faisoit entendre beaucoup au-dessus de tous les autres, quoique sa voix fût un peu rauque; il s'accompagnoit en même tems en frappant avec deux petits bâtons de *casuarina* sur un bambou long de six mètres et fendu dans toute sa longueur. Trois musiciens placés devant les autres s'attachoient encore à exprimer le sujet de leur chant par des gestes qu'ils avoient sans doute bien étudié, car ils les répétoient ensemble de la même manière. De tems en tems ils se tournoient du côté du roi, en faisant avec leurs bras des mouvemens qui ne manquoient pas de grâce; d'autres fois ils inclinoient la tête avec vîtesse jusque sur la poitrine et la secouoient à différentes reprises, etc. etc.

1ere. année de la rép.

Germinal.

Dans ces entrefaites *Toubau* offrit au Général des pièces d'étoffes fabriquées avec l'écorce du mûrier à papier, et il les fit déployer avec beaucoup d'ostentation pour nous faire connoître tout le prix de son présent.

Celui de ses ministres qui étoit assis à sa droite ordonna qu'on préparât le *kava*, et bientôt on en apporta plein un vase de bois taillé en ovale, dont la longueur étoit d'un mètre (*voyez pl.* 31, *fig.* 9).

Les musiciens avoient sans doute réservé pour cet instant leurs plus beaux morceaux, car à chaque pause qu'ils faisoient, nous entendions crier de toutes parts *mâli, mâli*, et les applaudissemens réitérés de ces habitans nous firent connoître que cette musique faisoit sur eux une impression très-vive et très-agréable.

Le *kava* fut ensuite distribué aux différens chefs par celui qui avoit donné l'ordre de le préparer. Il le leur fit porter dans des tasses qui fûrent fabriquées sur-le-champ avec des feuilles de bananier, et à chaque fois qu'il en offroit une, il prononçoit d'une voix assez élevée le nom de celui auquel il la destinoit. Il fit servir *Finau* le premier, en disant *mayé maa Finau* ; il en agit de même à l'égard des autres chefs, qui tous portoient des noms que nous prononçions très-facilement, et dont voici quelques-uns, *Nufatoa*, *Féfé*, *Mafi*, *Famouna*, *Fatoumona*, etc.

Il falloit sans doute que plusieurs des chefs jugeassent de la bonté de cette liqueur avant que le roi en bût, car on ne lui offrit que la quatrième tasse. On n'en présenta point à ses filles. D'ailleurs, il nous a toujours paru que cette liqueur étoit réservée entièrement pour les hommes.

Malgré la présence du Général, le roi ne tarda pas à s'endormir et à ronfler très-haut, étant assis les jambes croisées et ayant la tête penchée très-près des genoux. Dès qu'il fut réveillé, nous lui montrâmes un dessin représentant une vache, et nous lui demandâmes si celle qui avoit été donnée par Cook au roi *Poulao* avoit multiplié. Il reconnut parfaitement ce quadrupède qu'il appela *boakka touté*, et il nous dit qu'il n'y en avoit plus à Tongatabou, mais à Apaé. Cependant plusieurs naturels nous assurèrent, en imitant assez bien le mugissement de ces animaux qu'il s'en trouvoit à Tongatabou; mais beaucoup d'autres démentirent ce fait, de sorte que nous ne pûmes savoir ce que sont devenus le taureau et la vache que le capitaine Cook avoit laissés sur cette île. Il en fut de même à l'égard du cheval et de la jument qu'il avoit donné à *Feenou*. Peut-être craignoient-ils que nous ne leur demandassions quelques-uns de ces quadrupèdes.

Nous quittâmes l'assemblée pour nous porter vers l'est,

l'est, en nous élevant par une pente douce; d'abord nous suivîmes des chemins bordés de palissades d'où nous ne tardâmes pas à sortir pour traverser des champs d'ignames qui étoient en plein rapport; plus loin la terre nouvellement remuée nous offrit toutes les apparences de la fertilité.

Bientôt nous parvînmes sur le haut d'une petite colline dans un lieu charmant où les habitans avoient formé avec des palissades et quelques arbustes taillés avec art une espèce de rotonde large de quatre mètres, sous laquelle on voyoit encore le résidu des racines de poivrier *kava* qu'ils avoient mâchées. Elle étoit entourée de vingt-quatre petites cases construites sur les bords d'un emplacement circulaire de quatorze à quinze mètres d'étendue; toutes étoient couvertes de feuilles de cocotier entrelacées les unes dans les autres, et elles présentoient à peu près la forme de la moitié d'un ovale large de deux mètres sur trois de long, et divisé supérieurement dans toute la longueur par une fente très-étroite, qui pourtant en étoit la seule ouverture, mais dont il falloit écarter les bords pour pouvoir y entrer. Des naturels qui nous avoient suivi nous apprirent que le roi venoit souvent prendre le *kava* dans ce lieu avec plusieurs chefs de l'île et qu'ensuite chacun alloit dormir dans ces espèces de huttes (*voyez pl. 26*).

De retour vers le lieu de la fête, nous suivîmes le contour du plus grand cercle formé par les habitans au milieu desquels nous remarquâmes plusieurs femmes d'*egui*; celle de *Fatafé* attiroit presque tous les regards par sa beauté; mais elle avoit soin de prévenir de tems en tems qu'il étoit de son devoir de rester fidelle à son époux. Voici comment elle s'exprimoit, *tabou mitzi mitzi*. Ces termes sont d'une trop grande naïveté pour que je me permette d'en donner la traduction littérale, comme on peut le voir dans le vocabulaire de la langue des îles des Amis qui se trouve vers la fin de ce tome.

Nous remarquâmes entre les mains d'une femme qui paroissoit jouir d'une assez grande considération une espèce de natte de deux tiers de mètre à peu près en carré tissue de crins blancs de la queue d'un cheval; peut-être venoient-ils de ceux que Cook avoit laissés sur cette île? mais elle ne voulut point satisfaire notre curiosité à cet égard.

Le roi avoit ordonné à ses sujets d'apporter les présens qu'il destinoit au Général; déja depuis dix heures et demie nous voyions arriver par intervalles beaucoup d'insulaires dont chacun portoit sur l'épaule un bambou long de deux mètres, aux extrémités duquel étoient suspendus d'assez petits poissons des genres *scarus* et *chætodon*, la plupart cuits et renfermés dans des folioles de cocotier; d'autres apportoient des fruits à pain, des ignames, etc. etc.; et bientôt ils élevèrent en croisant leurs bambous deux portions de pyramides triangulaires, l'une de deux mètres de haut et l'autre d'un mètre seulement. Les poissons crus répandoient déja une odeur très-infecte.

1ère. année de la rép.
Germinal.

Toubau s'en alla vers une heure après midi, sans rien dire à personne. Alors nous quittâmes l'assemblée, et nous fûmes accompagnés jusqu'au lieu de notre débarquement par *Finau* et *Omalaï*, qui nous firent apporter un cochon entier cuit récemment, du poisson, des ignames et du fruit à pain, en nous invitant à nous asseoir pour prendre notre repas; mais le cochon n'étoit pas à moitié cuit, selon l'usage de ces peuples, c'est pourquoi nous préférâmes d'aller manger à bord.

Aussitôt ils nous prièrent de recevoir ces différens mets qu'ils firent porter dans notre chaloupe, tandis que d'autres naturels, exécutant les ordres de *Toubau*, la remplissoient des commestibles qu'ils venoient de détacher des pyramides élevées pour le Commandant de notre expédition. En peu de tems tout fut disposé pour notre départ.

Nos embarcations ayant été forcées de s'éloigner du rivage à cause de la marée basse, nous ne pouvions y parvenir qu'après avoir traversé un banc de corail couvert d'eau dans un espace de plus de trois cents pas; mais nous trouvâmes des naturels très-obligeans, qui ne voulant pas nous laisser mouiller, nous portèrent jusque sur des roches à fleur d'eau contre lesquelles d'autres vînrent avec leurs pirogues pour nous transporter dans nos canots.

Nos porteurs parûrent très-contens des objets que nous leur donnâmes pour récompense; mais dans ce court trajet d'autres habitans tirèrent encore de nous un plus grand parti, en nous volant fort à leur aise, après s'être glissés furtivement derrière nous, tandis que les premiers nous tenoient sur leur dos; ces filoux n'eûrent cependant pas tous un égal succès, car nous en poursuivîmes quelques-uns que nous forçâmes de restituer ce qu'ils venoient de prendre.

Dès que nous fûmes arrivés à bord, l'officier commandant nous apprit que pendant notre absence il avoit fait arrêter un insulaire au moment où il emportoit beaucoup d'objets de quincaillerie qu'il avoit volés dans l'entrepont, et que *Fatafé*, improuvant le brigandage dont les naturels se rendoient coupables journellement à notre égard, avoit affecté de dire hautement qu'il falloit punir de mort celui-ci; mais on n'avoit pas tardé à s'appercevoir que ce n'étoit qu'une ruse de la part de ce chef, car dès qu'on frappa le voleur avec des bouts de cordes, il demanda sa grace qu'il n'obtint pas, et comme on avoit fixé à vingt-cinq le nombre des coups que le fripon devoit recevoir et qu'on lui appliqua, *Fatafé* sembla en être extrêmement affecté.

Nous eûmes d'assez bon matin la visite de *Tonga*, qui accompagnoit *Toubau*, son père et frère du roi. Ils prirent tous les deux beaucoup de peine pour nous expliquer toutes les dignités de leur famille.

Tonga nous donna plusieurs fois des preuves d'une grande intelligence, et particulièrement lorsque nous lui montrâmes une carte des îles des Amis dressée par le capitaine Cook. D'abord il jetta un coup-d'œil rapide sur cet archipel, puis s'arrêtant à Tongatabou, il nous fit remarquer qu'on avoit tracé plusieurs ressifs qui n'existoient pas, et nous annonça que nous trouverions vers le nord-ouest un passage par où il nous seroit très-facile de gagner la pleine mer avec nos vaisseaux. Ces renseignemens nous étoient d'autant plus utiles que nous comptions sortir de cette rade par la passe étroite qui nous avoit servi d'entrée, où sans doute il nous eût fallu lutter contre les vents régnans, tandis qu'avec ces mêmes vents nous avions toutes facilités de sortir par cette nouvelle passe. *Tonga* nous offrit de nous la faire connoître, et voulut bien passer la nuit à bord pour y conduire le lendemain, dès le point du jour, le citoyen Beaupré, ingénieur-géographe, qui devoit en fixer la position.

Nous remarquâmes au milieu d'un groupe de naturels, dans une excursion que nous fîmes sur les terres les plus voisines du mouillage, une jeune personne qui avoit tous les caractères des Albinos. Elle étoit d'ailleurs d'une très-foible complexion, comme il arrive ordinairement dans ce cas, parce qu'il tient à un état de maladie.

Le 13 dans la matinée, ayant surpris des insulaires qui s'enfuyoient vers la côte de Tongatabou avec des effets qu'ils venoient d'enlever de notre vaisseau, l'officier commandant les fit poursuivre par nos gens, lorsque l'un d'eux qui s'étoit fait annoncer comme un chef, dit qu'il les puniroit lui-même, et qu'il nous apporteroit, dès le lendemain, les effets qu'on avoit volés; mais il nous parut qu'il s'entendoit avec ces fripons, car il se garda bien de revenir à bord.

Lorsque nous descendîmes à terre, *Omalaï* s'embarqua avec nous, et admira long-tems le gouvernail de notre chaloupe; il voulut la diriger lui-même, et il le fit avec beaucoup de précision. Ces peuples ne se servent que des pagaies pour gouverner leurs pirogues.

L'huile des cocos entre dans la toilette des femmes, après avoir été aromatisée avec une petite graine que ces insulaires nomment *langa kali*, et qu'ils recueillent sur l'île de Tongatabou: en l'examinant nous vîmes qu'elle étoit mêlée avec des noix de cocos écrasées qu'ils appellent *mou* dans leur langage. Ils les avoient exposées au soleil après les avoir étendues sur des nattes pour les faire sécher avant d'en exprimer l'huile, dont les femmes se graissent les parties supérieures du corps, sans doute pour entretenir la souplesse de leur peau et pour empêcher que la transpiration ne soit trop abondante. Elles la conservent dans des fruits du *melodinus scandens*, après en avoir enlevé les graines. Lorsque nous achetions de ces petites fioles (qu'on peut voir *pl.* 31, *fig.* 14), nous jetions souvent l'huile qu'elles contenoient dans la crainte qu'elle ne se répandît dans nos poches ; mais des femmes voyant à regret que nous perdions cette liqueur dont elles font grand cas, s'avançoient ordinairement pour la recevoir sur leur tête, puis avec leurs mains elles l'étendoient sur leurs épaules et leurs bras.

1ere. année de la rép. Germinal.

Les naturels nous avoient vendu déja un grand nombre de massues de diverses formes et travaillées artistement, comme on peut le voir *pl.* 33. Nous en vîmes plusieurs qui étoient occupés à en ciseler d'autres avec des dents de requin fichées à l'extrémité d'un morceau de bois (*pl.* 32, *fig.* 23). Nous fûmes étonnés de les voir entailler rapidement avec cette espèce de ciseau le bois de *casuarina* malgré son extrême dureté. D'autres se servoient déja avec beaucoup d'adresse des outils de fer que nous leur avions procuré. Ces ouvriers avoient tous dans un petit sac de natte des pierres ponces avec lesquelles ils polissoient leurs ouvrages.

Je remarquai plusieurs cotonniers de l'espèce appelée *gossypium religiosum*, qui croissoient dans des lieux incultes, et je vis avec surprise que ces peuples n'employoient dans aucun de leurs ouvrages le beau coton qu'ils pourroient en retirer en abondance.

Vers neuf heures du soir nous apperçûmes une piro-

gue tout près de la bouée d'une de nos ancres. Craignant qu'elle ne coupât l'orin, on envoya vers elle un de nos canots pour lui donner la chasse : à peine fut-il parti qu'on entendit quelqu'un tomber dans l'eau; aussitôt on s'empressa de le secourir; mais voyant une personne s'éloigner de notre frégate en nageant sans vouloir proférer un seul mot, nous ne doutâmes plus que ce ne fût un voleur qui s'enfuyoit avec quelques-uns de nos effets. Sur-le-champ on le poursuivit, et plusieurs fois il échappa à nos canotiers en plongeant; enfin, ils ne vinrent à bout de le prendre qu'après l'avoir blessé aux cuisses avec une gaffe dont ils s'étoient servi pour l'arrêter. Dès qu'il fut à bord on le lia sur le pont où il passa la nuit. Il avoua qu'ayant enlevé plusieurs objets de notre biscayenne, il les avoit portés dans la pirogue qui l'attendoit encore vers notre bouée et qui ne tarda pas à s'en éloigner. Une demi-heure après nous crûmes la revoir s'approcher lentement de l'arrière de notre vaisseau pour chercher l'insulaire dont nous venions de nous saisir. Aussitôt notre yole força de rames en se dirigeant vers elle, et l'ayant atteint elle n'y trouva qu'un naturel et deux pagaies; mais on ne tarda pas à s'appercevoir qu'elle nous avoit amené un autre voleur; celui-ci avoit rôdé autour de notre navire jusqu'à l'arrivée d'une autre pirogue qui étoit venue le prendre pour le conduire à terre. Dès qu'on l'eut apperçue on lui donna la chasse, mais les naturels qui la montoient pagayèrent

rent avec tant de force qu'il fut impossible de les atteindre.

Le citoyen Beaupré revint sur les trois heures du matin avec *Tonga*, après avoir reconnu vers le nord-ouest le passage que cet insulaire nous avoit annoncé. Ils avoient rangé de très-près Attata, qu'ils avoient laissée sur bâbord en s'éloignant de notre mouillage. Le chef de cette petite île, nommé *Kepa*, avoit été à leur rencontre et leur avoit fait beaucoup d'accueil. Il vint nous voir dans la matinée, et nous demanda des nouvelles du capitaine Cook, qu'il nous dit être son ami; mais il ne put retenir ses larmes en apprenant sa mort, et il tira de sa ceinture une dent de requin avec laquelle il alloit se déchirer les joues pour exprimer la violence de sa douleur, si nous ne l'en eussions empêché.

La médecine s'exerce chez ces peuples avec un appareil mystérieux. Un des hommes de notre équipage qui nous accompagna le long de la grève, s'étant blessé au poignet en faisant un effort, un naturel lui offrit de le soulager, et réussit assez vite en massant la partie blessée; mais en même tems il souffla dessus à plusieurs reprises, voulant sans doute que nous attribuassions à son souffle la cure qu'il venoit de faire.

Nous vîmes sur le bord de la mer plusieurs naturels occupés à tailler en carré de grandes pierres calcaires qu'on nous dit devoir servir à la sépulture d'un chef, l'un des parens de *Fatafé*. Ils les enlevoient après les avoir détachées en les cassant avec un caillou volcanique qu'ils avoient eu la précaution d'entourer vers le milieu de morceaux de nattes pour empêcher que les éclats de ces pierres ne se portassent dans leurs yeux. Elles étoient presqu'à la surface de la terre, et disposées par couches d'un décimètre d'épaisseur.

Nous avions déja remarqué chez ces peuples un jeu de main qu'ils appellent *léagui*, et qui exige beaucoup d'attention. Il se joue à deux, et consiste en ce que l'un tâche de répéter sur-le-champ les signes que fait l'autre, et le premier en fait à son tour que le second essaie de répéter également. Nous en vîmes deux au milieu d'un groupe peu distant de notre marché qui mettoient tant de vivacité dans ce genre d'exercice que nous avions de la peine à suivre de l'œil leurs mouvemens.

Le citoyen Legrand, parti la veille du bord de l'Espérance pour tâcher de découvrir quelques passages sous le vent de notre mouillage, revint le soir après en avoir reconnu deux vers le nord.

15. Je partis de bon matin avec tous les autres naturalistes de notre expédition pour me rendre sur l'île de Tongatabou. Des naturels voulûrent bien nous y conduire dans leurs petites pirogues, mais la plupart d'entre nous ne gardant pas bien l'équilibre firent chavirer ces nacelles au moment du départ; alors nous

prîmes le parti de nous embarquer sur leurs doubles pirogues, qu'ils manœuvrèrent avec adresse en nous faisant faire assez rapidement ce trajet à la voile. La mâture étoit fixée dans la pirogue qui se trouvoit sous le vent.

1ere. année de la rép. Germinal.

Nous fûmes obligés de débarquer à plus de six cents pas du rivage, à cause du peu de profondeur de l'eau. Les naturels nous transportèrent à terre sur leur dos, puis ils nous montrèrent l'habitation de *Toubau*, frère du roi. Nous nous y arrêtâmes; le jardinier de notre expédition lui fit présent d'un grand nombre d'espèces de graines apportées d'Europe, principalement de légumes; ce chef nous promit de les cultiver avec soin. Nous le quittâmes pour nous enfoncer dans des bois, dont le sol étoit calcaire et où l'on voyoit çà et là des amas de madrépores qui attestoient que les eaux de la mer y avoient séjourné pendant long-tems. Nous apperçûmes sur les arbres beaucoup de grosses chauves-souris de l'espèce nommée *vespertilio vampyrus*, que les habitans nous dirent être fort bonnes à manger.

Nous étions vers le milieu du bois lorsqu'un insulaire, qui s'étoit glissé derrière un de nous, lui arracha des mains des pincettes de fer destinées à prendre des insectes : le voleur prit aussitôt la fuite; mais à peine eut-il fait quatre-vingt pas que, se sentant poursuivi très-vivement et de très-près, il se plaça derrière un arbre autour duquel il tourna plusieurs fois pour n'être

1ᵉʳᵉ. année de la rép. Germinal.

pas arrêté ; cependant notre compagnon de voyage le saisit par ses vêtemens et crut être au moment de ravoir ses pincettes, s'imaginant bien tenir le fripon ; mais quelle fut sa surprise, lorsque celui-ci dénoua sa ceinture et lui laissa ses vêtemens pour s'échapper rapidement avec l'objet qu'il venoit de voler.

Nous ne tardâmes pas à entrer dans des champs où nous vîmes chaque propriété divisée par petits terrains entourés de palissades et parfaitement cultivés. Le chou caraïbe, *arum esculentum*, y croissoit avec vigueur parmi beaucoup d'autres végétaux dont j'ai déja parlé et qui servent également à la nourriture de ces insulaires. Les cannes à sucre qui s'y trouvoient étoient plantées à une assez grande distance les unes des autres, à l'ombre de l'*inocarpus edulis*, dont les habitans mangent le fruit après l'avoir fait griller ; sa saveur approche beaucoup de celle des marrons. Nous vîmes aussi dans le même terrain plusieurs pieds de *morinda citrifolia* chargés de fruits mûrs qui sont assez recherchés par les naturels ; ils nous en avoient apporté une grande quantité les premiers jours de notre mouillage ; mais leur goût fade nous les avoit fait rejeter.

Après nous être avancés vers l'est nous nous arrêtâmes pour examiner deux petites huttes construites dans une enceinte peu étendue et ombragées par de beaux orangers pamplemous chargés de fruits, et par plusieurs pieds de *casuarina*. Des insulaires nous dîrent qu'on y avoit déposé les restes de deux chefs de la famille de *Toubau*. Nous levâmes la natte qui fermoit l'entrée de la plus grande : la surface de la terre y étoit couverte de sable, et vers le milieu nous apperçûmes de petits cailloux roulés de différentes couleurs et disposés en carré long. Sans doute par respect pour ces morts, aucun des habitans qui nous suivoient ne voulut cueillir des oranges pamplemous, quoique nous eussions demandé à les acheter : ils nous dîrent qu'ils ne pouvoient nous en vendre.

1ere. année de la rép. Germinal.

Nous retournâmes en peu de tems chez *Toubau*, à qui nous dénonçâmes le voleur de pincettes. Il nous promit de nous les remettre dès le lendemain, et il nous tint parole. Ce chef nous engagea à passer la nuit dans sa demeure ; mais nous ne nous rendîmes point à son invitation, de crainte que notre absence ne causât de l'inquiétude à bord.

Ces habitans sont dans l'usage de châtrer leurs cochons pour en rendre la chair plus délicate. Nous vîmes pratiquer cette opération sur un très-jeune porc qu'un insulaire coucha sur le dos après lui avoir lié les pattes, tandis qu'un autre ouvrit le scrotum avec le tranchant d'un morceau de bambou et enleva les testicules dont il sépara les parties adhérentes avec toute l'adresse d'un anatomiste.

Toubau nous fit servir des volailles grillées sur les charbons, des ignames, des bananes, et du fruit à pain cuits sous la cendre, et l'on nous donna de l'eau de cocos pour boisson.

Trois des filles de ce chef vinrent nous tenir compagnie. Elles parlèrent beaucoup, et quoique nous fussions pressés par la faim, elles ne craignîrent pas de nous interrompre souvent en nous forçant de répondre à leurs questions, qui roulèrent principalement sur les usages des François, et en particulier sur ceux des femmes. Comme elles voyoient nos matelots s'adresser à chacune d'elles indistinctement, elles nous demandèrent avec empressement si en France les femmes n'étoient pas *tabou*, c'est-à-dire, si elles jouissoient de la même liberté que la plupart de celles de leur île. La réponse par laquelle nous tâchâmes de leur faire connoître nos usages leur plut infiniment. Elles nous apprîrent que les *egui* de Tongatabou (les chefs) avoient plusieurs femmes, et elles nous demandèrent combien en avoient ordinairement les *egui* françois? Mais elles éclatèrent de rire lorsqu'elles sçûrent qu'ils n'en avoient qu'une. Nous eûmes bien de la peine à leur persuader qu'il en étoit de même à l'égard des *egui lai* (des rois) de l'Europe; ce qui ne leur donna pas une haute idée de leur puissance.

Parmi tous les objets que nous offrîmes en présent aux femmes, les eaux de senteur eûrent la préférence. Elles nous parûrent aussi passionnées pour les parfums que la plupart des habitans des climats chauds, et pourtant elles avoient le corps en partie couvert d'huile de cocos qui répandoit une odeur désagréable.

1ere. année de la rép. Germinal.

Une des plus belles filles de cette assemblée avoit le petit doigt de la main gauche enveloppé d'étoffe d'écorce de mûrier à papier qui étoit teint de sang; nous demandâmes à voir sa blessure. Aussitôt une autre détacha du toit sous lequel nous étions un morceau de feuille de bananier, dont elle tira les deux premières phalanges du petit doigt de cette jeune fille, qui avoit été coupé assez récemment dans le dessein, nous dit-elle, de la guérir d'une grande maladie. Elle nous montra la hache de pierre volcanique qui avoit servi à cette opération, et elle nous apprit que d'abord on en avoit appuyé le tranchant sur l'extrémité de la troisième phalange du doigt, et qu'ensuite on avoit frappé fortement sur cette hache avec le manche d'une autre.

La jeune personne ne tarda pas à s'en aller; mais avant de partir elle donna un baiser aux filles de *Toubau* à la manière des habitans des îles des Amis; ce qui consiste à toucher avec le bout du nez le nez de la personne qu'on embrasse. Il est remarquable que ces insulaires, qui ressemblent assez aux Européens, ont cependant l'extrémité du nez un peu applatie; cette légère difformité pourroit bien tenir à l'usage dont je viens de parler.

Les filles de *Toubau* changèrent de nom avec nous, usage établi chez ces peuples pour témoigner leur affection; puis elles jouèrent sur des flûtes de bambou un duo extrêmement monotone; mais nous nous amusâmes beaucoup à les voir souffler avec le nez par un trou fait à l'extrémité de ces instrumens, pour en tirer des sons. Elles nous donnèrent en présent des peignes d'une forme très-élégante, qu'on peut voir *pl.* 32, *fig.* 21.

Les habitans qui formoient un cercle autour de nous, nous ayant volé plusieurs effets, nous en fîmes nos plaintes aux filles de *Toubau*, qui, peu de tems après, nous quittèrent sans rien dire, probablement pour aller trouver leur père et le prier de venir mettre un terme à ces vols; mais comme nous n'avions pas le tems d'attendre qu'elles fussent de retour, nous nous acheminâmes bientôt vers l'île de Pangaïmotou. La mer étant fort basse, nous passâmes facilement sur les basfonds qui lient les îlots avec l'île principale. Nous nous arrêtâmes à moitié chemin dans une habitation où nous fûmes témoins de la manière assez plaisante dont une femme prenoit son repas. Assise près d'un pilier et immobile comme une statue, elle ouvroit de tems en tems la bouche pour recevoir les morceaux de fruit à pain qu'une autre femme y mettoit. On nous apprit qu'il ne lui étoit pas permis de toucher à aucune sorte d'aliment parce qu'elle avoit lavé le corps d'un chef mort depuis peu de jours.

Lorsque nous arrivâmes à Pangaïmotou, la reine
Tiné,

DE LA PÉROUSE. 153

Tiné, assise sous un hangar couvert de feuilles de cocotier et construit à l'ombre de plusieurs beaux arbres à pain, donnoit une fête au général Dentrecasteaux. D'abord elle ordonna à quelques jeunes personnes de sa suite de danser, ce qu'elles firent aussitôt avec infiniment de grâce; elles chantèrent en même tems, tandis que *Fatafé*, qui étoit debout, dirigeoit leurs mouvemens et les animoit de la voix et du geste (*voyez la planche* 27).

1ere. année de la rép.
Germinal.

Nous eûmes ensuite une grande musique qui différoit peu de celle que nous avions entendue quelques jours auparavant chez le roi, mais ici l'expression de la joie étoit beaucoup plus vive.

La reine étoit entourée de femmes, tandis qu'un grand nombre d'hommes se tenoient à peu de distance vis-à-vis d'elle, et formoient un cercle autour des musiciens.

Dès que les femmes eurent cessé de danser, plusieurs hommes se levèrent tenant chacun à la main une petite massue de la forme à peu près d'une pagaie qu'ils agitoient en suivant la mesure avec beaucoup de précision et en faisant divers mouvemens avec les pieds. Les musiciens, après avoir chanté des airs dont la mesure étoit très-lente, en chantèrent d'autres d'une mesure précipitée, ce qui donna à cette sorte de danse pyrrhique une action très-animée que nous admirâmes pendant long-tems. Le sujet de cette danse excitoit beaucoup notre curiosité; mais nous ne tardâmes pas à apprendre qu'elle avoit pour objet de célébrer les hauts faits de quelques-uns de leurs guerriers. Les femmes mêlèrent de tems en tems leurs voix à celles des hommes en accompagnant leur chant de mouvemens remplis de grâce.

Un des armuriers de l'Espérance fut assez surpris de voir au nombre de ces danseurs, et à peu de distance de *Fatafé*, l'insulaire qui lui avoit volé son sabre, ce chef nous ayant toujours assuré qu'il n'avoit pu découvrir le voleur. Il nous parut pourtant qu'il étoit un des hommes de sa suite; celui-ci se retira avec précipitation dès qu'il s'apperçut qu'on l'avoit reconnu.

Des insulaires avoient élevé pendant ce tems une pyramide avec des bambous auxquels ils avoient attaché différens fruits dont *Tiné* fit présent au Général.

Nous témoignâmes beaucoup d'envie de voir quelques-uns de ces habitans s'exercer à la lutte; mais on nous observa que ce genre de spectacle ne se donnoit point en présence de la reine.

Cette fête avoit attiré un grand concours de naturels, parmi lesquels s'étoient glissés beaucoup de voleurs, dont l'impudence ne faisoit qu'augmenter. Ils avoient déja enlevé de vive force à quelques-uns d'entre nous plusieurs objets avec lesquels ils s'étoient enfuis dans les bois.

Nous étions rassemblés au nombre de plus de trente,

et nous nous désaltérions avec l'eau délicieuse des co- 1ère. année
cos que *Tiné* venoit de donner au Général, lorsqu'un de la rép.
insulaire eut l'audace d'arracher un couteau des mains Germinal.
de l'un d'entre nous : indignés de tant d'effronterie,
plusieurs coururent aussitôt après le voleur et le poursuivirent jusque sur l'île de Tongatabou; mais se voyant
entourés d'un grand nombre d'habitans, ils ne tardèrent pas à revenir vers notre mouillage ; cependant le
forgeron de la Recherche, Allemand d'origine, crut
devoir montrer plus de courage que les autres en s'engageant de plus en plus au milieu des insulaires. Bientôt ceux-ci lui firent face, le poursuivirent à leur tour
dès qu'ils le virent retourner sur ses pas, et voulûrent
même le frapper avec leurs massues, mais il les retint
pendant long-tems en ajustant les plus audacieux avec
un mauvais pistolet qu'il essaya plusieurs fois de faire
partir. N'étant plus qu'à environ sept cents mètres de
distance de nos vaisseaux, il se croyoit entièrement à
l'abri de toute entreprise de leur part, lorqu'un d'entre
eux lui fendit la tête d'un coup de massue, tandis qu'un
autre lui lança une zagaie dans le dos; alors ils fondî-
rent sur lui en grand nombre et le frappèrent jusqu'à
ce qu'ils le crussent mort. L'un d'eux avoit essayé plusieurs fois de le tuer avec son pistolet dont il s'étoit
emparé ; mais heureusement l'amorce étoit tombée.
Déja ils partageoient ses vêtemens lorsqu'on s'en apperçut de l'Espérance, d'où l'on tira sur-le-champ un

coup de canon dont le boulet passa très-près des assassins et les dispersa bien vîte. On courut de toutes parts au secours du malheureux forgeron. Un homme de l'équipage s'étant avancé le long de la grêve pour le secourir, fut attaqué par un insulaire qui lui cassa deux dents avec sa massue; mais il paya de sa vie cet attentat, car il fut tué sur-le-champ d'un coup de fusil. Bientôt notre forgeron fut relevé, et quoiqu'il eût une grande ouverture au sinus frontal gauche et quelques autres blessures très-dangereuses, il eut encore le courage de marcher pour se rendre à bord, étant soutenu seulement par les bras.

On tira quelques coups de canon à mitraille pour protéger ceux d'entre nous qui étoient à terre. Les naturels fuyoient de toutes parts, se rassemblant par groupes fort nombreux sur différens points de l'île; on envoya un détachement bien armé pour tâcher de les dissiper et pour ramener ceux de notre expédition qui étoient encore dans l'intérieur des terres.

Plusieurs chefs rassemblés tout près de notre marché avec quelques-uns d'entre nous se levoient déja pour s'en aller; mais ils se rendîrent aux invitations qu'on leur fit de ne pas quitter ce lieu.

Bientôt nous vîmes arriver de l'Espérance une chaloupe armée commandée par Trobriant, premier lieutenant de cette frégate. Connoissant peu le sujet de l'alarme, et croyant que tous les naturels étoient dispo-

DE LA PÉROUSE. 157

sés à fondre sur nous, il ordonna à son détachement de s'emparer d'une double pirogue au moment où elle abordoit à la côte ignorant les événemens qui venoient de se passer. La plupart des naturels qui la montoient se jetèrent aussitôt dans la mer; mais le chef à qui elle appartenoit restant sur le pont, Trobriant envoya un homme de l'équipage pour l'arrêter. Ayant voulu frapper le naturel avec une massue, celui-ci le désarma et s'en saisit aussitôt; alors ils se prîrent corps à corps, et Trobriant crut devoir tirer sur l'insulaire qu'il tua d'un coup de fusil. Nous fûmes tous singulièrement affligés de ce malheur.

Un autre habitant, témoin de ce forfait, se précipita dans la mer du haut du mât de la pirogue, n'osant descendre sur le pont. Aussitôt un Nègre que nous avions embarqué à Amboine, le poursuivit avec une pique qu'il tenoit à la main, mais heureusement il ne l'atteignit pas.

La fureur de ces barbares n'étoit pas encore assouvie. Un soldat, Allemand d'origine, que nous avions aussi depuis notre départ d'Amboine, appercevant la fille du malheureux chef qui s'étoit cachée dans le fond de la pirogue, avoit déja levé son sabre pour l'égorger, lorsqu'un canonnier de la Recherche (le citoyen Avignon) arrêta le bras de ce forcené. Il se mit entre lui et la pauvre fille, dont la mère ne tarda pas à regagner le rivage toute éplorée de la perte de son époux. La

1ere. année de la rép. Germinal.

jeune fille pleura amèrement son père, et nous les vîmes se frapper fortement avec le poing les joues et la poitrine.

Nous retînmes pour ôtages le fils du roi et *Titifa*, chef de l'île de Pangaïmotou ; mais nous remarquâmes tous avec une peine extrême l'abattement dans lequel cette détention jeta le fils du roi, que nous avions vu bien de fois commander avec tant de fierté les sujets de son père. Il nous répéta souvent qu'il étoit notre ami et qu'il désiroit de nous suivre en France. *Titifa*, au contraire, ne marqua pas la moindre crainte.

Ces deux chefs passèrent la nuit dans la grande chambre de la Recherche. Ils avoient apporté chacun un oreiller de bois de la forme de celui qui est représenté dans la *pl*. 33, *fig*. 35, sur lequel, après s'être couchés, ils appuyèrent le derrière de la tête, selon l'usage de ces peuples, ce qui est sans doute la cause de l'applatissement très-sensible qu'on y remarque.

Nous apperçûmes pendant la nuit sur la côte nord de Tongatabou un plus grand nombre de feux que nous n'en avions vu précédemment.

Le lendemain, dès le point du jour, nous fûmes réveillés par les cris perçans de deux femmes qui se lamentoient en conduisant leur pirogue autour de notre vaisseau. Elles crioient alternativement l'une après l'autre, sans doute pour faire distinguer leurs voix que *Titifa* reconnut sur-le-champ : c'étoient sa femme et sa fille qui, dans leur douleur, se frappoient avec le poing les joues et la poitrine. Aussitôt il courut sur le pont, et il ne parvint à les calmer qu'après leur avoir fait le récit du bon traitement qu'il avoit éprouvé à bord; mais elles fûrent transportées de joie lorsqu'il leur annonça que bientôt il se rendroit à terre. Peu de tems après il s'embarqua dans notre grande chaloupe avec le fils du roi *Toubau*, et nous les conduisîmes tous deux dans l'île de Pangaïmotou. La femme et la fille de *Titifa* nous suivoient dans leur pirogue, lorsque, passant tout près de l'Espérance, une espingole partit d'elle-même et brisa leur nacelle; alors elles fûrent obligées de l'abandonner parce qu'elle couloit à fond. Nous les reçûmes dans notre chaloupe et nous leur témoignâmes combien nous étions affligés de cet accident; mais elles oublièrent bien vîte le danger qu'elles avoient couru. Elles étoient auprès de *Titifa*, ne pensant plus qu'au plaisir de le voir remis en liberté. Nous leur fîmes présent d'objets de quincaillerie, parmi lesquels une hache leur causa la plus grande joie. *Titifa* nous dit qu'elle lui serviroit à construire une autre pirogue, et qu'il ne tarderoit pas à réparer la perte qu'il venoit de faire.

Lorsque nous abordâmes sur la côte, la plupart des naturels s'en éloignèrent pour se retirer dans l'intérieur de l'île; mais *Titifa* les engagea à revenir et leur ordonna de se ranger en cercle, ce qu'ils fîrent aussitôt.

Alors les échanges recommencèrent dans le meilleur ordre possible. Ce chef ne voulut pas nous quitter pendant tout ce tems; mais le fils de *Toubau* disparut dès qu'il eut atteint le rivage.

Il nous sembla que le chef qui avoit été tué la veille par Trobriant étoit très-aimé de ces insulaires, car plusieurs firent paroître beaucoup de sensibilité en pleurant sa perte.

Dans la crainte qu'ils ne cherchassent à user de représailles à notre égard, le Général ordonna à toutes les personnes de l'expédition de rester dans l'enceinte où se faisoient les échanges.

Nos vaisseaux étoient suffisamment approvisionnés de tous les vivres que ces insulaires pouvoient nous fournir. Comme on n'avoit plus rien à craindre des suites de la concurrence, on distribua de la quincaillerie aux équipages, afin qu'ils pussent se procurer quelques effets; mais les naturels élevèrent alors leurs marchandises à un très-haut prix (souvent décuple de celui auquel ils les vendoient auparavant).

Nous vîmes entre leurs mains un ain de fer qu'ils avoient eu l'adresse de façonner comme ceux qu'ils fabriquent avec des os, des morceaux d'écaille de tortue, de nacre et autres substances animales, dont on peut voir la forme *pl.* 32, *fig.* 27 et 28. La ligne au bout de laquelle ils l'avoient fixé étoit sans doute destinée pour pêcher à de grandes profondeurs, car ils y avoient attaché

taché un assez gros morceau d'albâtre taillé en cône (*voyez pl.* 32, *fig.* 25 et 26).

1ere. année de la rép. Germinal.

Titifa et plusieurs autres chefs n'étoient pas sans inquiétude sur les desseins hostiles de quelques insulaires à notre égard. Ils nous firent part de leurs craintes et nous engagèrent à nous en retourner à bord avant la fin du jour, n'ayant pas sans doute assez d'autorité sur eux pour les contenir.

Nous nous apperçûmes, aux approches de la nuit, que les chaînes de notre gouvernail avoient été enlevées.

Nous remarquâmes à terre beaucoup de jeunes filles qui avoient fait couper leurs cheveux de la longueur d'un tiers de décimère, excepté ceux du tour de la tête; elles les avoient ensuite poudrés avec de la chaux, dans le dessein, nous dit-on, de les faire devenir blonds. Nous en vîmes plusieurs autres qui les avoient déja de cette couleur.

17.

La plupart des femmes ne cessoient de nous demander des bagues et des grains de verre, dont elles se paroient aussitôt qu'elles les avoient reçus. Elles accompagnoient toujours leurs demandes d'un sourire gracieux et elles penchoient en même tems la tête en portant une des mains sur la poitrine, comme on peut le voir *pl.* 30, *fig.* 1.

Titifa nous apporta des muscades dont les noix étoient assez rondes et une fois plus grosses que celles du muscadier cultivé, mais elles n'étoient point aromatiques ; leur brout étoit couvert d'un duvet assez épais. Les naturels voyant que nous avions reçu celles-ci avec plaisir, ne tardèrent pas à nous en apporter d'autres.

Ces peuples ont inventé une sorte de flûte de Pan qui ne diffère de celle d'Europe que par la proportion des sons ; tous les tuyaux rendent des tons pleins et peu étendus, le plus élevé formant une quarte avec le plus bas : nous achetâmes plusieurs de ces flûtes.

J'obtins du Commandant de notre expédition un emplacement sur les bouteilles de bâbord et une grande caisse pour y mettre de jeunes plants d'arbres à pain, afin d'enrichir nos colonies d'un végétal aussi utile. Des naturels m'en procurèrent un grand nombre de drageons que je plantai dans de très-bon terreau qu'ils m'apportèrent en me le nommant *kelé kelé*. Je pris aussi des racines et des tronçons de cet arbre précieux que j'enfouis dans de la terre glaise (*oummea* dans leur langage) en les plaçant horizontalement. Ces tronçons étoient autant de boutures que je me proposois de planter à notre arrivée à l'Ile-de-France.

La reine *Tiné* vint à bord au moment où *Finau* étoit dans la chambre du Général, à qui il avoit apporté en présent un diadême fait de belles plumes de pailles-en-queue à brins rouges avec d'autres très-petites et d'un rouge éclatant. Lorsqu'il sortit pour s'en retourner il chercha à se dérober à la vue de la reine, mais dès qu'elle l'apperçut elle le fit approcher et lui présenta son pied droit, il le prit aussitôt et le porta sur le derrière de sa tête en faisant une profonde inclination, comme pour donner à cette reine un témoignage du respect qu'il lui devoit. Il n'osa lui refuser ces honneurs, quoique cependant il nous parût qu'il en fût très-affecté. Le Général venoit de lui faire présent de plusieurs instrumens de fer, et nous vîmes avec plaisir qu'il paroissoit connoître le prix de ce métal, en lui donnant une préférence très-marquée sur les pierres volcaniques et sur les os dont la plus grande partie des haches de ces insulaires sont faites.

Nous eûmes ensuite la visite de différens chefs qui nous répétèrent ce que plusieurs autres nous avoient déja expliqué au sujet de la famille régnante. Ils se servirent pour cela de cartes à jouer que nous leur procurâmes; d'abord ils les placèrent sur une table, puis ils assignèrent à chacune le nom d'une des personnes de cette famille, et il ne nous parut pas, comme l'a pensé le capitaine Cook, qu'elle eût un nom particulier (celui de *Fatafé* que porte actuellement le fils de *Poulao*), car le père de *Poulao* s'appeloit *Taïbouloutou*; celui-ci épousa une femme nommée *Toubau-Nou*, dont il eut quatre enfans; savoir, deux garçons, l'un appelé *Poulao*, qui succéda à son père, et l'autre *Fatafé*, et deux filles, l'une nommée *Tiné* et l'autre *Na-*

natchi. Lorsque *Poulao* mourut il laissa un fils fort jeune, nommé *Fatafé*; alors le frère du roi prit les rênes du gouvernement, mais il mourut bientôt après et la souveraineté passa à *Tiné*, sa sœur aînée; elle en eut tous les honneurs sans cependant en exercer la puissance dont il paroît que les femmes ne peuvent être revêtues, l'autorité passa entre les mains d'un chef nommé *Toubau*, frère de la mère de *Tiné*. Cette reine avoit épousé *Ovea*, l'un des chefs de Toufoa; et celui-ci l'avoit répudiée après en avoir eu deux fils; savoir, *Veaïcou* et *Veatchi*.

Il paroît donc que la succession au trône passe aux frères et aux sœurs avant d'échoir aux enfans des princes qui ont régné, et que lorsque les femmes sont investies de la souveraineté, l'exercice de l'autorité est confié à un des plus proches parens de leur mère, mais seulement pendant la vie de la reine. La famille des *Toubau* conservera le pouvoir pendant le règne de *Tiné*, et *Fatafé*, fils de *Poulao*, ne montera sur le trône qu'après la mort de ses deux tantes. La famille royale dépouillée pour-lors du pouvoir n'en jouissoit pas moins des honneurs et recevoit les hommages de ceux même qui exerçoient l'autorité, comme nous l'avons remarqué dans plusieurs circonstances.

Vouacécé, l'un des chefs de Fidgi, étoit arrivé à Tongatabou peu de tems après que nous eûmes jeté l'ancre. Nous recevions très-souvent sa visite, et il nous confirma, ce qu'il nous avoit dit plusieurs fois, qu'il lui falloit trois jours de navigation sur sa double pirogue avec les vent de sud-est pour se rendre à Fidgi, dont il nous indiqua la position vers le nord-ouest ; c'est pourquoi nous présumâmes que cette île, qui est très-élevée et dont il nous vanta la fertilité, étoit distante d'environ soixante-douze myriamètres de Tongatabou. Ce trajet est immense pour des peuples qui, n'ayant aucun instrument d'observation, se dirigent seulement par la vue des astres dès qu'ils ne voient plus la terre ; mais il est encore bien plus difficile de concevoir comment ils peuvent arriver d'une aussi grande distance à Tongatabou lorsqu'ils ont à lutter contre les vents de sud-est, et il faut qu'ils soient bien certains de leurs points de reconnoissance dans le ciel pour ne pas manquer l'attérage, car ils sont quelquefois obligés de louvoyer pendant plus d'un mois.

1ere. année de la rép. Germinal.

Les habitans de Tongatabou nous dîrent que tous les naturels de Fidgi étoient anthropophages ; mais *Vouacécé* voulut se défendre de cette inculpation, en nous assurant qu'il n'y avoit que des gens de la classe du peuple (les *toua*) qui mangeassent de la chair humaine ; néanmoins il nous parut d'après ce que nous apprîmes d'ailleurs que les chefs en mangent aussi : en effet, comme ces peuples ne dévorent que leurs ennemis, et qu'ils ne commettent cette atrocité que pour assouvir leur fureur, il est à croire que les naturels de Tongatabou ne nous en imposoient pas en nous assurant qu'à Fidgi les chefs même étoient anthropophages.

On verra sans doute avec étonnement que, malgré ce caractère de férocité, les arts sont beaucoup plus avancés à Fidgi qu'aux îles des Amis, où les habitans ne manquoient jamais de nous annoncer que ce qu'ils nous vendoient de plus beau venoit de Fidgi, et ils affectoient de nous faire connoître que ces objets avoient une supériorité très-marquée sur ceux qu'ils fabriquoient eux-mêmes.

Vouacécé nous témoigna beaucoup plus d'envie de s'instruire qu'aucun habitant des îles des Amis, dont la plupart n'étoient attirés auprès de nous que par des vues d'intérêt. Il examina toutes les parties de notre vaisseau avec le plus grand soin. Cet insulaire étoit d'une très-belle taille et avoit un caractère de physionomie très-prononcé, *voyez pl.* 29, *fig.* 2. Ses cheveux, sur le devant de la tête, étoient poudrés en rouge.

Les naturels de Fidgi sont souvent en guerre avec ceux de Tongatabou; mais dès que les hostilités sont finies, il se fait entre eux un très-grand commerce.

Le Général reçut en présent de *Fatafé* une petite pirogue à balancier nouvellement construite, qui fut aussitôt placée près des porte-haubans du grand mât. Elle étoit longue de trois mètres, large de trois décimètres, et ne pouvoit porter que deux personnes. Ces sortes de pirogues sont pontées dans un cinquième à peu près de leur longueur à chaque extrémité, ce qui suffit pour naviguer sûrement entre les ressifs; mais leurs doubles pirogues étant destinées à voguer en pleine mer, sont pontées dans toute leur longueur, excepté vers le milieu, où l'on a réservé une petite ouverture pour y descendre et les vider lorsqu'il s'y est amassé de l'eau.

Je vis avec admiration que ces peuples avoient consulté la nature pour construire des pirogues d'une marche rapide. Le dessous imitoit assez la forme de la partie inférieure d'un des cétacées qui nage avec le plus de vîtesse, en s'élançant par bonds à la surface des eaux (le *delphinus delphis*).

Le roi *Toubau* ayant appris que nous ne devions pas tarder à quitter son île, vint pour nous engager à différer notre départ, et il parut très-affligé de notre détermination.

Les naturels pensoient sans doute que nous voulions faire une grande provision de fruits à pain, car ils en apportèrent à notre marché beaucoup plus que d'ordinaire; mais ces fruits n'auroient pu se conserver que très-peu de jours sans pourrir, à moins que nous ne les eussions fait sécher après les avoir coupé par tranches, ou qu'on ne les eût fait fermenter à la manière des naturels, à peu près comme on le pratique en Europe à l'égard de diverses espèces de légumes. Nous en avions eu, depuis le tems que nous étions au mouillage, assez abondamment pour fournir à nos besoins journaliers. Nous en mangions avec plaisir et nous renonçâmes sans regret à notre biscuit et même à la petite portion de pain frais qu'on étoit dans l'usage de nous distribuer chaque jour, quoiqu'il fût d'une bonne qualité. Nous trouvions ces fruits bien préférables aux ignames ; cependant les naturels qui venoient dîner avec nous mangeoient assez indistinctement des uns et des autres. Notre cuisinier nous les servoit ordinairement cuits dans l'eau, quoique pourtant ils eussent été bien meilleurs s'il avoit eu la précaution de les faire cuire au four.

Ces fruits sont d'une forme à peu près ovale, longs de trois décimètres sur deux d'épaisseur. Tout en est mangeable, excepté la pellicule extrêmement mince dont ils sont couverts et une très-petite partie qui se trouve au centre et où aboutissent les loges ; elles ne contiennent point de graines, mais en revanche elles sont remplies d'une pulpe très-nourrissante, facile à digérer, d'un goût assez agréable et que nous mangions toujours avec un nouveau plaisir.

L'arbre à pain produit pendant huit mois de l'année des fruits qui, mûrissant les uns après les autres, fournissent ainsi journellement aux insulaires une nourriture aussi saine qu'abondante. Je n'en donnerai pas ici la description, parce qu'elle a déja été publiée par d'habiles

biles botanistes. L'avortement des graines vient sans doute de l'usage où l'on est de le multiplier par drageons, et il diffère à cet égard singulièrement de l'espèce sauvage dont les fruits sont beaucoup plus petits, peu nombreux et remplis de grosses amandes qui sont assez difficiles à digérer.

1ère. année de la rép. Germinal.

Les naturels nous apportèrent quelques morceaux de bois de sandal, et pour en rendre l'odeur plus forte, ils avoient soin de le frotter fortement avec une rape de peau de raie qu'on peut voir *pl.* 32, *fig.* 24. Ils nous dirent qu'ils le tiroient de Fidgi, aussi ils le nomment *haï-fidgi*. Ils nous apprîrent qu'ils avoient essayé plusieurs fois, mais toujours en vain, d'en transporter des pieds dans leur île.

Les pirogues qui entouroient nos vaisseaux s'en retournèrent aux approches de la nuit vers la côte la plus voisine, comme il leur arrivoit ordinairement, et nos matelots s'égayoient toujours beaucoup lorsque les jeunes filles qui avoient trouvé le moyen de s'introduire dans l'entrepont, les avertissoient de leur départ en leur adressant d'un ton de voix élevé les paroles suivantes *bongui bongui, mitzi mitzi*. Je ne me permettrai pas d'en donner la traduction littérale, mais on verra dans le vocabulaire de la langue de ces peuples, qui se trouve vers la fin de ce tome, que ces jeunes filles ne craignoient pas de faire connoître ce qui s'étoit passé entre elles et les gens de notre équipage, en leur annonçant qu'elles recommenceroient le lendemain.

Le jour suivant plusieurs chefs vînrent nous voir de bon matin, et annoncèrent aux habitans qui étoient déja rassemblés dans leurs pirogues autour de notre vaisseau, que nous étions sur le point de quitter leur île; mais nous fûmes bien surpris de voir aussitôt un grand nombre de jeunes femmes fondre en larmes en jetant des cris perçans. Leur affliction fut sans doute très-vive, mais elle fut de courte durée; car peu de tems après nous les vîmes s'égayer avec leurs compagnes.

Fatafé nous pria de lui faire affiler deux haches qui lui avoient été données par le capitaine Cook, et qu'il avoit fait reforger à bord de l'Espérance. Ce chef étoit accompagné de sa femme, qui s'amusa long-tems à jouer avec une sorte de bilboquet de l'invention de ces insulaires: il s'agissoit de faire passer au travers d'un demi-cercle d'écaille très-petit, une boule de bois qu'elle jetoit en l'air et qui tenoit à l'instrument au moyen d'une longue ficelle. Nous admirions son adresse lorsque *Fatafé*, furieux de jalousie, en voyant entre ses mains des présens qu'elle venoit de recevoir d'un officier de notre vaisseau, la maltraita, et quoique ses soupçons fussent mal fondés, elle eut bien de la peine à le faire revenir de son erreur. Ce chef étoit avec son beau-père. Nous leur fîmes quelques présens au moment où le fils du roi *Toubau* arriva : sur-le-champ ils les cachèrent dans leur ceinture; mais *Toubau* s'en apperçut, et bientôt nous eûmes une nouvelle preuve que si la famille royale jouit des droits honorifiques de la souveraineté, la famille de *Toubau* en a tout le profit. *Toubau* fouilla dans la ceinture de ces deux chefs, et s'empara de tout ce qu'ils venoient de recevoir. *Fatafé* n'avoit d'autre moyen de vengeance que de l'empêcher de manger en sa présence, de ne le pas laisser s'asseoir à côté de lui, et de lui mettre le pied sur sa tête; aussi il le lui présenta peu de tems après, et celui-ci lui rendit les hommages dus aux personnes d'un rang supérieur.

1ere. année de la rép. Germinal.

Nous avions vu bien des fois les chefs s'emparer ouvertement des effets appartenans à des gens du peuple, et nous remarquâmes toujours avec étonnement que ce genre d'oppression n'affoiblissoit en rien l'inaltérable gaieté de leur caractère : lorsqu'ils étoient rassemblés, à chaque instant on les entendoit faire de grands éclats de rire. Leur gouvernement nous a paru, comme au capitaine Cook, avoir beaucoup de rapport avec le régime féodal.

Plusieurs naturels demandèrent à s'embarquer avec nous pour nous suivre jusqu'en France. Le capitaine Huon accorda sur la frégate l'Espérance une place à *Kové*, l'un des fils de la reine. Ce chef ayant le dessein de nous prouver qu'il n'étoit entraîné que par le plaisir de nous accompagner, ne voulut recevoir aucun des effets que nous lui offrîmes. Le Général qu'il vint voir lui exposa les principaux inconvéniens attachés aux longues navigations; mais il persista toujours dans sa résolution, et il se rendit à bord de l'Espérance; cependant au moment du dîner plusieurs habitans vînrent l'engager à descendre à terre pour voir au moins encore une fois sa famille avant d'entreprendre un aussi long voyage. Il se rendit à leurs sollicitations, et ne revint plus à bord. Quelques habitans nous apprîrent qu'il n'avoit pu résister aux larmes et aux prières de neuf femmes et d'un grand nombre d'enfans qu'il alloit abandonner pour ne les revoir peut-être jamais. *Kové* avoit une belle physionomie, mais il n'avoit pas la gaieté des autres insulaires. Peut-être quelques chagrins domestiques avoient-ils été une des causes principales du désir qu'il avoit eu de s'éloigner de sa patrie. S'il eût exécuté son dessein, réduit, comme nous, à manger du biscuit vermoulu, il eût regretté bien des fois les fruits délicieux de son île.

Nous lançâmes, vers le commencement de la nuit, une douzaine de fusées, et aussitôt nous entendîmes les cris d'un grand nombre d'habitans qui se répétèrent de différens points le long du rivage de la mer.

Notre séjour aux îles des Amis contribua beaucoup au rétablissement de la santé des équipages. Nous y avions trouvé beaucoup de végétaux, et nous en fîmes un très-grand approvisionnement. La chair de porc y étoit excellente, ce qu'on doit attribuer en partie à la bonne qualité des racines et des fruits avec lesquels les habitans nourrissent ces animaux ; nous en embarquâmes autant que notre parc pouvoit en contenir, et nous fûmes convaincus par la suite qu'ils pouvoient supporter une longue navigation, quoique le capitaine Cook assure avoir éprouvé le contraire à l'égard de ceux qu'il s'étoit procuré aux îles des Amis dans différentes relâches qu'il y avoit faites. Nous en avions acheté pendant notre séjour plus de quatre cents, dont nous avions salé la plus grande partie. On avoit suivi le procédé recommandé par Cook dans son troisième voyage, et qui consiste à employer une forte saumure dans laquelle on met la quantité de vinaigre nécessaire pour dissoudre le sel marin. Cela nous fut d'autant plus facile qu'une bonne partie de notre vin étoit devenue aigre.

1ere. année de la rép. Germinal.

Notre boucher sala une petite quantité de viande de porc en n'employant que du sel marin, et quoique sous la zone torride, elle fut préservée de corruption comme celle que l'on avoit préparée à la manière indiquée par Cook, et nous lui trouvâmes même un meilleur goût. Le lard conservé dans la saumure vinaigrée étoit dégoûtant par son extrême mollesse, et il avoit un goût très-fort de vinaigre qui ne plaisoit à personne.

Nos cages étoient remplies de volailles.

Pendant tout le tems de notre mouillage le mercure dans le baromètre ne s'étoit pas élevé au-dessus de 28^d 2^l, et sa variation avoit été d'environ 1^l.

Le thermomètre observé à l'ombre sur la côte n'avoit pas indiqué plus de 25$^d\frac{4}{10}$, quoique nous y eussions éprouvé des chaleurs excessives.

Les vents avoient soufflé du sud-est au nord-est, et avoient été assez foibles.

Le lieu de notre observatoire étoit par 21^d 8$'$ 19$''$ de latitude sud, et 182^d 29$'$ 38$''$ de longitude orientale.

La variation de l'aiguille aimantée y fut de 10^d est.

Les eaux de la mer s'élèvent à un mètre et demi perpendiculaire dans les hautes marées dont l'établissement a lieu vers six heures et demie.

Les notions que des insulaires très-intelligens nous donnèrent sur les vaisseaux qui avoient mouillé dans cet archipel, nous fîrent connoître que la Pérouse n'avoit relâché dans aucune de ces îles. D'ailleurs, ils nous assurèrent qu'il n'étoit arrivé aucun accident fâcheux aux bâtimens qui s'y étoient arrêtés, excepté à la chaloupe de Bligh, dont ils nous avoient raconté l'événement sans dissimulation, comme je l'ai dit ci-dessus. Le sang-froid avec lequel ils nous en fîrent le récit, nous démontra que si ces peuples ne sont pas naturellement féroces, au moins les sentimens d'humanité leur sont étrangers. Les coups de buches et de massues dont les chefs accompagnoient ordinairement leurs ordres, en fournissent encore une nouvelle preuve. Ils se souvenoient très-bien des différentes époques auxquelles ils avoient vu le capitaine Cook, et pour nous en faire connoître les intervalles, ils comptoient par récoltes d'ignames, et nous en indiquoient deux pour chaque année. Plusieurs naturels, et sur-tout ceux qui tenoient à la famille royale, prononçoient avec enthousiasme le nom de Cook ; mais la grande sévérité de ce célèbre navigateur en avoit empêché beaucoup d'autres de conserver de lui un souvenir aussi agréable ; ils ne nous en parloient qu'en se plaignant de la dureté des traitemens qu'il leur avoit fait éprouver. En effet, quoiqu'il ne soit fait mention dans son dernier voyage que d'un seul homme blessé à la cuisse d'un coup de feu, nous en vîmes un autre dont l'épaule avoit été traversée par une balle, et il nous assura qu'il avoit reçu cette blessure pendant le dernier séjour de Cook à Tongatabou.

Les habitans des îles des Amis sont, en général, d'une grande taille et bien faits, ce qu'ils doivent sans doute principalement à l'abondance et à la bonne qualité de leurs alimens. La belle forme de ces insulaires n'est point altérée par des travaux pénibles. Leurs muscles étant très-prononcés, nous présumions qu'ils étoient très-robustes ; mais la vie oisive qu'ils mènent les rend peu capables de faire de grands efforts ; aussi lorsqu'ils faisoient l'essai de leurs forces avec nos matelots, presque toujours ils avoient du désavantage.

Ils ont, comme les femmes, l'usage de se couper une ou deux phalanges du petit doigt et quelquefois du doigt annulaire, dans l'espoir de se guérir de maladies graves.

La plupart sont tatoués sur toutes les parties du corps. Nous en vîmes un grand nombre dont la peau étoit couverte de dartres farineuses; cette maladie vient peut-être de ce qu'ils ne sont pas dans l'usage de s'essuyer, ni de se laver avec de l'eau douce après s'être baignés dans la mer.

Nous ne remarquâmes aucun symptôme de mal vénérien parmi ces insulaires ; cependant un de nos matelots y prit la gonorrhée, mais avec une femme qui avoit eu commerce avec un homme de l'Espérance infecté depuis long-tems de cette maladie. Ces peuples seroient-ils assez heureux pour que cette contagion après avoir parcouru rapidement ses périodes, se fût naturellement éteinte parmi eux? car on ne peut douter, d'après le témoignage du capitaine Cook, qu'elle n'y ait fait autrefois de grands ravages.

Les naturels des îles des Amis ont la peau basanée parce qu'ils s'exposent très-souvent à l'ardeur du soleil; mais les femmes, qui se tiennent assez constamment dans leurs habitations ou à l'ombre des arbres, ont le

tein

tein très-blanc. Elles ont, en général, une physionomie très-agréable et très-animée. La bonne santé dont elles jouissent est particulièrement due à leur extrême propreté et à la bonne qualité des alimens dont elles se nourrissent.

1ere. année de la rép. Germinal.

CHAPITRE XIII.

Départ de Tongatabou. Vue de la partie australe de l'archipel du Saint-Esprit. Découverte de l'île de Beaupré. Mouillage à la Nouvelle-Calédonie. Entrevues avec les naturels. Description de leurs huttes. Ces Sauvages sont anthropophages. Leur impudence à notre égard. Ils mangent de gros morceaux de stéatite pour appaiser leur faim. Leurs tentatives de s'emparer de nos embarcations. Diverses excursions dans l'intérieur de l'île. Mort du capitaine Huon. Espèce nouvelle d'araignée dont les Sauvages de la Nouvelle-Calédonie se nourrissent.

1ère. année de la rép.
Germinal.
21.

Nous déployâmes nos voiles vers sept heures du matin, et poussés par un vent assez frais d'est-sud-est, nous nous dirigeâmes pendant une heure du nord-ouest quart nord au nord, et ensuite au nord quart nord-est, en sortant par une passe qui avoit été reconnue vers le nord de notre mouillage par le citoyen Legrand.

La sonde nous indiqua dans ce trajet depuis onze jusqu'à dix-huit mètres de profondeur.

Des naturels nous suivîrent dans leurs pirogues, en nous témoignant de vifs regrets de nous voir quitter leur île; ils nous crioient de toutes parts *offa, offa, Palançois*, en nous donnant des marques de leur affection.

Bientôt nous eûmes dépassé les pirogues qui n'étoient dirigées qu'au moyen de pagaies, mais celles qui alloient à la voile étoient obligées de ralentir leur marche pour se tenir à peu de distance de nous, et nous eûmes occasion de remarquer que leur vitesse étoit beaucoup plus grande que celle de nos vaisseaux lorsqu'elles vouloient profiter de toute la force du vent; cependant elles auroient bien vîte perdu cet avantage, si le vent eût été plus fort et la vague plus agitée. Elles cessèrent de nous suivre dès que nous eûmes gagné la pleine mer. Nous étions alors à plus d'un myriamètre du mouillage que nous venions de quitter, et nous relevions au sud 48^d ouest l'extrémité occidentale d'*Attata*.

Une ligne de quarante-cinq mètres nous indiqua au même instant un fond de gravier.

Le lendemain vers cinq heures du soir nous vîmes au nord-ouest quart nord l'île de la Tortue.

1ᵉʳᵉ. année
de la rép.
Germinal.
27.

L'Espérance signala la terre le 27 vers sept heures du matin à l'ouest 18ᵈ nord, à environ quatre myriamètres de distance. C'étoit Erronan, la plus orientale des îles de l'archipel du Saint-Esprit, découvert par Quiros en 1606. Un peu avant midi nous apperçûmes Annaton au sud-ouest quart sud à cinq myriamètres de distance.

Il étoit déja cinq heures du soir lorsque nous vîmes l'île de Tanna, à l'ouest 16ᵈ nord. Des colonnes de fumée sortoient de son volcan et se répandoient au loin dans les airs en formant des nuages qui d'abord s'élevoient à une prodigieuse hauteur, et qui, après avoir parcouru un espace immense, s'abaissoient à mesure qu'ils se refroidissoient. Nous jouîmes pendant la nuit du brillant spectacle de ces nuages éclairés par la vive lumière des matières embrasées qui étoient lancées par intervalles du fond des abîmes du volcan.

29.

Nous cinglions à l'ouest avec un vent d'est très-frais, lorsque vers trois heures et demie après minuit l'officier commandant le quart (Dumérite) entendit les cris d'une volée d'oiseaux de mer qui passèrent très-près de notre vaisseau. Craignant que nous ne fussions dans le voisinage des roches qui leur servent ordinairement de retraite, il prit le parti de mettre à la cape et d'attendre le jour pour continuer à faire route ; mais au lever de l'aurore nous apperçûmes à peu de distance sous le vent une grande étendue de ressifs sur lesquels notre vaisseau se fût brisé, si cet événement fortuit ne nous eût averti d'en arrêter la marche. En effet, il eût été impossible par une nuit extrêmement obscure d'appercevoir les brisans assez tôt pour les éviter; d'ailleurs, il ventoit grand frais, et les vagues étoient si élevées de toutes parts qu'on n'eût pu distinguer assez tôt celles qui brisoient sur ces ressifs au-delà desquels nous vîmes d'abord au sud 28^d ouest une île qui en étoit éloignée de près d'un myriamètre, et à laquelle j'ai donné le nom du citoyen Beaupré, ingénieur-géographe de notre expédition. Elle gît par 20^d 14' de latitude sud, et 163^d 47' de longitude orientale. Elle est très-basse et a environ trois kilomètres de longueur. Nous découvrîmes ensuite quelques rochers au sud 21^d est, et peu de tems après nous en apperçûmes d'autres vers le sud.

1ere. année de la rép. Germinal.

Il est remarquable que les courans nous portèrent dans le nord d'environ vingt-quatre minutes par jour, lorsque nous fûmes près des terres du Saint-Esprit et lorsque nous fîmes le trajet qui les sépare de la Nouvelle-Calédonie. Cela dépend sans doute de la position de ces terres qui, en changeant la direction des courans déterminés par les vents généraux, en augmente la force.

Nous apperçûmes au sud-ouest vers une heure après midi les hautes montagnes de la Nouvelle-Calédonie, et à quatre heures et demie nous étions à deux kilomè-

1ere. année
de la rép.
Germinal.

tres des ressifs qui bordent cette île. Ici le pied de ses montagnes est baigné par la mer et elles sont encore plus escarpées que dans leur partie occidentale que nous avions longée un an auparavant.

Nous voyions une belle cascade dont les eaux, après avoir disparu plusieurs fois dans des ravins profonds, venoient se précipiter dans la mer, et nous admirions les effets pittoresques des torrens que nous appercevions vers le sud-ouest : leurs eaux blanchissantes produisoient un agréable contraste avec la verdure sombre de ces terres élevées.

Nous courûmes des bordées toute la nuit en tâchant de nous soutenir contre les courans pour être à portée de mouiller le lendemain.

30. Dès que le jour parut nous nous approchâmes à un kilomètre et demi des ressifs que nous longeâmes afin de reconnoître la passe par laquelle il nous falloit entrer pour arriver au mouillage ; mais il ventoit grand frais du sud-sud-est, et nous étions déja tombés sous le vent lorsque nous distinguâmes l'interruption des ressifs ; quoique nous fussions assez près de la côte nous n'appercevions point l'île de l'Observatoire, ce qui nous laissa incertains pendant quelque tems si nous étions vis-à-vis du mouillage où le capitaine Cook avoit jeté l'ancre en 1774 ; c'est pourquoi nous virâmes de bord pour nous élever dans le nord-est. Mais vers le milieu du jour nos observations ne nous laissèrent pas douter

plus long-tems que nous ne fussions près de l'île de l'Observatoire, et nous ne tardâmes pas à l'appercevoir quoiqu'elle soit extrêmement basse ; alors nous fîmes route pour gagner le mouillage. La sonde nous indiqua depuis vingt jusqu'à vingt-cinq mètres de profondeur dans la coupure formée entre les ressifs, et dès que nous fûmes entre eux et la côte nous ne trouvâmes plus que de treize à seize mètres de profondeur.

1ere. année de la rép. Germinal.

Une double pirogue se mit aussitôt à la voile pour se diriger vers nous. Elle étoit montée par onze naturels qui manœuvrèrent de manière à ne pas nous donner une haute idée de leurs connoissances dans l'art de la navigation. Ils nous adressèrent la parole et nous montrèrent quelques morceaux d'étoffe blanche qu'ils agitèrent, en se tenant toujours à plus de deux cents mètres de distance de notre vaisseau. Peu de tems après ils s'en retournèrent vers la côte.

L'Espérance qui étoit un peu au vent de nous échoua sur un bas-fond ; aussitôt nous manœuvrâmes de manière à éviter le même danger, et nous mouillâmes peu de tems après afin de donner du secours à cette frégate. Le général Dentrecasteaux envoya sur-le-champ vers elle notre grande chaloupe, et nous eûmes dès huit heures du soir l'agréable nouvelle qu'elle n'avoit reçu aucun dommage et qu'elle étoit remise à flot.

Le lendemain dès le lever du soleil quatre pirogues étoient sous voiles et s'avançoient vers nos vaisseaux :

Floréal. 1.

elles témoignèrent quelques craintes lorsqu'elles furent très-près. Cependant l'un des Sauvages qui les montoient ayant cédé à nos invitations en venant à bord, fut suivi par presque tous les autres. Nous fûmes surpris qu'ils fissent plus de cas de nos étoffes que des clous et même des haches, qu'ils appeloient *togui,* à peu près comme les habitans des îles des Amis; quoique pourtant ils ne parlassent pas le même langage, comme on peut s'en convaincre par le vocabulaire de la langue de ces peuples, qui se trouve vers la fin de ce tome. Nous ne pouvions cependant douter qu'il ne connussent le fer, qu'ils nous désignoient sous la dénomination de *pitiou;* mais les pierres très-dures dont ils se servent leur en rendent l'usage moins utile qu'à beaucoup d'autres insulaires de la mer du Sud.

Nous leur fîmes voir des cocos et des ignames en les engageant à nous en apporter; mais bien loin de nous en aller chercher, ils voulûrent acheter les nôtres et nous offrîrent en échange leurs zagaies et leurs massues, nous faisant connoître qu'ils avoient grand faim, en nous montrant de la main leur ventre qui étoit extrêmement applati. Ils témoignèrent de la crainte en voyant les cochons que nous avions à bord, ce qui nous fit présumer qu'ils ne possédoient pas ce quadrupède, quoique le capitaine Cook en eût laissé deux (un mâle et une femelle) à un de leurs chefs; mais dès qu'ils apperçûrent nos volailles, ils imitèrent assez bien le chant du
coq

coq pour ne nous laisser aucun doute qu'ils n'en eussent dans leur île.

Aucune des femmes qui se trouvoient sur ces pirogues, ne consentit à venir sur notre vaisseau, et lorsque nous voulions leur faire présent de quelques objets, les hommes se chargeoient de les leur porter.

Ces Sauvages étoient venus avec des doubles pirogues de la forme de celle qui est représentée dans la *planche 44, fig.* 1. Leur mâture étoit fixée à une distance égale des deux pirogues et vers l'extrémité antérieure de la plate-forme au moyen de laquelle elles sont liées l'une avec l'autre. Elles ne sont pas construites aussi artistement que celles des îles des Amis, et elles sont bien loin d'avoir une marche aussi rapide. Il y en eut une dont un des côtés en donnant fortement contre notre vaisseau fut tellement endommagé qu'il coula bas en très-peu de tems. Les Sauvages qui la montoient se réfugièrent aussitôt sur l'autre et se laissèrent entraîner par le courant qui les porta vers la terre. Les autres pirogues nous quittèrent peu de tems après et se dirigèrent vers celle-ci pour lui prêter secours.

Nous virâmes le cabestan de très-grand matin pour nous touer vers l'île de l'Observatoire au moyen de plusieurs grêlins attachés bout à bout; mais ils se cassèrent plusieurs fois et nous obligèrent de laisser retomber l'ancre.

Nous fûmes entourés de pirogues conduites par des

naturels qui montèrent sur notre vaisseau et nous vendîrent plusieurs de leurs effets qu'on peut voir dans les *planches* 37 *et* 38. Quelques-uns d'entre eux avoient apporté un petit nombre de cocos et de cannes à sucre dont ils ne voulûrent jamais se défaire, quoique nous leur en offrissions un grand prix.

Ces Sauvages étoient tous nus, mais ils avoient la verge enveloppée les uns de morceaux d'étoffe grossière faite d'écorce, et les autres de grandes feuilles d'arbres. Ils ont les cheveux laineux. La couleur noire de leur peau est presque aussi foncée que celle des naturels du cap de Diemen, dont le caractère de physionomie a beaucoup de ressemblance avec le leur (*voyez la planche* 35). Plusieurs avoient la tête entourée d'un petit filet à larges mailles. Nous en vîmes avec surprise un grand nombre qui, voulant sans doute paroître avoir les cheveux très-longs, y avoient attaché deux à trois tresses faites avec des feuilles de plantes graminées couvertes du poil de la chauve-souris appelée *vespertilio vampyrus*, et qui leur descendoient vers le milieu du dos.

La plupart de ces insulaires armés de zagaies et de massues portoient à la ceinture un petit sac rempli de pierres taillées en ovale qu'ils lancent avec leurs frondes (*voyez les planches* 35 *et* 38, *fig.* 16, 17 *et* 18). Le lobe inférieur de leurs oreilles percé d'un très-grand trou descendoit jusque sur les épaules; quelques-uns y avoient introduit des feuilles d'arbres, d'autres un morceau de bois pour l'agrandir encore davantage. Plusieurs avoient le même lobe coupé par lanières ; il avoit probablement été ainsi déchiré dans les combats ou en courant au travers des forêts.

Nous remarquâmes derrière les oreilles d'un de ces Sauvages des tubercules de la forme d'un ris de veau, et gros comme la moitié du poing. Il paroissoit très-satisfait de nous voir examiner cet ornement. Il l'avoit fait croître au moyen d'un mordant qui sans doute lui avoit causé pendant long-tems une grande irritation.

Les femmes n'avoient d'autre vêtement qu'une frange de filamens d'écorce qui leur servoit de ceinture en faisant plusieurs fois le tour du corps (*voyez la planche* 36).

Les pirogues se tenoient tout près de notre vaisseau au moyen de différentes amarres que nous leur avions jetées. Cependant elles avoient chacune pour ancre une très-grosse pierre attachée à une longue corde ; mais aucune ne la mouilla.

Le jour suivant nous levâmes l'ancre dès six heures du matin, et nous fîmes plusieurs bordées pour nous rapprocher de l'île de l'Observatoire, que les habitans connoissent sous le nom de *Pudyoua*. Elle ne nous restoit plus qu'à un kilomètre de distance à l'est 3^d 15′ sud, lorsque nous mouillâmes vers dix heures et demie. Nous voyions depuis l'est 19^d 30′ sud jusqu'à l'ouest

1ere. année de la rép.
Floréal.

12^d nord les terres de la Nouvelle-Calédonie, dont la côte la plus proche étoit éloignée de notre vaisseau de onze hectomètres et demi. Alors les habitans n'eûrent plus besoin de leurs pirogues pour venir nous voir. La plupart se jetoient à la nage chargés des effets qu'ils vouloient nous vendre.

Je crois devoir rapporter ici un trait de malveillance qui pensa causer la perte des jeunes pieds d'arbres à pain que j'avois pris aux îles des Amis. Je les avois arrosé la veille; mais voyant de bon matin des gouttes d'eau tomber de la caisse où ils étoient plantés, je ne doutai pas que quelqu'un les eût aussi arrosé long-tems après moi. J'en fus convaincu lorsque je goûtai à l'eau qui se filtroit à travers la terre; c'étoit de l'eau de mer. Les recherches que je fis pour découvrir le malfaiteur fûrent inutiles.

Nous descendîmes à terre vers une heure après midi, et bientôt nous fûmes entourés par un grand nombre d'habitans qui venoient de sortir du milieu des bois au travers desquels nous nous enfonçâmes à plusieurs reprises en nous éloignant peu des bords de la mer. Nous ne tardâmes pas à trouver quelques huttes isolées, à trois à quatre cents pas de distance les unes des autres et ombragées par un petit nombre de cocotiers. Quelque tems après nous en trouvâmes quatre qui formoient un petit hameau dans un des lieux les plus sombres de la forêt; elles avoient toutes à peu près la forme de ruches ayant trois mètres de long sur autant de large (*voyez dans la planche* 38 *les figures* 28, 29 *et* 30).

La *figure* 28 représente une de ces huttes entourée d'une palissade haute d'un mètre et demi, faite avec des pétioles de feuilles de cocotier rapprochés très-près les uns des autres et fichés dans la terre à onze décimètres de distance des bords de la hutte ; ils servoient encore à former une petite allée devant la porte.

Nous remarquâmes ensuite beaucoup de huttes qui n'étoient point entourées de palissades (*voyez fig.* 29). La porte, qui avoit un mètre de haut sur un demi-mètre de large, étoit quelquefois fermée au moyen d'un bout de feuille de cocotier dont les folioles étoient entrelacées. Plusieurs de ces portes avoient deux montans faits de planches à l'extrémité supérieure desquelles on avoit sculpté assez grossièrement une tête d'homme. La partie inférieure des habitations, élevée perpendiculairement à la hauteur d'un mètre, étoit surmontée d'un cône assez régulier terminé par l'extrémité d'un pieu qui s'élevoit du centre de leur aire.

La *figure* 30 en représente l'intérieur. La charpente étoit faite de perches appuyées sur l'extrémité supérieure du pieu qu'on voit planté au centre de l'aire et dont la base a deux tiers de décimètre d'épaisseur. Quelques morceaux de bois courbés en arc rendent ces petites loges assez solides. Leur couverture est de paille et a environ deux tiers de décimètre d'épaisseur. Des

1re. année de la rép.
Floréal.

nattes couvroient le sol, sur lequel les naturels sont parfaitement à l'abri des injures de l'air; mais les moustiques y sont si importunes qu'ils sont obligés d'allumer du feu pour les chasser lorsqu'ils veulent dormir; et comme la fumée n'a d'issue que par la porte, qui est très-basse, ils doivent en être extrêmement incommodés.

On voyoit ordinairement dans l'intérieur une planche placée horizontalement et attachée avec des cordes à près d'un mètre d'élévation sur un des côtés de la hutte. On ne pouvoit y poser que des effets assez légers, car ses attaches étoient très-foibles.

Nous observâmes près de quelques-unes de ces demeures de petits monceaux de terre de trois à quatre décimètres d'élévation et surmontés vers le milieu d'un treillage fort clair, haut de deux à trois mètres; les Sauvages nous le nommèrent *nbouet*, et nous firent connoître que c'étoit un lieu de sépulture; ils inclinèrent la tête d'un côté en la soutenant avec la main, puis ils fermèrent les yeux pour exprimer le repos dont jouissoient les restes de ceux qu'on y avoit déposés.

De retour vers le lieu de notre débarquement, nous trouvâmes plus de sept cents naturels qui étoient accourus de toutes parts. Ils nous demandèrent des étoffes et du fer en échange de leurs effets, et bientôt quelques-uns d'entre eux nous prouvèrent qu'ils étoient des voleurs très-effrontés. Parmi leurs différens tours j'en citerai un que me jouèrent deux de ces fripons. L'un m'offrit de me vendre un petit sac qui renfermoit des pierres taillées en ovale et qu'il portoit à la ceinture. Aussitôt il le dénoua et feignit de vouloir me le donner d'une main, tandis que de l'autre il reçut le prix dont nous étions convenus ; mais au même instant un autre Sauvage qui s'étoit placé derrière moi jeta un grand cri pour me faire tourner la tête de son côté, et aussitôt le fripon s'enfuit avec son sac et mes effets, en cherchant à se cacher dans la foule. Nous ne voulûmes pas le punir, quoique nous fussions pour la plupart armés de fusils. Cependant il étoit à craindre que cet acte de douceur ne fût regardé par ces peuples comme une marque de foiblesse et ne les rendît encore plus insolens. Ce qui arriva peu de tems après semble le confirmer. Plusieurs d'entre eux fûrent assez hardis pour jeter des pierres à un officier qui n'étoit éloigné de nous que de deux cents pas. Nous ne voulûmes point encore sévir contre eux ; car le récit de Forster nous avoit prévenu si avantageusement à leur égard, qu'il nous falloit encore d'autres faits pour détruire la bonne opinion que nous avions de la douceur de leur caractère ; mais bientôt nous eûmes des preuves incontestables de leur férocité. L'un d'eux ayant à la main un os fraichement grillé et dévorant un reste de chair qui y étoit encore attachée, s'avança vers le citoyen Piron et l'engagea à partager son repas ; celui-ci croyant que le Sauvage lui

1ère. année de la rép.
Floréal.

offroit un morceau de quelque quadrupède, accepta l'os qui n'étoit plus recouvert que de parties tendineuses; et me l'ayant montré, je reconnus qu'il appartenoit au bassin d'un enfant de quatorze à quinze ans. Les naturels qui nous entouroient nous indiquèrent sur un enfant la position de cet os; ils convînrent sans difficulté que la chair dont il avoit été recouvert avoit servi au repas de quelqu'insulaire, et ils nous fîrent même connoître que c'étoit pour eux un mets très-friand.

Cette découverte nous jeta dans de grandes inquiétudes sur le sort des gens de l'équipage qui étoient encore dans les bois; cependant nous eûmes, peu de tems après, le plaisir de nous voir tous rassemblés dans le même lieu, et nous ne craignîmes plus que quelqu'un des nôtres fût victime de la barbarie de ces insulaires.

Comme nous étions surpris en arrivant à bord de notre vaisseau de n'y voir aucun Sauvage, on nous apprit qu'ils y étoient venus en grand nombre, mais qu'on les avoit chassés parce qu'ils avoient volé beaucoup d'objets. La plupart s'étoient enfuis dans leurs pirogues et les autres s'étoient jetés à la nage pour gagner la côte; cependant deux étoient revenus à bord, n'ayant pu nager assez rapidement pour rejoindre les autres, soit à cause de quelqu'incommodité, soit parce qu'ils s'étoient précipités dans la mer trop long-tems après le départ de leurs pirogues pour pouvoir s'y réfugier. Comme le soleil

leil étoit déja couché et qu'ils avoient froid, ils allèrent se chauffer au feu de notre cuisine.

1ere. année de la rép. Floréal.

La plupart de ceux de notre expédition qui étoient restés à bord ne voulûrent point ajouter foi au récit que nous leur fîmes du goût barbare de ces insulaires, car ils ne pouvoient se persuader que ces peuples, dont le capitaine Cook et Forster avoient fait une peinture si avantageuse, fussent dégradés par un aussi horrible vice; mais il ne fut pas difficile de convaincre les plus incrédules. J'avois apporté l'os déja rongé, que notre chirurgien-major reconnut pour celui d'un enfant; je le présentai aux deux habitans que nous avions à bord; sur-le-champ l'un de ces anthrophages le saisit avec avidité et arracha avec ses dents les ligamens et les cartilages qui y tenoient encore; je le passai ensuite à son camarade, qui y trouva aussi quelque chose à ronger.

Les différens signes qu'on leur fit mal-adroitement pour obtenir d'eux l'aveu qu'ils mangeoient leurs semblables fûrent la cause d'une très-grande méprise. Aussitôt une extrême consternation se peignit dans tous leurs traits; ils crûrent sans doute que nous étions aussi des anthropophages et s'imaginant être au moment de leur dernière heure, ils se mîrent à pleurer. Nous ne parvînmes pas à les rassurer entièrement, malgré toutes nos démonstrations pour repousser cette idée injurieuse. L'un sortit précipitamment par un sabord et se tint à une des chaînes des haubans du mât de mizaine, tout prêt à se précipiter dans la mer; l'autre se jeta à la nage et se sauva dans la plus éloignée des embarcations que nous tenions de l'arrière de notre vaisseau; cependant ils ne tardèrent pas à revenir de leur frayeur et ils se rapprochèrent de nous.

Le ruisseau où le capitaine Cook avoit fait de l'eau sur cette terre étoit à sec dans la saison où nous y étions: nous trouvâmes cependant au sud-ouest de notre vaisseau une aiguade éloignée d'environ trois cents pas du bord de la mer; l'eau en étoit très-pure, mais elle n'étoit pas facile à faire et le réservoir auquel on la prenoit en fournissoit seulement de quoi remplir une fois par jour les futailles que la grande chaloupe de chaque vaisseau pouvoit porter. Il falloit attendre jusqu'au lendemain qu'il s'en fût amassé assez pour les remplir de nouveau.

On trouva tout près de cette aiguade le pied d'un chandelier de fer rongé par la rouille, et qui probablement étoit là depuis 1774, époque à laquelle le capitaine Cook mouilla dans cette rade.

Le jour suivant nous descendîmes de bon matin sur la côte la plus voisine, où nous trouvâmes des Sauvages qui prenoient déja leur repas; ils nous offrîrent de manger avec eux de la viande grillée récemment, que nous reconnûmes pour de la chair humaine; la peau qui y étoit attachée conservoit encore sa forme et même sa couleur dans plusieurs endroits. Ils nous montrèrent qu'ils avoient coupé cette tranche du milieu du bras, et ils nous firent connoître par des signes très-expressifs qu'après avoir percé avec leurs zagaies celui dont nous voyions des restes entre leurs mains, ils l'avoient assommé à coups de massue. Ils voulûrent sans doute nous donner à entendre qu'ils ne dévoroient que leurs ennemis; en effet, comment eût-il été possible que nous eussions rencontré autant d'habitans sur cette terre, si la faim étoit la seule cause qui les déterminât à se manger.

1re. année de la rép. Floréal.

Nous nous portâmes au sud-sud-ouest, et nous traversâmes en peu de tems un terrain assez bas; nous y vîmes quelques plantations d'ignames et de patates; nous arrivâmes ensuite au pied des montagnes où nous trouvâmes dix habitans qui nous accompagnèrent. Bientôt nous les vîmes monter dans des arbres de l'espèce connue sous le nom d'*hybiscus tiliaceus*, dont ils arrachèrent les plus jeunes pousses qu'ils mâchèrent sur-le-champ pour exprimer le mucilage contenu dans leur écorce. D'autres cueillîrent des fruits du *cordia sebestena*, dont ils mangèrent jusqu'aux noyaux. Nous ne nous attendions pas à voir des cannibales se contenter d'un repas aussi frugal.

Les chaleurs étoient excessives et nous n'avions pas encore trouvé d'eau. Nous suivîmes un ravin où nous remarquâmes les traces du torrent qui s'y précipite dans

1ʳᵉ. année de la rép.
Floréal.

la saison des pluies; la verdure des arbustes que nous appercevions plus loin sur ses bords nous donna l'espoir d'y trouver une source où nous désaltérer; en effet, dès que nous y fûmes arrivés nous vîmes une eau très-limpide sourdre à la base d'une énorme roche de grès d'où elle alloit remplir une grande cavité creusée dans un bloc de la même sorte de pierre. Nous nous arrêtâmes dans ce lieu, et les naturels qui nous accompagnoient vînrent s'asseoir auprès de nous. Nous leur donnâmes du biscuit dont ils mangèrent volontiers quoiqu'il fût en grande partie vermoulu; mais ils ne voulûrent point goûter à notre fromage; nous n'avions cependant pas d'autres mets à leur offrir. Ils préférèrent à l'eau-de-vie et au vin l'eau du réservoir dont ils bûrent en s'y prenant d'une manière assez plaisante. Leur tête étant penchée à sept à huit décimètres au-dessus de l'eau, ils en jetèrent à plusieurs reprises avec la main sur leur visage, ouvrant à chaque fois une grande bouche pour recevoir celle qui se présentoit à son ouverture; ils eûrent bientôt étanché leur soif. On croira facilement que même les plus adroits de ces buveurs ne pouvoient manquer de s'arroser une grande partie du corps. Comme ils troubloient notre eau, nous les engageâmes à aller boire au-dessous; ce qu'ils fîrent aussitôt.

Quelques-uns se rapprochèrent des plus robustes d'entre nous, et leur tâtèrent à différentes reprises les parties les plus musculeuses des bras et des jambes, en prononçant *kapareck* d'un air d'admiration et même de désir, ce qui n'étoit pas trop rassurant pour nous; cependant ils ne nous donnèrent aucun sujet de mécontentement.

1ere. année de la rép. Floréal.

Je remarquai dans ces lieux beaucoup de plantes qui appartenoient aux mêmes genres qu'un grand nombre d'autres que j'avois déja recueillies à la Nouvelle-Hollande, quoique le trajet qui sépare ces deux terres soit très-considérable.

Nous vîmes avec surprise vers le tiers de la montagne de petits murs élevés les uns au-dessus des autres par les naturels pour arrêter l'éboulement des terres qu'ils cultivent. J'ai trouvé cette pratique extrêmement répandue parmi les habitans des montagnes de l'Asie mineure.

Ce n'est pas un usage général chez les Sauvages de la Nouvelle-Calédonie de se faire une incision au prépuce; cependant sur six d'entre eux qui voulûrent bien satisfaire notre curiosité, nous en remarquâmes un qui l'avoit fendu longitudinalement dans sa partie supérieure.

Dès que nous eûmes atteint le milieu de la montagne, les naturels qui nous suivoient nous engagèrent à ne pas aller plus loin et nous avertîrent que les habitans de l'autre côté de cette chaîne nous mangeroient. Nous continuâmes cependant de monter jusqu'au sommet, car nous étions assez bien armés pour ne pas craindre ces cannibales. Sans doute ceux qui nous accompa-gnoient étoient en guerre avec eux, car ils ne voulûrent pas nous suivre plus long-tems.

Les montagnes sur lesquelles nous gravîmes s'élèvent en amphithéâtre, et sont une continuation de la grande chaîne qui traverse l'île dans toute sa longueur. Leur hauteur perpendiculaire est d'environ huit cents mètres au-dessus du niveau de la mer. Nous les voyions s'élever graduellement vers l'est-sud-est et se prolonger jusqu'à une très-haute montagne éloignée d'environ six myriamètres de notre mouillage.

Les principaux composans de ces grandes masses sont le quartz, le mica, une stéatite plus ou moins dure, du schorl vert, des grenats, de la mine de fer spéculaire, etc.

De retour au pied de ces montagnes, nous nous arrêtâmes au milieu de quelques familles de Sauvages rassemblés dans le voisinage de leurs huttes, et nous témoignâmes à plusieurs une grande envie de nous désaltérer avec de l'eau de cocos; mais comme ces fruits sont peu nombreux dans cette partie de leur île, ils tînrent conseil pendant assez long-tems avant de se déterminer à nous en vendre. Enfin, l'un d'eux alla en détacher quelques-uns du sommet d'un des cocotiers les plus élevés, pour nous les apporter; nous fûmes extrêmement surpris de la rapidité avec laquelle il monta. Tenant le tronc de l'arbre avec les mains, il en parcourut toute la longueur presqu'avec autant d'aisance et de vîtesse que s'il eût marché sur un plan horizontal. Je n'avois jamais eu occasion d'admirer une telle légéreté parmi les autres insulaires que nous avions visités jusqu'alors.

1ere. année de la rép. Floréal.

Les eaux de la mer baignoient souvent le pied du cocotier dont nous venions de recevoir les fruits, aussi ils étoient remplis d'une liqueur assez âcre que nous bûmes pourtant, car nous étions très-altérés. Les enfans de ces Sauvages épioient le moment où nous avions vidé l'eau des cocos pour nous les demander, trouvant encore moyen d'en tirer parti. Ils arrachoient avec les dents l'enveloppe fibreuse de ces jeunes fruits dont la noix n'étoit pas formée, puis ils mangeoient la partie tendre qu'elle renfermoit, et qui étoit trop acerbe pour que nous pussions nous en accommoder.

Nous apprîmes en arrivant à bord que deux insulaires avoient enlevé dans la matinée à un officier de notre vaisseau (Bonvouloir) un bonnet de police et un sabre au moment où il étoit occupé sur le rivage à faire des observations astronomiques. Cependant le gens de l'équipage qui étoient descendus avec lui avoient tracé sur le sable autour du lieu de l'observation un très-grand cercle dont ils avoient défendu l'accès à ces Sauvages. Mais deux voleurs, ayant concerté leur entreprise, s'avancèrent précipitamment derrière cet officier qui venoit de mettre son sabre sous lui après s'être assis; aussitôt l'un se saisit de son bonnet, et à l'instant où il se leva pour le poursuivre, l'autre lui enleva son sabre. Ce tour hardi n'étoit pas sans doute leur coup d'essai.

La nuit s'approchoit, toutes nos chaloupes étoient déja le long du bord, et cependant deux officiers (Dewelle et Willaumez) étoient encore à terre avec deux hommes de l'équipage; mais bientôt ils arrivèrent sur le rivage de la mer, suivis d'un grand nombre d'habitans. On envoya sur-le-champ le canot du Général qui les ramena à bord. Ils nous apprîrent que les Sauvages qui s'étoient rassemblés autour d'eux au nombre de plus de trois cents, voyant que toutes nos chaloupes avoient quitté la côte, s'étoient comportés à leur égard avec la plus grande effronterie. L'un ayant arraché à Dewelle son sabre, celui-ci voulut le poursuivre, mais les autres levèrent aussitôt leurs massues pour défendre le voleur. Tous fûrent volés avec la plus grande impudence. Cependant lorsque notre canot arriva à leur secours, deux chefs, qui probablement avoient empêché que les autres Sauvages ne se fussent encore portés à de plus grands excès, demandèrent à s'y embarquer. Ils apportèrent deux petits paquets de cannes à sucre et des cocos au Général, qui leur fit présent d'une hache et de divers morceaux d'étoffes. Ces chefs, qu'ils appellent *theabouma* dans leur langage, avoient sur la tête un bonnet de forme cylindrique, orné de plumes, de coquillages,

quillages, etc. (*voyez planche* 37, *fig.* 2 *et* 3). Il ne pouvoit servir à les garantir de la pluie, car il étoit ouvert par le haut.

1ᵉʳᵉ. année de la rép.
Floréal.

Une double pirogue partie de la côte ne tarda pas à venir pour transporter ces chefs à terre. Il étoit déja nuit lorsqu'elle nous quitta ; les Sauvages y avoient allumé, sur un lit de sable vers le milieu de la plateforme, un petit feu pour se chauffer.

Nous descendîmes à terre avec les gens de l'équipage qui devoient travailler à notre approvisionnement de bois. Ils le prirent à un demi-kilomètre du lieu où l'on faisoit l'eau.

5.

Nous nous éloignâmes peu de nos bucherons, car nous étions en petit nombre et les intentions des naturels à notre égard nous étoient très-suspectes. Ils s'emparèrent, vers les neuf heures du matin, de notre biscayenne qui, mouillée tout près de la côte, n'étoit gardée que par un seul homme, et déja ils l'attiroient vers la grève pour enlever plus facilement les effets qu'elle contenoit, lorsqu'une autre embarcation vint heureusement à son secours. Les voleurs ne renoncèrent à leur entreprise que lorsqu'on fut sur le point de faire feu sur eux.

Lasseny étant descendu à terre pour faire des observations astronomiques, avoit été forcé de se rembarquer presqu'aussitôt, car il n'avoit pu écarter un groupe de Sauvages qui paroissoient vouloir s'emparer de ses instrumens, malgré qu'il fût armé et qu'il fût accompagné de deux aides et de plusieurs canotiers.

Le maître canonnier de l'Espérance, chassant dans la forêt, apperçut vers midi dans une grande clairière et à peu de distance du lieu où l'on coupoit du bois, plus de deux cents naturels qui s'exerçoient à lancer la zagaïe en faisant différentes évolutions. Il se retira sans avoir été découvert, et accourut vers nous pour nous raconter ce dont il venoit d'être témoin ; aussitôt un officier de notre vaisseau partit avec quatre fusiliers pour observer les mouvemens de ces Sauvages ; mais ceux-ci s'avancèrent sur eux dès qu'ils les eûrent apperçus, et les obligèrent à s'en retourner précipitamment vers nos bucherons. Les Sauvages fûrent bientôt rendus au même lieu, et nous laissèrent entrevoir le dessein qu'ils avoient formé de s'emparer des haches qu'on venoit de déposer au milieu de nos ouvriers rassemblés pour prendre leur repas ; aussitôt l'officier commandant donna l'ordre de porter ces instrumens dans la grande chaloupe, mais le matelot qui s'en chargea fut assailli par les insulaires, et ils étoient sur le point de les lui enlever, lorsqu'on tira sur eux plusieurs coups de fusil. Un des plus audacieux ayant été couché par terre, eut encore la force de se traîner jusque dans les bois. Tous les autres s'y retirèrent sur-le-champ, et au moyen de leurs frondes ils lancèrent sur nous une grêle de pierres taillées en ovale qu'ils portoient dans de petits sacs pendus à leur ceinture; mais ils ne blessèrent personne dangereusement, car ils se tenoient à une grande distance; d'ailleurs, la majeure partie des pierres qu'ils lançoient étoient arrêtées par les branches des arbres derrière lesquels ils s'étoient retirés. Il n'en arrive pas toujours de même lorsqu'ils se battent entre eux, ne craignant pas sans doute de s'approcher davantage; aussi se crèvent-ils quelquefois les yeux de cette manière dans leurs combats, comme plusieurs de ces habitans à qui il manquoit un œil nous l'avoient appris. Lorsqu'ils jettent des pierres avec leurs frondes, ils ne leur font faire qu'un demi-tour au-dessus de la tête, ce qui est aussi expéditif que s'ils les jetoient avec la main. Ces pierres, taillées dans une stéatite assez dure, sont très-glissantes; c'est pourquoi ils ont la précaution de les humecter avec leur salive pour qu'elles puissent tenir sur les deux petites cordes dont le fond de leurs frondes est formé.

Les divers mouvemens de ces Sauvages ayant été apperçus du bord de la Recherche, le Général fit tirer sur eux deux coups de canon, qui les dispersèrent aussitôt au travers des bois; mais peu de tems après un de leurs chefs s'avança vers nous seul et sans armes, tenant à la main une pièce d'étoffe blanche faite d'écorce d'arbre que l'officier commandant reçut comme un gage de la bonne intelligence qui ne devoit plus être troublée désormais entre ces Sauvages et nous. Bientôt quatre autres naturels vînrent s'asseoir au milieu de nous avec autant de confiance que leur chef, derrière lequel ils se placèrent; mais il parut très-irrité contre plusieurs autres qui vînrent ensuite se reposer à l'ombre des arbres du voisinage, et il les appela voleurs (*kaya*) à plusieurs reprises.

Nous nous rembarquâmes à quatre heures après midi, et déjà nous nous dirigions vers nos vaisseaux lorsque nous vîmes une troupe de Sauvages accourir vers nous le long de la grève chargés de différentes espèces de fruits qu'ils voulûrent nous donner en présent. Plusieurs fois ils se jetèrent à l'eau pour nous les apporter, mais nous étions entraînés dans l'ouest par un courant très-rapide, et nous ne pouvions nous arrêter pour recevoir ces marques de réconciliation.

6. Je descendis le lendemain tout près de notre aiguade au moment où le Général s'y rendit. La garde fut plus nombreuse que la veille pour en imposer davantage aux insulaires. On craignit, d'après ce qui s'étoit passé le jour précédent entre eux et nous, que, connoissant peut-être les effets de quelque poison, ils n'en eussent infecté l'eau dont on alloit remplir nos futailles; on crut donc, d'après l'avis de notre chirurgien-major, qu'il étoit à propos d'en faire l'essai sur une oie, et elle n'en ressentit aucun mal; mais plusieurs matelots ne voulant pas attendre pour se désaltérer le résultat de cette épreuve, en avoient déjà bu avant même qu'elle fût commencée.

Des habitans s'étant approchés de notre débarcadaire, on traça sur le sable deux lignes au-delà desquelles on leur défendit de passer, et nous eûmes la satisfaction de voir qu'ils fûrent très-soumis à ces ordres. Nous donnâmes à la plupart d'entre eux des morceaux de biscuit qu'ils nous demandèrent en tendant vers nous une main, tandis de l'autre ils nous montroient leur ventre naturellement très-applati, mais dont ils contractoient les muscles de toutes leurs forces pour le rétrécir encore davantage. J'en vis cependant arriver un qui avoit l'estomac déja bien rempli et qui pourtant mangea en notre présence un morceau d'une stéatite très-tendre de couleur verdâtre et de la grosseur des deux poings. Nous en vîmes par la suite beaucoup d'autres manger abondamment de cette même terre; elle sert à amortir le sentiment de la faim en remplissant leur estomac et en soutenant ainsi les viscères attachés au diaphragme; et quoique cette substance ne fournisse aucun suc nourricier, elle est cependant très-utile à ces peuples qui doivent être fort souvent exposés à de longues privations d'alimens, parce qu'ils s'adonnent très-peu à la culture de leurs terres d'ailleurs très-stériles.

Il est à remarquer que sans doute les habitans de la Nouvelle-Calédonie n'ont fait choix de la stéatite dont je viens de parler que parce qu'étant très-friable, elle ne séjourne pas long-tems dans leur estomac et dans leurs intestins. On ne se seroit jamais imaginé que des anthropophages eussent recouru à un pareil expédient lorsqu'ils sont pressés par la faim.

Trois femmes étant venues se réunir aux autres Sauvages qui nous entouroient, nous donnèrent une idée peu avantageuse de leur musique; elles chantèrent un trio en observant très-bien la mesure, mais la rudesse et les accords dissonnans de leurs voix, excitèrent en nous des sensations très-désagréables; cependant les Sauvages paroissoient les entendre avec beaucoup de plaisir.

Nous nous aventurâmes au milieu des bois, le jardinier Lahaie et moi, accompagnés seulement de deux hommes de l'équipage. Nous allâmes de préférence dans les lieux où nous avions l'espoir de ne rencontrer que peu de naturels; ceux-ci avoient soin de se tapir derrière des cépées lorsqu'ils nous appercevoient; d'autres fois ils se tenoient derrière de gros arbres autour desquels ils tournoient à mesure que nous faisions quelques pas; cependant un vieillard nous voyant avancer des deux côtés de l'arbre derrière lequel il étoit caché et ne pouvant éviter d'être apperçu, vint à nous ayant l'air de s'abandonner à notre discrétion; mais il parut très-rassuré lorsque nous lui présentâmes quelques morceaux de biscuit.

Le jardinier venoit de répandre dans les bois différentes espèces de graines apportées d'Europe; il lui en restoit encore quelques-unes qu'il donna à ce Sauvage en l'engageant à les semer.

Nous rencontrâmes bientôt plusieurs huttes toutes séparées les unes des autres et dans lesquelles nous fûmes surpris de ne trouver aucun habitant. Elles étoient construites de la même manière que celle dont j'ai donné la description vers le commencement de ce chapitre. Plus loin nous apperçûmes un monceau de cendres; probablement une de ces demeures avoit été brûlée assez récemment par le feu que ces Sauvages y allument pour en chasser les moustiques. On en avoit exhaussé l'aire d'environ un double décimètre pour la préserver des inondations.

Deux tombeaux qui en étoient peu éloignés n'avoient éprouvé aucun dommage. J'y vis deux ossemens humains suspendus chacun par une corde à un bâton fiché dans la terre; l'un étoit un tibia, et l'autre un os de la cuisse.

Je remarquai sur les collines que je traversai pour regagner le lieu de notre débarquement l'arbre connu sous le nom de *commersonia echinata*, qui croît très-abondamment dans les Moluques. Parmi les nouvelles espèces d'arbustes que je recueillis, il se trouva un jasmin remarquable par ses feuilles simples et par ses fleurs de couleur de souci qui ne sont point odorantes.

Quelques feux allumés très-près du sommet de la

montagne voisine nous firent connoître qu'elle servoit de retraite à des naturels.

Nous trouvâmes en arrivant à notre débarcadaire un grand nombre de Sauvages qui s'y étoient rassemblés depuis notre départ. Ils nous apprîrent que plusieurs habitans avoient été blessés dans l'affaire qu'ils avoient eu avec nous la veille, et que déja il en étoit mort un des suites de ses blessures. Quant à eux, ils ne nous montrèrent aucunes vues hostiles; mais une chaloupe de l'Espérance s'étant trouvée assez éloignée de-là vers l'est, avoit été attaquée quelques heures avant notre retour par une troupe d'autres Sauvages qui s'étoient crus assez en force pour s'en rendre maîtres; heureusement leur entreprise n'avoit pas réussi.

On nous dit en arrivant à bord qu'aucune pirogue ne s'étoit approchée de nos vaisseaux, ce que nous crûmes devoir attribuer plutôt à un grand vent qui avoit soufflé pendant tout le jour, qu'à la crainte de notre ressentiment pour les hostilités qu'ils avoient exercées la veille.

Nous avions formé le dessein avec plusieurs personnes des deux vaisseaux d'aller visiter le revers des montagnes qui étoient situées au sud de notre mouillage; nous nous rassemblâmes de bon matin au nombre de vingt-huit sur le rivage. Nous étions convenus de nous y rendre tous armés, afin de pouvoir nous secourir mutuellement dans le cas où les Sauvages oseroient nous attaquer.

Nous

Nous marchâmes long-tems dans des sentiers bien frayés ; nous étions accompagnés de quelques habitans. Plusieurs d'entre nous mâchèrent, à leur exemple, de jeunes pousses d'*hybiscus tiliaceus*, et les rejetèrent presqu'aussitôt ; mais quelle fut notre surprise de voir ces Sauvages les ramasser avidement et les remâcher sans répugnance.

Lorsque nous fûmes parvenus vers le milieu de la montagne, nous trouvâmes des blocs très-considérables de mica où nous apperçûmes des grenats qui avoient perdu leur transparence et dont la plupart étoient plus gros que le pouce. Nous en trouvâmes plus loin dans des roches de grès qui étoient très-petits, mais qui avoient conservé tout leur éclat.

La fumée qui s'élevoit par intervalles du fond d'un bosquet que nous voyions à peu de distance vers le sud-sud-ouest, nous engagea à y diriger notre route. J'y rencontrai deux hommes et un enfant occupés à faire griller sur les charbons des racines d'une espèce de haricot connu des botanistes sous le nom de *dolichos tuberosus*, et que ces insulaires appellent *yalé*. Il n'y avoit pas long-tems qu'ils les avoient arrachées du sein de la terre, car elles tenoient encore à la tige qui étoit chargée de fleurs et de fruits. Elles se ressentoient de l'aridité du sol où elles avoient pris naissance ; leurs fibres étoient presque ligneuses, et elles n'avoient pas plus de deux centimètres d'épaisseur sur trois à quatre décimètres de long.

Nous rencontrâmes tout près de-là une petite famille qui parut alarmée à notre approche. Aussitôt nous leur fîmes à tous des présens dans l'espoir de les rassurer, ce qui réussit à l'égard du mari et des deux enfans; mais l'un d'entre nous ayant offert une paire de ciseaux à la mère, et ayant voulu lui en montrer l'usage en lui coupant quelques cheveux, sur-le-champ cette pauvre femme se mit à pleurer; sans doute elle s'imaginoit que c'en étoit fait d'elle; cependant elle se calma dès qu'on l'eut mise en possession de l'instrument.

Les habitans de ces montagnes nous parûrent vivre dans la plus grande misère; ils étoient tous d'une extrême maigreur. Ils dorment en plein air sans être cependant tourmentés par les moustiques, car ces insectes sont chassés de ces hauteurs par les vents d'est-sud-est qui y soufflent assez constamment. Ces mêmes vents s'opposent tellement à l'accroissement des végétaux, qu'on n'y rencontre que sous la forme d'arbustes les arbres qui, plus bas, parviennent à une grande élévation. Le *melaleuca latifolia*, par exemple, y atteint à peine quatre décimètres de haut, tandis que sur les collines il croît à la hauteur de neuf à dix mètres. Cependant parmi les végétaux particuliers aux sommets de ces montagnes, plusieurs semblent s'accommoder parfaitement de la grande agitation de l'air qu'ils y éprouvent. Je vais donner la description d'un des plus remarquables; il forme un nouveau genre que je désigne sous le nom de *dracophyllum*.

Le calice est composé de six petites feuilles ovales, aigues.

La corolle, qui est d'une seule pièce, est divisée légéremment sur ses bords en six parties égales. Elle est entourée de six petites écailles placées à sa base.

Les étamines, au nombre de six, sont attachées à la corolle par des filets assez minces, et de la même longueur à peu près que les anthères.

L'ovaire est supérieur, arrondi, et surmonté d'un style dont le stigmate est simple.

La capsule est à six loges renfermant chacune plusieurs semences dont la plupart avortent.

Je dois observer que très-souvent il manque une des parties de la fructification.

J'ai donné à cette plante le nom de *dracophyllum verticillatum*, parce que ses fleurs sont disposées en anneaux.

Ses feuilles sont coriaces, et légérement dentées sur les bords. Elles laissent leurs empreintes sur la tige à mesure qu'elles s'en détachent, comme il arrive à toutes les espèces de *dracaena*, avec lesquelles cette plante a beaucoup de rapport, même par la texture de son bois. Elle est donc de la division des monocotyledons, malgré qu'elle ait un calice et une corolle, et elle se range naturellement à la suite de la famille des asperges.

Explication des figures. Planche 40.

Figure 1. La plante de grandeur naturelle.
Figure 2. Fleur.
Figure 3. Corolle grossie et fendue latéralement pour faire voir les étamines.
Figure 4. Capsule.

En examinant du sommet de ces montagnes une immense étendue de ressifs qui défendent l'approche de cette terre, nous découvrîmes une autre passe peu distante vers l'ouest de celle par laquelle nous avions atteint le mouillage où nos vaisseaux étoient à l'ancre. Notre vue plongeoit au midi sur une belle vallée entourée de grandes plantations de cocotiers d'où nous voyions la fumée s'élever en colonne des feux allumés par les Sauvages. De vastes terrains qui nous paroissoient cultivés dans les lieux les plus bas nous annonçoient une grande population. Ce vallon étoit traversé par un canal rempli d'eau, que nous prîmes pour une rivière, et dont les différentes branches partoient du pied des montagnes orientales; mais nous reconnûmes par la suite que ce canal étoit rempli d'eau de mer stagnante. Nous appercevions vers le sud-ouest les ressifs que nous avions longés l'année précédente et nous y remarquions la même coupure que des vents trop forts nous avoient empêché de sonder. Elle nous parut devoir offrir un passage sûr aux vaisseaux qui voudroient mouiller à l'abri de ces écueils.

1ere. année de la rép.

Floréal.

Nous n'étions plus suivis que par trois naturels qui sans doute nous avoient vu un an auparavant longer la côte occidentale de leur île, car avant de nous quitter ils nous parlèrent de deux vaisseaux qu'ils avoient apperçu de ce côté.

Nous marchâmes pendant quelque tems au sud-ouest sur la crête de la montagne, puis nous descendîmes dans un ravin où nous trouvâmes deux hommes et un enfant qui, très-rassurés sur nos intentions à leur égard ne bougèrent pas de la roche sur laquelle ils étoient assis. Lorsque nous fûmes tout près d'eux ils nous montrèrent un panier (*voyez pl.* 38, *fig.* 24) rempli de tubercules qui ressembloient à ceux des racines de l'espèce de tournesol appelé *helianthus tuberosus*. Ils nous les nommèrent *paoua*, en nous disant qu'ils étoient bons à manger, et ils voulûrent bien nous en vendre une petite quantité.

Voyant à trente pas plus loin une fumée épaisse sortir du milieu de grosses roches amoncelées qui offroient un très-bon abri contre le vent, nous y dirigeâmes nos pas, et nous y apperçûmes un jeune Sauvage occupé à faire griller des racines, parmi lesquelles je reconnus celles du *dolichos tuberosus*. Il ne parut point surpris de notre visite, et nous sourit du fond de sa grotte qui étoit remplie d'une fumée très-noire dont pourtant il sembloit à peine incommodé.

Bientôt le flanc de la montagne entr'ouvert par les torrens qui s'y précipitent dans la saison des pluies, nous offrit des faisceaux de belles aiguilles de schorl vert dans une stéatite assez tendre, et plus bas de petits fragmens de cristal de roche très-transparent.

En retournant vers nos vaisseaux, nous traversâmes un petit hameau dont les habitans sortîrent sans armes de leurs huttes. Ils nous en laissèrent examiner l'intérieur, et l'un d'eux ne fit aucune difficulté de nous vendre les ossemens humains qui étoient suspendus au-dessus d'un de leurs tombeaux.

Nous ne tardâmes pas à arriver sur le bord de la mer, où nous trouvâmes un groupe de naturels qui nous suivîrent en nous demandant quelque chose à manger; mais toutes nos provisions étant consommées, je les régalai de morceaux de stéatite verdâtre et très-tendre que j'avois apporté du sommet des montagnes. Quelques-uns d'entre eux en mangèrent jusqu'à un kilogramme.

Lorsqu'on se rembarqua pour retourner à bord, un homme de l'équipage ayant tiré en l'air pour décharger son fusil, jeta l'épouvante parmi la plupart des insulaires qui étoient sur le rivage et qui soudain prîrent la fuite et allèrent se cacher dans les bois; mais quelques-uns ne s'étant pas mépris sur nos intentions à leur égard, ne témoignèrent pas la moindre crainte et rappelèrent les fuyards qui bientôt revînrent les joindre.

Je fus obligé de rester à bord le 8 toute la journée pour décrire et préparer la collection que j'avois recueillie le jour précédent.

Nous reçûmes la visite de plusieurs naturels qui vînrent à la nage. Ils eûrent grand soin de nous assurer qu'ils n'étoient pas du nombre de ceux qui avoient commis des actes d'hostilité envers nous, et ils nous dîrent qu'ils avoient mangé deux de ces voleurs ou *kaya,* dont l'un avoit eu la cuisse et l'autre le ventre traversés par une balle dans l'affaire qui s'étoit passée entre eux et nous ; mais nous n'ajoutâmes pas entièrement foi à ce récit, parce que nous crûmes qu'ils l'avoient fait à leur avantage pour ne pas nous paroître suspects.

Ils avoient apporté un instrument qu'ils appellent *nbouet,* nom qu'ils donnent également à leurs tombeaux. Il étoit formé d'un beau morceau de serpentine applati, tranchant sur les bords, taillé à peu près en ovale, parfaitement poli et de la longueur d'un double décimètre. Il étoit percé de deux trous dans chacun desquels passoient deux baguettes très-flexibles qui le fixoient sur un manche de bois auquel elles étoient liées avec des tresses de poil de chauve-souris ; cet instrument étoit porté sur un pied fabriqué avec un noyau de cocos qui étoit attaché aussi par des tresses de même

1ere. année de la rép.
Floréal.
8.

nature, dont quelques-unes étoient plus grosses (*voyez pl.* 38, *fig.* 19). Nous n'avions pu jusqu'alors connoître l'usage de cet instrument; ces Sauvages nous apprirent qu'il servoit à couper les membres de leurs ennemis qu'ils partagent après le combat. Un d'entre eux nous en fit la démonstration sur un homme de l'équipage qui se coucha sur le dos d'après son invitation. D'abord il représenta un combat dans lequel il nous indiqua que l'ennemi tomboit sous les coups de sa zagaie et de sa massue qu'il agita violemment, puis il exécuta une sorte de danse pyrrhique, tenant en main cet instrument de meurtre, et nous montra qu'on commençoit par ouvrir le ventre du vaincu avec le *nbouet* et qu'on jetoit au loin les intestins après les avoir arrachés au moyen de l'instrument figuré dans la *pl.* 38, *fig.* 20, et qui est formé de deux cubitus humains taillés, bien polis, et fixés dans un tissu de tresses très-solide. Il nous montra qu'on détachoit ensuite les organes de la génération qui deviennent le partage du vainqueur; que les jambes et les bras étoient coupés aux articulations et distribués ainsi que les autres parties à chacun des combattans qui les portoit à sa famille. Il est difficile de peindre la féroce avidité avec laquelle il nous exprima que les chairs de cette malheureuse victime étoient dévorées par eux après avoir été grillées sur les charbons.

Ce cannibale nous fit connoître en même tems que la

la chair des bras et des jambes se coupoit par tranches de sept à huit centimètres d'épaisseur, et que les parties les plus musculeuses étoient pour ces peuples un mets très-agréable. Il nous fut alors aisé d'expliquer pourquoi ils nous tâtoient souvent les bras et les jambes en manifestant un violent désir; ils faisoient entendre alors un léger sifflement en serrant les dents et en y appliquant l'extrémité de la langue, puis ouvrant la bouche ils produisoient de suite plusieurs clappemens.

1ere. année de la rép. Floréal.

Nous descendîmes à terre le 9, mais nous étions en trop petit nombre pour oser nous écarter beaucoup de notre aiguade. Nous ne vîmes plus dans les environs des groupes nombreux d'habitans, comme dans les premiers jours de notre mouillage, ce qui nous fit croire qu'ils avoient gagné leurs demeures, qui sans doute étoient assez éloignées de ce lieu; en effet, comment eût-il été possible qu'une aussi grande quantité d'hommes eût trouvé des moyens de subsistance sur cette côte extrêmement stérile.

9.

Le lendemain nous partîmes de bonne heure au nombre de dix-huit, tous bien armés, dans le dessein de franchir une montagne très-élevée située au sud-sud-est, pour descendre ensuite, si le tems étoit favorable, dans une belle vallée que nous avions déja apperçue de fort loin derrière cette montagne.

10.

Nous marchâmes d'abord vers l'est le long du rivage, et bientôt nous entrâmes dans un grand bois où,

1ᵉʳᵉ. année
de la rép.
Floréal.

parmi les différens oiseaux que nous tuâmes, il se trouva une belle espèce de pie, que j'ai nommée *pie de la Nouvelle - Calédonie* ; elle est entièrement noire, excepté la partie supérieure du ventre et du dos et le cou qui sont blancs : le bec est légérement denté à l'extrémité de chaque mandibule ; il est d'un noir peu foncé dans les deux tiers de sa longueur à partir de sa base, le reste est jaunâtre. Les plumes de la queue sont disposées deux à deux par étages, les supérieures étant beaucoup plus longues que les autres (*voyez la pl.* 39 où cet oiseau est représenté de grandeur naturelle).

Nous avions fait déja plus de deux kilomètres de chemin, lorsque nous arrivâmes à un village formé d'un petit nombre de huttes assez éloignées les unes des autres pour que le feu ne pût se communiquer si malheureusement quelqu'une devenoit la proie des flammes. Deux d'entre elles avoient été brûlées assez récemment. Nous y vîmes des femmes qui préparoient leur repas en faisant cuire des écorces d'arbres et diverses racines, parmi lesquelles je reconnus celles de l'*hypoxis* dont j'ai déja parlé. Ces différens mets étoient à sec dans un grand pot de terre soutenu au-dessus du feu par trois grosses pierres qui lui servoient de trépied. On voyoit tout près de l'entrée d'une de ces huttes un grand monceau d'ossemens humains sur lesquels nous remarquâmes des traces de feu très-récentes.

C'étoit vraisemblablement un habitant de ce hameau

qui avoit volé le sabre de Bonvouloir, comme je l'ai dit ci-dessus; car nous en trouvâmes le fourreau et le ceinturon suspendus comme une espèce de trophée au-dessus d'un de leurs tombeaux.

1ere. année de la rép. Floréal.

Au sortir de ce village nous suivîmes un sentier tracé au sud-est, et nous ne tardâmes pas à voir quelques choux caraïbes (*arum esculentum*) plantés dans le voisinage d'un ruisseau, dont les habitans avoient dirigé plus bas les eaux vers une plantation d'*arum macrorrhizon*. Plus loin nous remarquâmes de jeunes bananiers plantés à cinq à six mètres de distance les uns des autres, et plusieurs pieds de cannes à sucre.

Bientôt nous fûmes environnés de quarante naturels au moins qui sortirent des huttes voisines et de quelques cabanes éparses dans une grande plaine couverte de plantes herbacées, au-dessus desquelles s'élevoient un petit nombre de cocotiers; mais nous fûmes étonnés de ne voir parmi ces Sauvages qu'un très-petit nombre d'hommes, encore étoient-ils tous vieux ou infirmes et la plupart estropiés; le reste étoit composé de femmes et d'enfans qui montrèrent beaucoup de joie en recevant les présens de verroterie que nous leur fîmes. Nous présumâmes que les hommes robustes étoient occupés au loin, dans quelque expédition contre leurs voisins.

Nous étions à environ deux kilomètres du premier village, lorsque nous en trouvâmes un autre du double plus grand, situé sur les bords d'une petite rivière que nous remontâmes en nous élevant vers le sud. Plus de trente naturels sortîrent de leurs huttes pour venir à notre rencontre, et nous suivîrent pendant quelque tems. Bientôt nous en vîmes descendre des montagnes trois autres, parmi lesquels nous en reconnûmes un qui étoit venu bien de fois nous visiter à bord de la Recherche. Plusieurs d'entre eux nous le fîrent remarquer comme un chef très-distingué qu'ils connoissoient sous le nom d'*aliki*.

Nous nous reposâmes sur le bord de la petite rivière pour prendre notre repas; mais voulant nous mettre à l'abri de toute surprise de la part de ces Sauvages, nous les engageâmes à s'asseoir. Aussitôt l'*aliki* se rendit à notre invitation et tous les autres suivîrent son exemple. L'eau étant à quelques pas au-dessous de nous, des Sauvages prenoient soin d'en aller remplir nos bouteilles à mesure que nous les vidions.

Après le déjeûner nous gravîmes au sud, accompagnés de l'*aliki* et de trois autres habitans qui avoient marqué beaucoup d'envie de nous suivre. Des cocotiers et des bananiers plantés sur les bords les moins escarpés du ravin creusé par les eaux de la petite rivière, nous annonçoient la résidence de quelques naturels. Nous y trouvâmes une hutte entièrement semblable à celles que nous avions rencontrées précédemment. L'*aliki* nous dit qu'elle lui appartenoit. Elle étoit entourée de quelques pieds d'une espèce nouvelle de figuier dont ces peuples mangent les fruits, après les avoir exposés au feu pendant quelque tems dans des vases de terre pour en enlever la qualité corrosive.

1ere. année de la rép. Floréal.

Des nuages amenés par un vent frais de sud-est enveloppèrent vers dix heures du matin le sommet des montagnes, et nous donnèrent pendant quelque tems une grosse pluie à laquelle les Sauvages parûrent à peine sensibles. Ils ne cherchèrent aucun abri pour s'en garantir, tandis que nous nous étions retirés sous des arbres très-touffus. Dès qu'elle eut cessé nous continuâmes notre route, et ils nous suivîrent en nous donnant beaucoup de marques d'affection. L'un d'entre eux voulant soulager un de nos matelots qui étoit chargé d'une grande boîte de fer blanc déja remplie de divers objets d'histoire naturelle, consentit à la porter pendant plus de quatre heures.

Bientôt nous traversâmes la petite rivière sur les bords de laquelle je remarquai l'*acanthus ilicifolius*. Nous gravîmes ensuite pendant quelque tems des rochers très-escarpés, et nous n'eûmes qu'à nous louer de ces Sauvages qui s'empressoient de nous soutenir par les bras pour nous empêcher de tomber.

Ils portoient chacun une hache de serpentine, et l'un d'entre eux voulant nous montrer comment ils s'en servoient pour couper du bois, abattit une branche de *melaleuca latifolia* d'environ un décimètre d'épaisseur. Ce ne fut qu'après avoir donné un grand nombre de coups qu'il parvint à y faire une légère entaille, puis il la brisa en l'abaissant fortement par l'extrémité ; ils témoignèrent tous la plus grande surprise en nous voyant abattre en très-peu de tems avec une hache d'armes quelques-uns de plus gros arbres de la forêt.

Nous venions d'atteindre un des sommets les plus élevés de ces montagnes, lorsque l'un de nous témoigna aux Sauvages le désir d'avoir de l'eau. Sur-le-champ deux d'entre eux lui offrirent d'en aller chercher au fond d'un ravin qui nous parut à plus de mille pas de distance. Ils partirent et bientôt nous les perdîmes de vue. Comme ils fûrent très-long-tems sans revenir, nous craignîmes qu'ils n'eussent emporté les bouteilles que nous leur avions confiées ; mais ils revînrent enfin et parûrent satisfaits de pouvoir nous offrir pour nous désaltérer une eau très-limpide.

Nous descendîmes ensuite vers le sud-est, et nous traversâmes une belle vallée où je fis une récolte très-abondante de végétaux, parmi lesquels se trouvèrent l'*acrostichum australe* et plusieurs espèces nouvelles de *limodorum*.

Une pluie très-forte nous obligea de chercher un abri dans des creux de roches où nous restâmes pendant quelque tems. Nous invitâmes les Sauvages qui nous accompagnoient à partager notre repas, mais nous fûmes très-surpris de voir ces cannibales dédaigner le lard salé que nous leur offrîmes.

Le mauvais tems nous ayant détourné de passer la nuit dans les montagnes, nous retournâmes vers nos vaisseaux en nous portant à l'ouest pour suivre la pente d'une grande vallée parallèle à celle que nous venions de traverser. J'y remarquai plusieurs espèces nouvelles de *passiflora*. Le gingembre *amomum zingiber* y croissoit assez abondamment, mais les naturels nous dîrent qu'ils n'en faisoient aucun usage; ils nous quittèrent en s'en allant vers l'est dès que nous fûmes arrivés sur le rivage où nous trouvâmes des chaloupes pour regagner nos vaisseaux.

1ere. année de la rép. Floréal.

Je passai toute la journée du 11 à décrire et préparer la nombreuse collection d'objets d'histoire naturelle que j'avois fait le jour précédent.

11.

Nous nous portâmes le lendemain vers le sud-est et après avoir pénétré assez avant dans les bois, nous arrivâmes à une hutte entourée de palissades derrière lesquelles étoient une femme et deux enfans qui parûrent effrayés à notre approche; mais ils se rassurèrent lorsque nous leur donnâmes des morceaux d'étoffe et des grains de verre.

12.

Nous marchâmes ensuite vers deux grands feux allumés dans un des endroits les plus sombres de la forêt par des Sauvages. Ils s'enfuîrent dès qu'ils nous apperçûrent en abandonnant deux paniers remplis d'écorces d'arbres.

Nous arrivâmes bientôt sur les bords de marécages

où nous trouvâmes quelques oiseaux charmans du genre *muscicapa* ; ils étoient attirés dans ces lieux par des nuées de moustiques qui leur servoient de pâture. Plus loin nous trouvâmes deux jeunes filles qui venoient d'allumer un feu ; elles faisoient griller pour leur repas diverses sortes de racines, parmi lesquelles j'en reconnus plusieurs qui appartenoient à des plantes que j'avois rencontrées à l'ombre des grands arbres de la forêt. Elles abandonnèrent pour quelque tems leurs provisions, et elles s'éloignoient à mesure que nous nous approchions d'elles.

Nous rencontrâmes au sortir des bois plusieurs habitans qui nous accompagnèrent vers notre mouillage. Ils s'amusèrent beaucoup en voyant le chien du citoyen Riche courir après d'autres Sauvages qu'il atteignit bien vîte quoiqu'ils fussent très-éloignés et qu'ils courussent de toutes leurs forces. Comme il ne leur fit aucun mal, ceux qui étoient auprès de nous nous engagèrent à le lancer sur quelques femmes qui sortîrent de la forêt, et ils se réjouissoient d'avance de leur frayeur ; mais nous ne voulûmes pas nous rendre au désir de ces naturels.

Nous fûmes témoins en arrivant sur le bord de la mer d'un fait qui annonce une grande corruption des mœurs chez ce peuple anthropophage. C'étoient deux filles dont la plus âgée avoit environ dix-huit ans, qui montroient à quelques-uns de nos matelots ce qu'elles sont dans l'usage de voiler avec la ceinture de frange dont j'ai déja parlé,

parlé, et qui forme tout leur vêtement. Elles avoient fixé le prix de leur complaisance à la valeur d'un clou ou de quelqu'autre objet de cette importance, et elles exigeoient que chacun des curieux les payât d'avance.

1ere. année de la rép. Floréal.

Je trouvai en arrivant sur notre navire un chef qui y avoit dîné à la table de l'état-major. Il étoit venu dans une pirogue avec sa femme à qui il n'avoit jamais voulu permettre de monter sur notre bord, malgré les demandes réitérées qu'on lui en avoit faites.

Nous allâmes le 13 chasser dans les grands bois qui nous restoient au sud-est, et l'on y tua une prodigieuse quantité d'oiseaux. Nous nous arrêtâmes dans un petit hameau où nous vîmes sur deux tombeaux des planches grossièrement sculptées ; les habitans nous avertirent qu'il étoit défendu d'en approcher ; mais ils consentirent très-facilement à nous vendre pour quelques morceaux d'étoffes un crâne humain suspendu au-dessus d'un autre tombeau, et dont l'os coronal étoit brisé du côté gauche. Ils nous firent connoître que ce crâne avoit appartenu à un guerrier tué à coups de massue dans un combat.

13.

Le jour suivant nous partîmes de grand matin au nombre de vingt, après avoir formé le dessein de traverser les montagnes pour descendre ensuite dans la grande vallée où nous avions apperçu de très-loin dans une de nos excursions beaucoup de terres cultivées. Il étoit probable que nous y rencontrerions un grand nom-

14

bre d'habitans ; mais nous étions tous assez bien armés pour les repousser dans le cas où ils oseroient nous attaquer.

D'abord nous suivîmes le rivage en nous avançant vers l'ouest, et pénétrant par fois dans les bois nous vîmes à notre approche des habitans s'éloigner de leurs huttes et abandonner un filet long d'environ huit mètres sur un et demi de large qu'ils avoient étendu pour le faire sécher. Il paroît que cet instrument de pêche est très-rare chez ces peuples, car ils ne nous en montrèrent que très-peu pendant tout le tems que nous restâmes dans leur île, et aucun d'eux ne voulut jamais s'en défaire pour quelque prix que ce fût.

Nous apperçûmes près de-là les débris d'une grande quantité de coquillages qui avoient servi de nourriture aux insulaires ; il s'en trouvoit plusieurs de l'espèce connue sous le nom de bénitier, dont la longueur étoit de trois à quatre décimètres. On y remarquoit les traces du feu qui avoit servi à faire cuire l'animal qu'ils renfermoient.

Ce sont principalement les femmes qui vont pêcher les coquillages. Nous en voyions de tems en tems vis-à-vis de notre mouillage quelques-unes s'avancer dans la mer jusqu'à la ceinture, et en ramasser de grandes quantités qu'elles découvroient dans le sable au moyen d'un bâton pointu qu'elles y enfonçoient.

Nous avions déja parcouru plus d'un myriamètre de

chemin le long de la côte sans trouver de ruisseau, lorsque trois jeunes Sauvages vînrent à notre rencontre et nous engagèrent à les suivre du côté de leur cabane peu distante du sentier que nous suivions. Nous y trouvâmes une source au-dessous de laquelle ils avoient pratiqué des rigoles pour en diriger les eaux vers quelques pieds d'*arum macrorrhizon*, dont ils mangent les racines.

Nous étions sur le penchant d'une colline à l'ombre de quelques cocotiers. Un des Sauvages que je priai de nous cueillir des fruits, monta au haut de ces arbres avec une extrême agilité.

Bientôt nous continuâmes notre chemin vers l'ouest. L'air étoit calme ; nous éprouvions une chaleur excessive et nous fûmes assaillis par une nuée de moustiques qui nous causèrent de grandes souffrances en nous piquant par-tout le corps jusque dans les yeux et les oreilles. Heureusement il survint peu de tems après une brise qui nous en délivra en les dispersant au loin.

Bientôt nous arrivâmes sur le bord d'un canal profond qui s'avançoit dans les terres jusqu'au pied d'une montagne très-escarpée. Il servoit de havre aux insulaires et nous en vîmes trois y entrer sur une double pirogue qu'ils fixèrent aussitôt avec une amarre qui fut attachée au pied d'un arbre du côté où nous nous trouvions ; puis ils s'en allèrent d'un pas lent vers les collines du sud-est en feignant de ne pas nous appercevoir. Leur pirogue étoit seule dans ce havre. Nous nous en servîmes pour passer de l'autre côté où nous trouvâmes une petite cabane dont les plantations voisines avoient été dévastées très-récemment; on y voyoit encore quelques restes de choux caraïbes et de cannes à sucre, tous les cocotiers avoient été coupés au sommet; peut-être ses malheureux habitans étoient devenus victimes de la voracité des barbares qui les avoient ainsi dépouillés.

Nous n'avions jusqu'alors rencontré les tombeaux de ces Sauvages que très-près de leurs huttes; mais cette fois nous en vîmes un qui étoit fort éloigné de toute habitation sur le bord du chemin que nous suivions. Il différoit des autres en ce qu'il étoit bâti en pierre depuis sa base jusqu'à la moitié de sa hauteur.

Nous fîmes halte vers le milieu du jour à l'ombre de plusieurs *casuarina equisetifolia* et de différentes espèces nouvelles de *cerbera*, qui croissoient sur les bords d'un ruisseau où nous nous désaltérâmes et où je trouvai quelques fragmens de roche de corne roulés par les eaux. Nous venions de prendre deux serpens de mer (*coluber laticaudatus*), que nous mangeâmes après les avoir fait griller sur les charbons; mais nous trouvâmes leur chair très-dure et d'un assez mauvais goût.

Nous étions éloignés de plus de deux myriamètres de nos vaisseaux, lorsque de nouvelles traces de dévastation nous firent encore gémir sur le sort de ces malheureux habitans que la vengeance porte souvent aux plus horribles excès. Ils avoient détruit l'habitation principale et étêté tous les cocotiers qui l'entouroient ; seulement ils avoient épargné deux petits hangars couverts d'écorces fongueuses de *melaleuca latifolia*.

Bientôt une forêt de cocotiers dont nous appercevions les sommités à un demi-myriamètre vers l'ouest, et la fumée qui s'y élevoit en colonne de différens points, nous annoncèrent une grande population. Nous nous dirigeâmes pendant quelque tems vers ce lieu; mais des marécages qu'il falloit traverser avant d'y parvenir, nous fîrent abandonner notre projet; d'ailleurs, le jour étoit près de sa fin. Nous nous avançâmes donc vers le sud en cherchant un endroit commode pour passer la nuit, et bientôt nous nous fixâmes sur une éminence dont l'accès difficile nous mettoit à l'abri de toute surprise de la part des Sauvages. Nous allumâmes du feu, car il faisoit sur ces hauteurs un froid piquant qui nous étoit d'autant plus sensible que nous avions éprouvé dans la plaine des chaleurs très-fortes pendant le jour. Je livrai aux gens de l'équipage qui nous accompagnoient tous les oiseaux dont je ne me proposois pas de conserver la dépouille, et parmi ceux qu'ils grillèrent sur-le-champ pour notre souper, il se trouvoit plusieurs *corvus caledonicus*, et de très-gros pigeons d'une espèce nouvelle que j'avois déja rencontrée dans les premiers jours de notre mouillage.

Chacun soupa, puis se livra au sommeil, tandis que deux d'entre nous veilloient tour à tour et faisoient bonne garde, car il étoit à craindre que la lumière de notre feu n'attirât vers nous quelques insulaires. Bientôt nous fûmes avertis qu'on appercevoit vers le pied des montagnes la lumière de plusieurs torches avec lesquelles des Sauvages s'avançoient à l'est en s'approchant de notre retraite. A l'instant tout le monde fut debout pour observer leurs mouvemens, et on se disposa à les recevoir comme il convenoit, s'ils s'avisoient de venir nous attaquer; mais après avoir traversé plusieurs collines ils descendîrent vers le rivage en marchant vers l'est et en s'éloignant de nous. Peut-être ces cannibales alloient-ils entreprendre quelque expédition contre leurs ennemis. Comme il ne sembloit pas que nous fussions l'objet de leurs recherches, nous nous rendormîmes sur-le-champ en nous abandonnant à la vigilance de nos factionnaires.

15. Le lendemain dès le point du jour, nous nous élevâmes vers le sud-est et nous ne tardâmes pas à atteindre la crête de la montagne, d'où nous apperçûmes vers l'ouest-sud-ouest sur le bord de la mer la grande ouverture du canal qui traverse la plaine que nous nous proposions de visiter.

Bientôt nous descendîmes dans un vallon, vers le milieu duquel s'élevoit un charmant bosquet isolé et qui sembloit planté par la main des hommes; mais les arbustes n'y croissoient avec tant de vigueur que parce qu'ils étoient dans un assez bon terrain et de plus humecté par les eaux qui tomboient des montagnes voisines. J'y fis une grande récolte de végétaux, parmi lesquels se trouva une nouvelle espèce de fougère du genre *myriotheca*, dont les plus grands pieds s'élevoient à la hauteur de quatre mètres, quoique leur tronc n'eût pas plus d'un décimètre de circonférence.

1ère. année de la rép. Floréal.

Au sortir de ce bosquet nous vîmes, à trois cents pas au-dessous de nous, deux naturels qui se rendoient dans la plaine dont nous découvrions toute l'étendue. Ils nous regardèrent en continuant pourtant toujours leur route, malgré les invitations que nous leur fîmes de venir vers nous. L'un portoit sur son épaule au bout d'un bâton un panier rempli, sans doute de racines.

Il ne nous restoit plus que quelques collines à traverser pour parvenir dans la plaine, lorsque plusieurs personnes de notre troupe, craignant de manquer de vivres en allant plus loin et peut-être de rencontrer des bandes nombreuses de Sauvages, nous abandonnèrent pour retourner dès le jour même à bord de nos vaisseaux. Notre nombre se trouva réduit à quinze par cette désertion; mais nous n'en continuâmes pas moins notre route. Bientôt nous trouvâmes sur les bords d'un sentier très-fréquenté par les Sauvages quelques choux palmistes; nous nous regalâmes des feuilles tendres du sommet de ces arbres, puis nous descendîmes dans un ravin où plusieurs beaux *aleurites* ajoutèrent à notre repas une bonne provision de fruits dont nous trouvâmes les amandes d'un goût très-agréable.

Le quartz et le mica répandus dans un grand espace formoient dans ce lieu une roche feuilletée très-brillante disposée par couches assez minces.

Nous entrâmes enfin dans la plaine et bientôt le triste spectacle d'une habitation entièrement détruite et de plusieurs cocotiers coupés par le pied nous attesta de nouveau la barbarie des habitans.

Plus loin nous vîmes des plantations d'ignames, de patates, etc. Nous marchâmes pendant quelque tems au sud et nous nous étonnions de ne rencontrer aucun Sauvage, lorsque j'apperçus un vieillard occupé à arracher des racines de *dolichos tuberosus*, qu'il donnoit à un enfant pour les nettoyer. Il ne parut pas du tout intimidé en nous voyant avancer vers lui; mais tous les traits de l'enfant annoncèrent la plus grande crainte. Le vieillard avoit perdu un œil qu'il nous dit avoir été crevé d'un coup de pierre. Nous crûmes le reconnoître pour l'un des habitans qui étoient venus plusieurs fois nous visiter sur nos vaisseaux.

Il nous accompagna le long d'un sentier tracé au sud-est au travers de la plaine; mais il eut beaucoup de peine à nous suivre, car il avoit été blessé à une jambe où l'on remarquoit deux grandes cicatrices opposées l'une à l'autre comme si elle eût été traversée par une zagaie.

Des deux côtés du chemin on voyoit éparses à de grandes distances les unes des autres des huttes entourées

rées de cocotiers ; quelques Sauvages seulement paroissoient dans le lointain au milieu de cette vaste plaine. Vers notre gauche s'élevoit une épaisse forêt de cocotiers qui s'étendoit jusqu'au pied des montagnes et à l'ombre desquels nous appercevions un grand nombre de huttes.

Nous avions fait avec ce Sauvage environ deux kilomètres de chemin, lorsqu'il nous engagea à nous arrêter dans le voisinage d'une demeure qui probablement lui appartenoit, car il nous engagea à cueillir nous-mêmes des fruits sur les cocotiers qui l'entouroient, en s'excusant sur ce que ses blessures l'empêchoient de monter au haut de ces arbres. Je lui donnai des morceaux d'étoffes de différentes couleurs et des clous dont il parut faire grand cas.

Bientôt un autre Sauvage s'approcha de nous et ils nous suivirent tous deux jusque sur le bord d'une branche du grand canal qui traversoit la plaine ; il étoit rempli d'une eau stagnante, aussi salée que celle de la mer.

Nous appercevions au loin des femmes et des enfans, lorsque nos deux Sauvages nous quittèrent en nous montrant un sentier qui nous conduisit dans les montagnes.

Dans le même moment d'autres naturels mirent le feu à des herbes sèches qui se trouvoient très-loin devant nous sur les bords du chemin que nous suivions, puis disparûrent dans les bois.

Après avoir marché pendant une demi-heure au nord-est, j'arrivai sur un côteau très-agréable où les habitans avoient bâti trois hangars de deux mètres de haut pour y respirer le frais; ils étoient de forme hémisphérique et ouverts en bas dans toute leur circonférence à la hauteur de trois décimètres pour laisser à l'air une libre circulation. Nous ne trouvâmes point de Sauvages dans aucune des deux huttes voisines qui étoient bâties tout près d'une mare entourée d'*hybiscus tiliaceus*; mais nous vîmes aux environs un grand terrain cultivé et couvert de patates, d'ignames et de l'espèce d'*hypoxis* dont ces peuples mangent les racines et qui croît spontanement dans leurs forêts.

Il faisoit nuit depuis une heure lorsque nous parvînmes enfin au sommet des montagnes d'où, jetant nos regards vers le nord-est, nous apperçûmes la lumière de nos vaisseaux. A six à huit cents pas au-dessous de nous brilloient plusieurs feux allumés par les Sauvages. Le froid nous força aussi d'en allumer un très-grand, autour duquel nous prîmes notre repas; puis l'on se mit à dormir tandis que deux d'entre nous gardoient deux passages par où les insulaires eussent pu venir nous surprendre; aucun d'eux pourtant ne chercha à troubler notre repos; seulement au lever de l'aurore le factionnaire placé au nord-est en signala trois qui s'avançoient vers nous assez lentement, mais ils rebroussèrent chemin au cri qu'il jeta pour nous avertir de leur approche.

DE LA PÉROUSE.

Toutes nos provisions étant alors consommées, nous sentîmes vivement la nécessité de retourner à bord. Je ne pus cependant résister au désir de donner quelques heures à visiter un charmant bosquet situé sur le revers de la montagne à peu de distance du lieu où nous avions passé la nuit. J'y observai une grande quantité de végétaux que je n'avois encore trouvé dans aucune des excursions que j'avois faites dans cette île. Ils appartenoient pour la plupart à la famille des protées et à celle des bignones.

Je vais donner la description d'un des plus beaux arbustes qui croissoient sur ces hauteurs. Il forme un nouveau genre que je nomme *antholoma*, et qui doit être rangé dans la famille des plaqueminiers.

Le calice composé de deux à quatre feuilles ovales se détache souvent lorsque la fleur s'épanouit.

La corolle est d'une seule pièce, en forme de godet et crenelée inégalement sur les bords.

Les étamines très-nombreuses (environ cent) sont attachées à un réceptacle charnu. Les anthères sont terminées supérieurement par une pointe au-dessous de laquelle elles s'ouvrent par l'extrémité de leurs loges.

L'ovaire de forme pyramidale, quadrangulaire, légèrement enfoncé dans le réceptacle, est surmonté d'un style terminé par un stigmate aigu.

Le fruit est à quatre loges remplies d'un grand nombre de semences; il n'étoit pas encore mûr; mais je crois qu'il devient une capsule.

Je désigne sous le nom d'*antholoma montana* cet arbuste dont je vis plusieurs pieds qui avoient jusqu'à cinq mètres de haut. Ses feuilles sont alternes, très-coriaces et ne se trouvent qu'à l'extrémité des branches, de même que les fleurs.

Explication des figures. Planche 41.

Figure 1. Rameau de l'*antholoma montana.*
Figure 2. Fleur.
Figure 3. Réceptacle, étamines et ovaire.
Figure 4. Réceptacle et ovaire.
Figure 5. Corolle.
Figure 6. Etamines grossies.

L'un des géographes de notre compagnie s'étant écarté pendant ce tems à un kilomètre de nous pour déterminer la position des ressifs qu'il pouvoit découvrir du haut d'un pic assez élevé, reçut la visite d'un Sauvage qui s'approcha de lui d'un air menaçant; il étoit armé d'une zagaie et d'une massue, et nous craignions qu'il n'eût le projet d'attaquer notre camarade, mais il se contenta d'examiner les instrumens dont il se servoit sans lui donner le moindre sujet de plainte.

Nous arrivâmes au vaisseau vers le milieu du jour.

Je remarquai le long du bord une double pirogue qui portoit deux voiles. Elle étoit construite comme celles des insulaires de la Nouvelle-Calédonie ; mais les naturels qui la montoient parloient le langage des habitans des îles des Amis. Ils étoient au nombre de huit, dont sept hommes et une femme, tous très-fortement musclés (*voyez la pl.* 34). Ils nous dîrent que l'île dont ils venoient étoit située vers l'est à une journée de distance de notre mouillage, et qu'elle s'appeloit *Aouvea*. C'étoit sans doute l'île de Beaupré dont ils vouloient parler.

Ces insulaires qui étoient tout nus avoient l'extrémité du prépuce fixée contre le bas-ventre avec une corde de bourre de cocos qui en faisoit deux fois le tour. Ils connoissoient l'usage du fer et nous parûrent beaucoup plus intelligens que les Sauvages de la Nouvelle-Calédonie.

Je fus assez surpris de voir une des planches de leur pirogue enduite d'une couche de vernis. Elle sembloit avoir appartenu à quelque vaisseau européen, et je ne pus en douter lorsque j'eus reconnu que la chaux de plomb entroit en très-grande quantité dans la composition de ce vernis. Cette planche provenoit sans doute d'un vaisseau d'une nation civilisée qui s'étoit perdu sur leurs côtes. J'engageai ces Sauvages à nous raconter ce qu'ils savoient à ce sujet ; ils fîrent voile aussitôt à l'ouest en nous promettant de revenir le lendemain pour rapporter des renseignemens; mais ils ne fûrent pas fidèles à leur parole et nous n'eûmes plus occasion de les revoir.

On nous apprit à notre retour que le jour où nous avions quitté le vaisseau pour faire l'excursion que nous venions de terminer, des Sauvages avoient voulu enlever les haches de nos bucherons, et les avoient assaillis à coups de pierres; mais que deux coups de fusil avoient suffi pour les disperser.

J'employai toute la journée du 17 à décrire et préparer la nombreuse collection d'objets d'histoire naturelle que j'avois rapportée des montagnes.

Le lendemain la nouvelle de la mort du capitaine Huon, que nous apprîmes dès le point du jour, répandit une grande douleur parmi toutes les personnes de l'expédition. Cet habile marin avoit succombé vers une heure du matin à une fièvre étique qui le dévoroit depuis plusieurs mois. Il avoit supporté les approches de la mort avec le plus grand sang-froid. Il fut inhumé selon ses dispositions testamentaires vers le milieu de l'île de Pudyoua, pendant l'obscurité de la nuit. Il avoit recommandé qu'on ne lui élevât aucun monument, dans la crainte que les habitans de la Nouvelle-Calédonie ne découvrissent le lieu de sa sépulture.

Peu de tems après le lever du soleil nous descendîmes sur la côte au nombre de huit, et nous nous enfonçâmes à l'ouest-sud-ouest dans les bois. Nous arrivâmes bientôt à une cabane d'où un naturel sortit ayant à la main un masque qu'il consentit à me vendre pour deux ciseaux de menuisier. Ce masque étoit taillé dans un morceau de bois de cocotier (*voyez pl.* 37, *fig.* 1), mais bien mieux sculpté que les différentes figures que nous avions vues en d'autres endroits sur des planches à l'entrée de leurs demeures. Il s'en couvrit plusieurs fois le visage et il regardoit au travers des trous dont il étoit percé dans sa partie supérieure. Il n'y avoit point d'ouverture aux yeux, mais à la bouche. Ils font usage sans doute de ces masques pour ne pas être reconnus de leurs ennemis lorsqu'ils entreprennent contre eux quelques hostilités.

Nous marchâmes ensuite vers deux feux allumés tout près de huttes où nous trouvâmes un homme et une femme occupés à faire cuire des figues d'une nouvelle espèce qu'ils avoient mises au feu dans un grand pot de terre sans eau, pour leur enlever leur qualité corrosive. Ils nous nommèrent ces figues *ouyou*.

Je remarquai autour de l'autre foyer deux enfans qui se régaloient avec des araignées d'une espèce nouvelle que j'avois remarquée très-souvent dans les bois où elles tendent des fils si forts que souvent ils nous opposoient une résistance très-incommode. D'abord ils les firent périr en les enfermant dans un grand vase de terre qu'ils chauffèrent sur un bon feu, puis ils les grillèrent sur les charbons pour les manger. Ils en avalèrent en notre présence au moins une centaine. Nous trouvâmes par la suite dans cette même île plusieurs autres habitans qui recherchoient avec avidité cette sorte de mets. Un goût aussi bisarre et aussi généralement répandu parmi ces grandes peuplades nous causa beaucoup de surprise, quoique l'on connoisse quelques Européens qui mangent des araignées, sur-tout celles des caves auxquelles ils trouvent un goût de noisette.

Les habitans de la Nouvelle-Calédonie appellent *nougui* cette espèce d'araignée, que je désigne sous le nom d'*aranea edulis* (araignée que les Calédoniens mangent). Elle est représentée de grandeur naturelle dans la *pl.* 12, *fig.* 4. La disposition de ses yeux (*voyez fig.* 5 et 6), qui sont au nombre de huit, dont deux vers le milieu du corcelet et très-éloignés des autres, me la fait ranger dans une nouvelle section. Ils sont de couleur noire. Le corcelet grisâtre en dessus est couvert de poils argentés; on y voit entre les yeux quatre taches de couleur brune. Il est noir en dessous. Le ventre coloré en dessus, de même que la partie supérieure du corcelet, est marqué de huit à dix enfoncemens de couleur brune. On voit sur les côtés cinq à six bandes obliques grisâtres, et en dessous plusieurs taches fauves. Les pattes, qui sont aussi de couleur fauve et couvertes de poils d'un gris-argenté, ont leur extrémité noirâtre.

L'un des fusiliers qui nous accompagnoit avoit perdu un de ses pistolets; nous en avertîmes les habitans de ces

ces cabanes et nous leur promîmes une récompense s'ils nous l'apportoient. Nous vîmes avec plaisir, une demi-heure après les avoir quittés, un Sauvage accourir vers nous pour nous remettre cette arme qu'il avoit trouvée, nous dit-il, sur le sable. Effectivement le soldat se rappela qu'il l'avoit oubliée dans l'endroit où nous avions dîné. Un morceau d'étoffe et une veste dont on fit présent à cet insulaire furent pour lui une récompense extrêmement agréable. Il nous suivit pendant quelque tems avec un autre Calédonien, puis nous fit ses adieux en prononçant *alaoué* après avoir incliné légérement la tête, et s'en alla avec l'air très-satisfait.

1ere. année de la rép. Floréal,

Lorsque nous fûmes arrivés sur le rivage, l'un de nous ayant tiré un coup de fusil pour avertir l'équipage de notre frégate et pour demander qu'on nous envoyât une chaloupe, le bruit de l'explosion fit rassembler autour de nous plus de quatre-vingt naturels; nous les engageâmes à s'asseoir à mesure qu'ils arrivoient, afin qu'ils ne s'approchassent pas trop près de nous, et malgré la disproportion de notre nombre, car nous n'étions que huit, ils se rendîrent tous à notre invitation. L'un de ces Sauvages avoit quelques oranges assez douces qu'il voulut bien me vendre pour une paire de ciseaux.

Nous apprîmes en arrivant à bord que plusieurs personnes de l'Espérance, étant dans un canot, avoient été accueillies dans la matinée d'une grêle de pierres par des Sauvages, sur lesquels il avoit fallu tirer plusieurs coups de fusil pour les forcer à se replier dans les bois. Il faut avouer que le combat avoit été engagé par l'imprudence d'un homme de l'équipage qui, voulant faire retirer les Calédoniens, les avoit ajusté avec son fusil, qu'il avoit eu la mal-adresse de faire partir.

Le général Dentrecasteaux donna le commandement de l'Espérance à Dauribeau.

Je fus très-occupé à bord pendant une grande partie du jour à un travail indispensable pour la conservation de mes collections; je descendis à terre dans l'après-midi, et aussitôt après j'apperçus des habitans qui se jetoient sur nos pêcheurs pour leur enlever leur filet avec le poisson qu'ils venoient de prendre. On fut obligé de tirer sur eux au moins vingt coups de fusil avant de parvenir à les disperser entièrement. Ils tînrent ferme sur le rivage pendant tout ce tems en ripostant avec leurs frondes et blessèrent violemment au bras d'un coup de pierre le maître canonnier de l'Espérance; puis ils lâchèrent pied et au bout de quelques instans ils revînrent de nouveau à la charge; mais pourtant lorsqu'ils vîrent deux des leurs jetés par terre d'un coup de feu, et blessés de manière à ne pouvoir se traîner qu'avec beaucoup de peine jusque dans les bois, l'épouvante fut générale; ils s'enfuîrent et aucun d'eux ne s'avisa plus de songer à nous attaquer.

Au moment où cette affaire s'engageoit le commandant de notre expédition partoit pour se rendre de son vaisseau à bord de l'Espérance ; aussitôt il fit diriger son canot vers la côte, mais les Sauvages étoient entièrement dispersés lorsqu'il y arriva.

Nos pêcheurs, avant d'avoir été troublés par les insulaires, avoient pris plusieurs espèces de *scorpaena*, parmi lesquelles celle qu'on connoît sous le nom de *scorpaena digitata*, piqua si vivement à la main l'un des canotiers, qu'il ressentit pendant quelques heures une douleur très-violente dans toute l'étendue du bras.

Le lendemain dès le lever de l'aurore nous abordâmes sur le rivage le plus proche de notre navire, puis nous nous enfonçâmes dans les bois au nombre de six tous bien armés, et nous marchâmes pendant long-tems au sud-sud-ouest. Je trouvai dans cette excursion beaucoup de productions végétales que je n'avois point encore recueillies.

Je remarquai bientôt un grand arbre à pain qui croissoit vers le milieu de la montagne, le second que j'eusse rencontré dans cette île. J'en pris trois drageons que je déposai dans une caisse où je cultivois ceux que j'avois pris aux îles des Amis. Les feuilles étoient divisées moins profondément que celles de ces derniers. Peut-être ne produisent-ils pas d'aussi excellens fruits ; mais d'après les soins que les habitans prenoient de celui que j'avois remarqué dans un village au sud-est de nos navires, je ne pus douter qu'ils ne fissent grand cas de ce végétal ; il étoit planté dans une très-bonne terre et en-

1ère année de la rép.

Floréal.

20.

touré de palissades très-solides. Aucun de ces deux arbres ne donnoit pour-lors de fruits, ils portoient seulement beaucoup de fleurs mâles.

Nous nous étions élevés déja à une grande hauteur dans les montagnes, lorsque des gens de notre équipage qui se trouvoient sur la côte s'avisèrent de tirer en l'air leurs fusils pour les décharger avant de retourner à bord. Le bruit de cette mousquetterie nous fit prendre le parti de diriger sur-le-champ nos pas vers eux dans la crainte qu'ils ne fussent engagés dans quelque affaire avec les Sauvages.

La nuit s'approchoit; nous nous embarquâmes pour gagner notre vaisseau, mais le vent d'est-sud-est souffla avec tant de force et le courant étoit si rapide que nous fûmes entraînés violemment à l'ouest. Nous eûmes même beaucoup de difficulté à gagner l'Espérance, d'où nous partîmes une demi-heure après, quand le tems fut devenu plus favorable, pour nous rendre à bord de la Recherche.

Les habitans de la Nouvelle-Calédonie sont, en général, d'une taille médiocre; cependant nous en vîmes un qui avoit près de deux mètres de haut, mais il étoit très-mal bâti. Leurs cheveux sont laineux. L'usage de s'épiler est assez répandu parmi ces peuples; cependant on en remarquoit quelques-uns qui se laissoient croître la barbe. La couleur de leur peau est aussi noire que celle des Sauvages du cap de Diemen; ils ne se couvrent pas, comme eux, de poussière de charbon, nous en remarquâmes seulement quelques-uns qui en avoient noirci une partie de leur poitrine en y traçant de larges bandes disposées obliquement et appelées *poun* dans leur langage. Plusieurs étoient parés de colliers de la forme de celui qui est représenté dans la *planche* 37, *fig.* 4; ces colliers étoient faits de tresses; ils y portoient ordinairement suspendu à une corde un petit morceau d'os assez mal sculpté qui paroissoit être un os humain. Leurs bras étoient quelquefois ornés de bracelets taillés les uns dans des coquillages, les autres dans du quartz et autres pierres très-dures (*voyez pl.* 37, *fig.* 5 et 6).

Ces peuples guerriers donnent les plus grands soins à la fabrication de leurs armes; ils les polissent parfaitement. Leurs massues sont de formes très-variées; on peut en voir quelques-unes dans la *planche* 37.

Je fus assez surpris qu'ils ne connussent pas l'usage de l'arc.

Leurs zagaies, qui sont ordinairement de cinq mètres de long, n'ont pas plus de six centimètres de circonférence vers le milieu. J'admirai la méthode ingénieuse qu'ils ont inventée pour accélérer la vîtesse de ces javelots lorsqu'ils les lancent. Ils se servent pour cet effet d'un bout de corde très-élastique fabriquée avec de la bourre de cocos et du poil de roussette; ils en fixent l'une des extrémités au bout de l'index, tandis que l'autre qui est terminée par une sorte de bouton globuleux entoure la zagaie sur laquelle elle est disposée de manière qu'elle l'abandonne aussitôt qu'on lance cette arme (*voyez la planche* 35).

Je n'ai remarqué parmi ces habitans aucun symptôme bien caractérisé du mal vénérien ; plusieurs cependant avoient un gonflement assez considérable aux organes de la génération et d'autres les glandes inguinales engorgées.

La voracité dont les Calédoniens nous avoient donné des preuves empêcha le Général de leur donner le bouc et la chèvre qu'il leur avoit destinés. Sans doute ils auront mangé avant de les laisser multiplier les deux cochons et les deux chiens dont Cook avoit fait présent à l'un de leurs chefs. A peine prenoient-ils les plus petits soins de leurs poules ; je n'en vis que trois et un coq pendant notre séjour dans leur île.

Nous n'apperçûmes entre leurs mains aucun des objets qui leur avoient été donnés par le capitaine Cook. Peut-être ces richesses ont-elles causé le malheur des habitans de cette côte en excitant leurs voisins à venir les piller.

J'ai remarqué avec étonnement que l'autorité des chefs avoit toujours semblé presque nulle dans les différentes affaires que nous avions eu avec ces Sauvages; mais je n'ai pas été moins surpris de les voir exercer un assez grand pouvoir lorsqu'il s'agissoit de leurs propres

DE LA PÉROUSE. 247

intérêts ; car la plupart du tems ils s'emparoient des effets que leurs sujets avoient reçu de nous.

Nous jouîmes pendant notre séjour à la Nouvelle-Calédonie d'un assez beau ciel.

Les vents varièrent du nord-est au sud, et les plus frais fûrent ceux qui soufflèrent de l'est et du sud-est.

Le lieu de notre mouillage étoit par 20^d 17′ 29″ de latitude sud, et 162^d 16′ 28″ de longitude orientale.

La variation de l'aiguille aimantée y fut de 9^d 30′ vers l'est.

Le mercure dans le baromètre ne s'éleva pas au-dessus de 28^p 2$\frac{1}{10}$, et il ne descendit pas au-dessous de 28^p 1$\frac{4}{10}$.

Malgré les chaleurs excessives que nous éprouvâmes sur la côte, le thermomètre qu'on y porta ne dépassa pas 25^d, et à bord il ne s'éleva jamais au-delà de 21^d.

Les marées ne se firent sentir à notre mouillage qu'une fois par jour. Leur établissement eut lieu à six heures et demie du soir, et les eaux s'élevèrent à seize décimètres perpendiculaires.

Nous ne pûmes recueillir pendant notre séjour à la Nouvelle-Calédonie aucuns renseignemens sur la destinée des infortunés navigateurs qui faisoient l'objet de nos recherches. Il n'est pas cependant hors de vraisemblance de croire que cette terre dangereuse et presqu'inabordable leur a été funeste. On sait que la Pérouse devoit en reconnoître la côte occidentale, et on ne peut que frissonner d'horreur en pensant au sort qui est réservé aux malheureux voyageurs qu'un naufrage forcera à se réfugier chez les anthropophages qui l'habitent.

CHAPITRE

CHAPITRE XIV.

Départ de la Nouvelle-Calédonie. Entrevues avec les habitans de l'île de Sainte-Croix. Leur mauvaise foi. L'un de ces Sauvages perça légérement d'un coup de flèche le front d'un de nos matelots qui périt des suites de cette blessure. Singulière construction de leurs pirogues. Vue de la partie méridionale de l'archipel de Salomon. Entrevues avec ses habitans. Leur perfidie. Reconnoissance des côtes du nord de la Louisiade. Entrevues avec ses habitans. Dangers de cette navigation. Nous passons par le détroit de Dampier pour reconnoître la côte septentrionale de la Nouvelle-Bretagne. Mort du général Dentrecasteaux. Le scorbut fait de grands ravages sur nos deux navires. Mort du boulanger de la Recherche. Mouillage à Waygiou.

1ere. année de la rép.
Floréal.
21.

LE 21 nous fîmes voile de la Nouvelle-Calédonie de grand matin; mais lorsque nous eûmes gagné la pleine mer nous fûmes retenus par le calme auprès d'une grande chaîne de ressifs que nous appercevions vers l'ouest et contre lesquels la mer se brisoit d'une manière effrayante; cependant nous parvînmes à nous en éloigner à la faveur d'un vent foible de sud-est qui s'éleva pendant la nuit; nous les longeâmes les jours suivans, et le 24 nous découvrîmes au-delà de cette chaîne vers l'ouest l'île de Moulin à plus de trois myriamètres de distance, et ensuite les îles Huon.

Le lendemain notre vaisseau étoit sur le point de se briser contre les écueils dont ces îles sont environnées, lorsque la lumière de l'aurore nous montra tout le danger de notre position; aussitôt on vira de bord et on s'en éloigna. Nous reconnûmes quelques heures avant la fin du jour que ces ressifs se réunissoient à ceux que nous avions longés l'année précédente.

Bientôt nous nous dirigeâmes vers l'île de Sainte-Croix que l'on apperçut de grand matin le 1er. priarial, au nord-ouest à la distance d'environ quatre myriamètres.

Le lendemain vers quatre heures après midi étant à un demi-myriamètre du rivage, nous vîmes s'avancer vers nous deux naturels qui montoient une pirogue à balancier. Ils s'arrêtèrent d'abord à une grande distance jusqu'à ce que cinq autres pirogues se fussent réunies à eux, puis ils s'avancèrent plus près de notre vaisseau. Une seule de ces pirogues étoit montée par trois Sauvages, les autres n'en portoient que deux. Ils nous adressèrent la parole et nous engagèrent par signes à descendre sur leur île; mais aucun ne consentit à venir à bord, malgré les invitations réitérées que nous leur fîmes. Les plus confians s'en approchèrent seulement à environ cinquante mètres de distance. Ils avoient pour armes des arcs et des flèches, et pour parure des colliers et des bracelets ornés de coquillages.

1ere. année de la rép. Prairial.

Comme la nuit approchoit on manœuvra pour courir des bordées; alors ils nous quittèrent et retournèrent vers la côte; mais quelques heures après nous eûmes, malgré l'obscurité de la nuit, la visite d'une autre pirogue dont les Sauvages croyoient sans doute que nous possédions parfaitement leur langue, car ils nous parlèrent pendant long-tems d'un ton de voix très-élevé; n'obtenant point de réponse, ils retournèrent enfin sur leur île.

Dès que le jour commença à paroître on se rapprocha de la côte, et bientôt nous apperçûmes douze pirogues qui se dirigeoient vers nous. Elles ne tardèrent pas à se rendre le long de notre vaisseau. La plupart étoient chargées de diverses espèces de fruits, parmi lesquels je remarquai des fruits à pain beaucoup plus petits et moins bons que ceux que nous avions mangés aux îles des Amis; ils n'étoient pas cependant de l'espèce sauvage, car ils ne contenoient qu'un très-petit nombre de graines.

3.

Nous fûmes assez surpris que ces insulaires fissent peu de cas du fer que nous leur offrîmes ; cependant nous ne pouvions douter qu'ils n'en connussent l'usage, car l'un d'entre eux possédoit un bout de ciseau de menuisier emmanché avec un morceau de bois de la même manière que leurs haches de pierre ; mais lorsque nous leur eûmes montré des morceaux d'étoffe rouge, les cris d'admiration qu'ils firent entendre en prononçant *youli, youli,* nous donnèrent l'espoir de tirer auprès d'eux un bien meilleur parti de ces objets que de notre quincaillerie. En effet, ils consentîrent à nous vendre une partie de leurs armes, mais craignant sans doute que nous ne les fissions tourner contre eux, ils eûrent la précaution de ne point se défaire de leurs arcs et même d'épointer toutes les flèches qu'ils nous cédoient.

Bientôt plusieurs d'entre eux nous donnèrent des preuves de leur mauvaise foi. Afin d'avoir pour rien nos objets d'échange, ils en offroient d'abord un assez bon prix et exigeoient qu'on les leur livrât d'avance, puis ils les gardoient et ne vouloient plus en remettre la valeur.

Vers huit heures du matin, le Général envoya deux canots pour sonder un enfoncement que nous appercevions à deux kilomètres de distance vers le nord-ouest. Tout à coup nous les perdîmes de vue, et nous n'étions pas sans inquiétude sur leur sort lorsqu'ils reparûrent vers midi à l'ouverture du canal qu'ils venoient de visiter; plusieurs coups de fusil qu'on avoit tiré de ces mêmes embarcations nous avoient fait connoître qu'elles avoient été attaquées par les Sauvages. A ce bruit les pirogues qui nous entouroient s'étoient enfuies avec précipitation. Nos canots ne tardèrent pas à arriver et nous apprîrent que l'enfoncement que nous avions pris pour une baie, étoit l'une des extrémités d'un canal qui sépare l'île de Sainte-Croix de celle de la Nouvelle-Jersey. Ce canal s'étend au nord-est quart est dans toute sa longueur qui n'est que d'un demi-myriamètre, et il a environ deux kilomètres dans sa plus grande largeur. Il fut sondé avec beaucoup d'exactitude, et une ligne de soixante-six mètres n'atteignit le fond nulle part, pas même à cent mètres de distance des bords.

1ere. année de la rép. Prairial.

Une grande quantité de pirogues avoient suivi nos canots, tandis que de groupes nombreux de Sauvages placés sur la côte tâchoient de les attirer à eux en leur montrant des cocos, des bananes et divers autres fruits; quelques-uns enfin s'étoient déterminés à venir eux-mêmes leur apporter ces productions de leur île, en se jetant à la nage pour recevoir les morceaux d'étoffes de différentes couleurs qui leur étoient destinés.

Nos canots de retour à l'entrée du canal à peu de distance d'un petit village bâti sur la côte de la Nouvelle-Jersey, étoient sur le point de quitter ces Sauvages lorsqu'on vit l'un d'eux se lever du milieu de sa pirogue et se disposer à décocher une flèche sur un homme du canot de l'Espérance. Tout le monde se tint sur ses gardes ; néanmoins cet insulaire recommença ses démonstrations hostiles ; alors un des nôtres le coucha en joue ; mais le Sauvage, sans être effrayé de cette menace, banda son arc avec lenteur, et tira une flèche qui vint frapper au front l'un de nos rameurs, quoiqu'il fût à une distance de plus de quatre-vingt mètres. Sur-le-champ on lui riposta par un coup de fusil et un coup d'espingole. Cette dernière arme couvrit d'une grêle de balles la pirogue d'où la flèche étoit partie, et aussitôt les trois insulaires qui la montoient se jetèrent dans la mer; bientôt après ils regagnèrent leur pirogue et pagayèrent vivement vers la côte ; mais l'agresseur fut enfin atteint d'une balle; alors ils se jetèrent de nouveau tous trois à la nage, abandonnant leur nacelle avec des arcs et des flèches dont les gens de nos canots s'emparèrent.

Ces pirogues sont toutes à balancier et construites comme il est représenté dans la *planche* 44, *fig.* 3. C'est sur la plate-forme qu'on voit située entre la pirogue et le balancier, et qui est formée d'un treillis assez serré, qu'ils placent leurs arcs. Le corps de la pirogue a communément cinq mètres de long sur cinq décimètres de large. Il est d'une seule pièce taillée dans un tronc d'arbre extrêmement léger et presqu'aussi mou que le bois de mapou. Il a dans toute sa longueur une excavation d'un décimètre et demi de large. C'est-là que se tiennent les pagayeurs les jambes l'une devant l'autre, enfoncées jusqu'au mollet. Ils sont assis sur la partie supérieure qui est applatie. On voit aux deux extrémités, qui sont formées en cœur, deux T l'un sur l'autre, sculptés peu profondément, et quelquefois en relief. Le dessous de la pirogue est assez bien taillé pour en favoriser la marche. Le balancier se trouve toujours à la gauche des pagayeurs.

Ces insulaires sont dans l'usage de mâcher le bétel ; ils en avoient des feuilles avec des noix d'arec dans des sachets de natte ou de bourre de cocos. La chaux qu'ils y mêlent étoit renfermée dans des tronçons de bambou ou dans des calebasses.

Ces peuples sont, en général, d'une couleur olivâtre assez foncée, et leur caractère de physionomie annonce beaucoup de rapport entre eux et la plupart des habitans des Moluques ; seulement on en remarquoit quelques-uns qui avoient la peau très-noire, les lèvres grosses, le nez large et applati et qui paroissoient être d'une race bien différente ; mais dans tous ces insulaires les cheveux étoient crépus et le front très-large. Ils sont, en général, d'une assez grande taille ; leurs cuisses et leurs jambes sont peu musclées, ce qui vient probablement en grande partie de la vie oisive qu'ils mènent et du long séjour qu'ils font dans leurs pirogues.

La plupart avoient le nez et les oreilles percés de trous dans lesquels ils avoient passé des anneaux d'écaille de tortue.

Presque tous étoient tatoués, et particulièrement au dos.

Je remarquai avec surprise que le goût de porter les cheveux blonds étoit très-répandu parmi ces Sauvages, ce qui contrastoit d'une manière frappante avec la couleur de leur peau. Sans doute ces petits-maîtres employoient de la chaux pour produire cet effet, comme je l'avois vu pratiquer aux îles des Amis. Ils sont dans l'usage de s'épiler. Les notions qu'ils ont de la pudeur n'ont point enseigné à ces peuples l'usage de se vêtir. Ils ont communément le ventre serré avec une corde qui en fait deux à trois fois le tour. Leurs bracelets sont formés d'un tissu de nattes et ornés de coquillages usés; ils les portent dans différentes parties du bras, même au-dessus du coude.

Le matelot qui avoit reçu un coup de flèche ne ressentoit qu'une foible douleur. Il eût pu se faire panser sur-le-champ par le chirurgien de la Recherche, mais il désira d'attendre jusqu'à son retour à bord de l'Espérance. On étoit bien éloigné pour-lors de présumer qu'une blessure aussi légère pût un jour lui devenir funeste.

Dès que les canots fûrent hissés sur les vaisseaux, nous fîmes route au sud-ouest quart ouest en longeant à un kilomètre et demi de distance la côte de l'île de Sainte-Croix, où nous voyions un grand nombre de Sauvages nous appeler et nous inviter à descendre à terre.

terre. Plusieurs lancèrent à la mer leurs pirogues pour venir nous trouver; mais notre marche étoit trop rapide pour qu'ils pussent nous atteindre.

Nous découvrions des montagnes dont les plus élevées avoient au moins trois cents mètres de hauteur perpendiculaire. Elles étoient toutes couvertes de grands arbres entre lesquels on appercevoit ça et là une terre très-blanche qui paroissoit disposée par couches.

De-là, après avoir longé un myriamètre et demi de côtes, nous arrivâmes en face d'une grande baie où l'on trouveroit sans doute un bon fond, mais elle est ouverte aux vents de sud-est qui souffloient alors.

Bientôt nous apperçûmes au large vers le sud quelques pirogues qui se dirigeoient vers l'île de Sainte-Croix; d'autres se montroient à une plus grande distance et nous parûrent occupées à pêcher sur un bas-fond; au même instant nous découvrîmes vers le sud un autre écueil assez près de nous, et qui s'étendoit très-loin vers l'ouest.

Nous venions de reconnoître l'île du Volcan, lorsqu'une grande quantité de pirogues sortîrent de la baie Gracieuse et se dirigèrent vers nous. Comme nous n'avions alors qu'un souffle de vent, elles eûrent tout le tems de s'approcher. On en comptoit déja soixante-quatorze qui s'étoient arrêtées à la distance de huit à neuf cents mètres du vaisseau, lorsque des nuages amoncelés sur les montagnes firent craindre aux Sauvages qui montoient ces frêles barques, le danger d'être submergés s'ils tenoient plus long-tems la mer. Sur-le-champ ils pagayèrent vers la côte et ils ne l'avoient pas encore atteinte, lorsqu'il s'éleva un vent violent accompagné d'une pluie forte qui ne laissa pas de les gêner beaucoup dans leur marche.

On courut des bordées pendant la nuit. Le Général se proposoit de mouiller le lendemain dans la baie Gracieuse.

Plusieurs feux brilloient sur le rivage dont nous étions assez près pour distinguer la voix des habitans qui sembloient nous adresser la parole. On lança quelques fusées, dans le dessein de leur causer une surprise agréable; et soudain des cris d'admiration sortîrent de divers points de la côte; mais le plus profond silence succéda à ces démonstrations de joie, malgré qu'on eût fait partir plusieurs autres fusées.

4. Nous n'apperçûmes pendant la nuit sur l'île du Volcan aucun indice qui nous fît connoître qu'elle recelât encore des feux souterrains. Peut-être cette petite île ne renfermoit pas dans son sein une assez grande quantité de matières combustibles pour alimenter sans cesse les flammes volcaniques que le capitaine Carteret y avoit observées vingt-six ans auparavant.

5. Le vent de sud-est continua pendant tout le jour et même le lendemain à nous fermer l'entrée de la baie, à peu de distance de laquelle s'élevoient un grand nom-

bre de cabanes bâties à l'ombre de cocotiers plantés le long d'une plage sablonneuse.

1ere. année de la rép. Prairial.

Bientôt les naturels se montrèrent sur le rivage; alors le Général envoya vers eux deux canots dont nos frégates s'approchèrent de manière à pouvoir les protéger en cas d'attaque de la part des habitans. La houlle étoit trop forte pour qu'on osât tenter de descendre à terre; pourtant plusieurs naturels se jetèrent à la nage et nous apportèrent des cocos pour des morceaux d'étoffe rouge qu'ils préféroient à tous les autres objets que nous leur offrîmes. Quelques-uns vînrent dans leurs pirogues, et tous montrèrent assez de bonne foi dans les échanges qu'ils firent avec nous. Peut-être n'agissoient-ils ainsi que parce qu'ils avoient appris la nouvelle de l'affaire qui s'étoit passée entre nous et des habitans de la partie orientale de leur île; néanmoins ils ne nous présentèrent que ce qu'ils avoient de plus mauvais. La plupart des cocos qu'ils nous apportèrent étoient germés; ce ne fut qu'au bout de quelque tems qu'ils nous vendîrent des arcs et des flèches; mais dans la crainte que nous ne fissions tourner ces armes contre eux, ils eûrent la précaution de porter les arcs à l'un des canots et à l'autre les flèches. Celles-ci n'étoient pas épointées. On voyoit adapté à leur extrémité au moyen d'un mastic rougeâtre un petit morceau d'os ou d'écaille de tortue bien aiguisé, long d'un centimètre. D'autres flèches avoient des pointes de la même matière longues de deux à trois décimètres. Plusieurs encore étoient armées avec l'os qui se trouve à l'origine de la queue dans l'espèce de raie appelée *raia pastinaca*.

On appercevoit sur la côte plusieurs cochons qu'ils ne voulûrent pas nous apporter, quelque prix qu'on leur en offrît; mais ils nous promîrent de nous les vendre si nous descendions à terre.

Je remarquai entre leurs mains un collier de grains de verre, les uns rouges, les autres verts, qui me parûrent de fabrique angloise. Ils consentîrent à les échanger.

Nous achetâmes de ces habitans un morceau d'étoffe qui ne nous donna pas une idée avantageuse de leur industrie. Il étoit fabriqué d'écorces d'arbres très-grossières, assez mal collées les unes sur les autres.

L'un d'eux portoit sur la poitrine un petit morceau d'albâtre applati et taillé circulairement dont il se défit pour nous faire plaisir.

Cette entrevue duroit déja depuis près de deux heures, lorsque tous les Sauvages se retirèrent au signal que leur donna un de leurs chefs; mais lorsqu'ils vîrent nos canots se disposer à quitter leur côte, les femmes s'avancèrent jusque sur le rivage pour tâcher de nous déterminer à y descendre; nous continuâmes pourtant notre manœuvre; nous arrivâmes en peu de tems à bord des vaisseaux, et bientôt après on fit voile vers les terres des Arsacides.

Le 7 on apperçut à dix heures du matin dans l'ouest les îles de la Délivrance.

Nous relevâmes vers midi la plus méridionale de l'ouest 13ᵈ sud à l'ouest 19ᵈ sud à deux myriamètres de distance, et l'autre à l'ouest 27ᵈ sud. Nous venions de trouver 10ᵈ 48′ pour latitude sud de notre vaisseau, et 160ᵈ 18′ pour sa longitude orientale. Ces deux petites îles sont très-escarpées dans presque tout leur contour quoiqu'elles soient assez peu élevées. Nous y apperçûmes des habitans et de grandes plantations de cocotiers.

Bientôt on força de voiles pour s'approcher des terres des Arsacides dont nous voyions les hautes montagnes vers l'ouest-sud-ouest.

Le lendemain nous en longeâmes les côtes; nous venions de doubler vers dix heures du matin un bas-fond qui s'étendoit à plus de trois kilomètres au large, lorsque, par l'imprévoyance des vigies, le vaisseau passa sur un autre bas-fond où il se trouva heureusement assez d'eau pour qu'il n'en reçût aucun dommage.

Nous avions eu à midi 10ᵈ 54′ de latitude sud, et 159ᵈ 41′ de longitude orientale, lorsque nous relevâmes les terres des Arsacides de l'est 21ᵈ nord à l'ouest 29ᵈ nord, nous étions alors à un demi-myriamètre au sud du rivage le plus proche. Ces côtes entrecoupées de collines avancées dans la mer, forment de petits enfoncemens qui offrent des abris contre les vents d'est. La plupart de ces petits caps sont terminés chacun par une roche pyramidale assez élevée et couronnée d'une touffe d'arbustes très-verts. Plus loin dans les terres nous voyions ces mêmes collines adossées à des montagnes de moyenne élévation qui présentoient un aspect très-pittoresque.

C'est particulièrement au fond de ces petites anses que les habitans ont fixé leur demeure. Plusieurs s'avancèrent sur le rivage pour jouir du spectacle que leur offroient nos vaisseaux. Leurs cabanes étoient bâties à l'ombre de nombreuses plantations de cocotiers.

Nous n'avions point encore vu de pirogues le long de cette côte, lorsque vers quatre heures après midi il en vint une vers notre vaisseau. Nous fûmes fort étonnés que les insulaires qui la montoient eussent osé se hasarder sur une mer extrêmement agitée avec une aussi frêle nacelle, dont la plus grande largeur n'excédoit pas deux tiers de mètre; aussi s'étoient-ils assis dans l'endroit le plus profond, afin de bien garder l'équilibre (*voyez pl.* 43, *fig.* 2).

Après s'être approchés à environ deux cent cinquante mètres de distance de notre frégate, ils nous adressèrent quelques paroles d'un ton très-élevé, en nous montrant leur île sur laquelle ils nous engagèrent à descendre, puis ils s'approchèrent encore davantage; mais un grain de vent très-violent les força de regagner la terre.

Ces insulaires n'étoient pas plus vêtus que les habitans de l'île de Sainte-Croix, avec lesquels ils ont beaucoup de ressemblance.

Le lendemain dès le point du jour on s'apperçut que les courans nous avoient entraînés pendant la nuit de 18′ vers l'est. Notre surprise fut d'autant plus grande que les vents d'est qui régnoient alors eussent dû déterminer des courans opposés. Les marées seroient-elles la cause de cette singulière direction des eaux de la mer dans ces parages ?

Vers dix heures du matin quatre pirogues quittèrent la côte et s'avancèrent à environ quatre cents mètres de distance de notre vaisseau ; mais nous ne pûmes attendre qu'elles s'approchassent davantage ; car nous étions obligés de continuer notre route pour doubler un cap qui, dans la position où nous étions, eût nui aux observations nautiques qu'on se proposoit de faire.

Nous étions à midi par 10^d 33′ de latitude sud, et 158^d 57′ de longitude orientale, et nous voyions à peu de distance la mer se briser avec une grande impétuosité contre le cap Phillip, qui est très-escarpé. Nous le doublâmes vers quatre heures après midi, et aussitôt après nous apperçûmes une grande baie dont les bords paroissoient très-peuplés ; nous y remarquions plusieurs hangars sous lesquels les habitans avoient mis leurs pirogues à l'abri des injures de l'air, et de toutes parts on voyoit des cabanes, même jusque vers la cime des montagnes les plus élevées.

1ᵉʳᵉ. année de la rép. Prairial.

Bientôt les Sauvages lancèrent à la mer cinq pirogues et s'approchèrent de nous. Ils se tînrent tous à la portée de la voix, excepté l'un d'eux qui, monté sur un catimarron, s'avança beaucoup plus près de l'arrière de notre vaisseau pour recevoir des morceaux d'étoffe rouge que nous jetions dans la mer. Son air annonçoit la plus grande méfiance. Il tenoit les yeux fixés sur nous, aucun de nos mouvemens ne lui échappoit, et cependant il avoit l'adresse de saisir tous les objets qu'on lui jetoit. Bientôt à sa voix les pirogues s'approchèrent. Le spectacle que nous offrit ce naturel assis sur quelques planches ballottées par la vague nous amusa pendant quelques instans. Notre ménétrier voulut régaler ces insulaires de quelques airs de violon; mais au moment où il mettoit son instrument d'accord, ils s'en allèrent vers l'Espérance.

Peu de tems après cinq autres pirogues vînrent le long de notre bord en nous témoignant la plus grande confiance. Les naturels qui les montoient connoissoient sans doute l'usage du fer, car ils marquèrent beaucoup de joie en recevant les clous que nous leur offrîmes. Nous ne pûmes savoir si ces peuples sont dans l'usage de faire des échanges; ce qu'il y a de certain c'est qu'il nous fut impossible de rien obtenir d'eux par cette voie, quoiqu'ils eussent des zagaies, des casse-têtes, des arcs et des flèches; ils mettoient pourtant beaucoup d'empressement à recevoir tout ce que nous leur donnions;

ils

ils nous firent des offres très-obligeantes si nous voulions descendre sur leurs côtes, et se livrant à leur gaieté naturelle ils répétèrent à plusieurs reprises le terme malais *sousou* (le sein), en accompagnant leurs discours de gestes très-expressifs qui divertîrent singulièrement nos matelots.

1ere. année de la rép. Prairial.

Au coucher du soleil ces Sauvages regagnèrent la côte, et allumèrent trois grands feux.

Les courans nous avoient entraîné pendant la nuit dans un grand canal le long de cette île orientale des Arsacides, autrement nommée l'île de Saint-Christophe, et qui fait partie de l'archipel de Salomon, découvert par Mendana. Elle nous restoit déja au nord, et bientôt après nous vîmes l'île des Contrariétés, qu'on releva vers le milieu du jour de l'est 14^d nord à l'est 30^d nord à la distance d'un myriamètre; nous venions d'avoir 9^d 53′ de latitude sud, et 159^d 8′ de longitude orientale. Cette petite île est un peu montueuse et très-boisée.

10.

Nous ne tardâmes pas à longer de très-près les îlots nommés les Trois-Sœurs; ensuite on louvoya pour gagner au sud et sortir du détroit qui sépare l'île appelée Guadal-Canal par Mendana, de celle de Saint-Christophe.

L'Espérance s'approcha de nous vers huit heures du soir à la portée de la voix pour nous faire part d'un trait de perfidie qu'elle venoit d'éprouver de la part des insulaires. Elle avoit été entourée pendant la nuit précédente par un grand nombre de pirogues dont seulement deux naturels étoient montés à bord. Ils leur avoient vanté singulièrement les divers fruits de leur île, et avoient promis d'en procurer une grande quantité si l'on vouloit descendre à terre, enfin ils s'en étoient allés vers le milieu de la nuit; mais parmi plusieurs pirogues qui étoient restées auprès de l'Espérance, on en remarqua une beaucoup plus grande que les autres qui fit, aux approches du jour, plusieurs fois le tour du vaisseau; elle s'arrêta un moment, et aussitôt il en partit au moins une douzaine de flèches, dont l'un des hommes de l'équipage (Desert) fut blessé au bras; heureusement la plupart des autres flèches s'étoient enfoncées dans le bordage. Ces traîtres, après cette décharge s'enfuîrent avec précipitation, et ils étoient déja très-éloignés lorsqu'on tira sur eux un coup de fusil; ils n'en furent point atteints, mais une fusée qu'on dirigea avec beaucoup de précision et qui éclata tout près de leur pirogue leur causa une grande frayeur.

Les autres pirogues avoient aussi pris la fuite, mais elles n'avoient pas tardé à revenir.

Cette lâche trahison et la conduite que ces mêmes Sauvages avoient tenue à l'égard du capitaine Surville, nous firent croire qu'ils n'avoient été dirigés que par des desseins perfides lorsqu'ils avoient employé toutes sortes de moyens pour tâcher de nous déterminer à descendre sur leurs côtes.

Le peu de vent qui souffloit par intervalles du nord-ouest à l'ouest-nord-ouest nous permettoit à peine de gouverner notre vaisseau, et les courans nous entraînoient d'une manière très-sensible vers l'île des Contrariétés. Nous l'observâmes par un beau ciel, et la gravure que Surville en a publié la représente avec beaucoup d'exactitude. Nous en étions à trois kilomètres, lorsqu'une pirogue se détacha de la côte pour venir le long de notre bord. Elle étoit montée par quatre naturels qui fûrent reconnoissans des présens d'étoffes et de quincaillerie que nous leur fîmes, car aussitôt après ils nous donnèrent en retour plusieurs cocos qu'ils appelèrent *niou*, comme la plupart des autres habitans de la mer du Sud.

Ils témoignèrent une joie très-vive à la vue des clous que nous leur offrîmes; ils ne cessèrent de nous en demander d'autres en répétant très-souvent *maté* (mort), et en agitant ceux qu'ils venoient de recevoir, comme s'ils eussent voulu nous donner à entendre qu'ils en feroient usage contre leurs ennemis. Peu de tems après, huit autres pirogues se réunirent à celle-ci, et s'approchèrent de notre navire sans témoigner la moindre crainte. Nous admirâmes la forme élégante de ces barques qui ressembloient parfaitement à celles que nous avions vues les jours précédens le long des terres orientales des Arsacides (*voyez la planche* 43, *fig.* 2). Elles avoient environ sept mètres de long sur deux tiers de mètre de large et cinq décimètres de profondeur. Leur fond étoit d'une seule pièce taillée dans un tronc d'arbre; et pour en élever les bords ils avoient fixé sur des arc-boutans placés à quelque distance les uns des autres de chaque côté de la nacelle une planche qui en occupoit toute la longueur et aux deux extrémités ils en avoient attaché d'autres au-dessus de la première. On remarquoit à la surface extérieure de ces dernières des figures d'oiseaux, de poissons, etc., grossièrement sculptées. La plupart des pirogues étoient terminées antérieurement par une tête d'oiseau au-dessous de laquelle on appercevoit une grosse touffe de franges teintes en rouge et qui me parut faite avec des feuilles de vacoua; on en voyoit encore d'autres sur l'arrière qui étoient également de couleur rouge, et vers cette extrémité on remarquoit dans l'intérieur de plusieurs pirogues un chien sculpté et détaché de la nacelle, ce qui me fit penser que ces Sauvages possèdent cet animal; mais je remarquai avec surprise qu'ils lui avoient donné à peu près la forme d'un limier; cependant il est probable qu'ils n'ont pas cette variété, et que la sculpture que nous voyions n'étoit qu'une représentation grossièrement faite de l'espèce de chien qu'on rencontre dans la plupart des îles de la mer du Sud.

Ces Sauvages étoient obligés de rester constamment dans le fond de leurs barques pour éviter qu'elles ne fussent culbutées par les flots, et ils éprouvoient le désagrément d'être assis dans l'eau que la vague y faisoit entrer; mais ils avoient soin de les vider de tems en tems.

Il se trouvoit parmi les objets que nous pûmes obtenir d'eux une grande ligne fixée à l'extrémité d'un long bâton, ce qui me parut assez remarquable parce que la plupart des autres Sauvages que nous avions visités sont dans l'usage de tenir à la main la ligne avec laquelle ils pêchent. Leurs hameçons étoient d'écaille de tortue.

Ces peuples avoient pour parure des bracelets fabriqués avec divers coquillages, parmi lesquels se trouvoit l'oreille de mer qu'il me fut aisé de reconnoître; d'autres formés de bourre de cocos étoient ornés d'une grande quantité de graines de larme de Job attachées dans toute la circonférence.

Il ne paroît pas que ces peuples mâchent le bétel, du moins je n'en apperçus aucun indice.

Ces pirogues venoient de passer plusieurs heures autour de nous, lorsqu'un des chefs fit un signal de départ, et sur-le-champ elles pagayèrent vers la côte avec beaucoup de vîtesse; cependant une pirogue resta encore quelques instans pour recevoir des morceaux d'étoffe rouge que nous lui offrions au moment où les autres nous quittoient; mais bientôt ces insulaires voyant leurs camarades déjà éloignés, pagayèrent de toutes leurs forces pour tâcher de les rejoindre. Ce fut alors que nous vîmes avec surprise leur pirogue sillonner les flots si rapidement qu'elle pouvoit faire au moins un myriamètre et demi par heure.

Nous commençâmes le 13 de grand matin à longer la côte méridionale de Guadal-Canal, qui s'abaisse par une pente assez douce, et nous découvrions dans l'intérieur de l'île une grande chaîne de montagnes très-élevées qui suivoient la même direction. Bientôt nous y reconnûmes le Mont-Lama de Shortland. Le rivage étoit bordé de cocotiers à l'ombre desquels nous appercevions un grand nombre de cabanes. Des bas-fonds défendoient dans une grande étendue l'accès de cette côte le long de laquelle nous fûmes singulièrement contrariés par des courans qui nous portèrent vers l'est. Ce cours inattendu des eaux de la mer nous étonna d'autant plus qu'il paroissoit que les vents qui régnoient depuis que nous étions dans ces parages eussent dû les diriger vers l'ouest.

Le 16 au matin nous doublâmes le cap Hunter, reconnu par Shortland.

Nous passâmes vers dix heures tout près d'un îlot lié à la côte par quelques ressifs et sur lequel nous vîmes plusieurs groupes de Sauvages accroupis à l'ombre de belles plantations de cocotiers et de bananiers qui donnoient à cette petite île un aspect extrêmement pittoresque. Un grand nombre de pirogues étoient sur le sable et nous nous attendions à en voir lancer quelques-unes à la mer pour venir vers nous ; mais nous fûmes singulièrement étonnés de l'indifférence des insulaires; ils ne bougèrent pas de leur place et ne prirent pas même la peine de se lever pour jouir mieux du spectacle de nos vaisseaux.

Cette petite île est par 9ᵈ 31′ de latitude sud, et 157ᵈ 19′ de longitude orientale.

Nous ne tardâmes pas à appercevoir la pointe la plus occidentale de Guadal-Canal.

Le 19 vers midi nous voyions la plus grande des îles Hammond du nord 4ᵈ ouest à l'est 6ᵈ nord, à un myriamètre de distance, lorsque nous étions par 8ᵈ 49′ de latitude sud, et 155ᵈ 9′ de longitude orientale. Alors nous quittâmes cet archipel et nous fîmes voile vers les côtes septentrionales de la Louisiade.

La reconnoissance que nous venions de faire des terres des Arsacides ne nous laissa aucun doute qu'elles ne fussent l'archipel de Salomon, découvert par Mendana, comme le citoyen Fleurieu l'avoit présumé avec tant de fondement dans son excellent ouvrage sur les découvertes des François.

Le 21 l'Espérance nous fit part de la mort du malheureux homme de son équipage (Mahot), qui dix-sept jours auparavant avoit été blessé au front d'un coup de flèche par un Sauvage de l'île de Sainte-Croix. La plaie s'étoit pourtant bien cicatrisée, et quatorze jours s'étoient écoulés sans qu'il eût éprouvé le moindre symptôme fâcheux; mais tout à coup il fut attaqué d'un tetanos très-violent dont il mourut au bout de trois jours.

Plusieurs personnes présumèrent que la flèche dont il avoit reçu le coup avoit été empoisonnée; mais cette conjecture me parut d'autant moins fondée que la plaie s'étoit cicatrisée parfaitement et que le blessé s'étoit assez bien porté pendant quatorze jours; d'ailleurs, on s'assura que les flèches qui avoient été trouvées dans la pirogue abandonnée par le malfaicteur, et dont les gens de notre équipage s'étoient emparés, n'étoient point infectées de poison, car on en piqua plusieurs volailles qui n'éprouvèrent aucun accident fâcheux; mais il n'est pas rare de voir dans les climats brûlans la plus légère piqûre suivie d'un spasme général qui est presque toujours un symptôme de mort.

Le 24 nous apperçûmes vers dix heures du matin les côtes de la Louisiade, et d'abord nous prîmes pour le cap de la Délivrance les terres les plus orientales; mais bientôt nous reconnûmes qu'elles étoient de 25' plus au nord.

Nous fûmes étonnés de la rapidité des courans qui nous avoient entraîné de 44' vers le nord dans l'espace de vingt-quatre heures. Les observations qui furent faites à bord de l'Espérance donnèrent aussi le même résultat.

De-là nous nous dirigeâmes vers l'ouest en longeant des terres assez élevées que nous ne pouvions côtoyer

que

que de loin à cause de la prodigieuse quantité de bas-fonds qui, semés très-au large, rendoient notre navigation extrêmement dangereuse.

Le 26 dès que le jour parut nous nous vîmes environnés de terres basses et d'écueils, au milieu desquels des courans très-rapides de l'ouest-nord-ouest nous avoient portés pendant la nuit; en vain nous courûmes des bordées avec un assez bon vent de sud-est pour tâcher de nous tirer de cette dangereuse position, toujours les courans nous empêchèrent de nous élever au-delà d'un îlot situé au nord-est à un demi-myriamètre de distance, et vers lequel il paroissoit y avoir un passage conduisant à la pleine mer. Nous étions alors par 10.ᵈ 58ʹ de latitude sud, et 151ᵈ 18ʹ de longitude orientale. L'espace où nous pouvions louvoyer étant plus resserré augmentoit le danger à mesure que nous étions entraînés dans l'ouest; d'ailleurs on ne trouva fond nulle part: il fallut nous résoudre enfin à nous aventurer entre des terres basses qui restoient vers le nord-ouest dans l'espoir d'y trouver une issue pour nos vaisseaux; mais ce parti ne fut pris que vers la fin du jour. Il faisoit déja nuit lorsqu'arrivés dans une passe assez étroite le calme survint, et nous nous trouvâmes alors à la merci d'un courant rapide qui pouvoit à chaque instant causer notre perte en nous jetant sur des écueils; pourtant lorsque le jour parut nous eûmes la satisfaction de nous voir en pleine mer et délivrés de ces dangers. Notre position, sans doute, avoit été très-périlleuse; mais depuis que nous parcourions des mers semées d'écueils nous étions tellement accoutumés au danger, que moi et plusieurs autres nous allâmes nous coucher à notre heure accoutumée, et que nous dormîmes d'un sommeil aussi tranquille que si nous n'eussions eu aucun sujet de crainte.

Les côtes que nous avions longées jusqu'alors au nord de ces terres étoient entrecoupées d'un grand nombre de canaux. Ce nombreux archipel nous avoit offert beaucoup d'habitations, sans cependant nous procurer la vue d'aucun insulaire; mais le 29 étant parvenus par 10^d 8' de latitude sud, et 149^d 37' de longitude orientale, et doublant de très-près un groupe d'îlots qui nous restoit au sud, nous apperçûmes quinze naturels qui sortîrent de leurs cabanes. Trois d'entre eux s'embarquèrent aussitôt dans une pirogue à balancier et se dirigèrent vers nous; mais notre marche étoit beaucoup trop rapide pour qu'ils pussent nous atteindre.

Bientôt une autre pirogue parut vers l'îlot le plus occidental; elle étoit beaucoup plus grande que la première; elle portoit une voile à peu près carrée qu'elle déploya sur-le-champ, et elle ne tarda pas à arriver près de notre vaisseau; mais ce fut en vain que nous l'engageâmes à venir le long du bord. Peu de tems après elle s'en alla vers l'Espérance; et dès qu'elle fut à peu de distance de cette frégate, elle se tint en ralingue, ne voulant pas s'en approcher davantage. Nos deux vaisseaux étoient en panne. Le citoyen Legrand, désirant voir de près ces insulaires, se jeta à la nage et gagna bientôt leur pirogue. On nous apprit le soir que cet officier n'avoit pas apperçu d'armes entre leurs mains, et que malgré qu'ils fussent au nombre de douze, ils avoient témoigné quelque crainte lorsqu'ils l'avoient vu s'approcher d'eux.

1ere. année de la rép.
Prairial.

Il paroît qu'ils ne connoissoient pas l'usage du fer, car ils firent peu de cas de celui qu'il leur offrit.

Ces insulaires étoient tout nus et d'une couleur noire peu foncée. Leurs cheveux laineux étoient ornés de touffes de plumes; ils avoient le ventre serré par une corde qui en faisoit plusieurs fois le tour, afin sans doute de procurer un point d'appui aux muscles du bas-ventre.

Plusieurs portoient des bracelets tressés avec de la bourre de cocos.

Nous admirâmes leur habileté à se diriger au plus près du vent lorsqu'ils retournèrent vers la côte.

Le 30 dans la matinée deux pirogues à balancier et à voile montées chacune par douze Sauvages, firent rapidement le tour de notre vaisseau en nous observant avec beaucoup d'attention, mais d'une grande distance; puis elles se tirent pendant assez long-tems au vent de nous. Nous étions alors par 9ᵈ 53′ de latitude sud, et 149ᵈ 10′ de longitude orientale. Tout nous annonçoit une nombreuse population sur la côte méridionale

30.

et sur-tout vers le fond d'une grande baie qui s'étendoit au sud-sud-ouest. Bientôt nous vîmes venir à nous quelques pirogues montées chacune par dix à onze naturels qui se tînrent à environ cent mètres de notre vaisseau; enfin quelques morceaux d'étoffe que nous jetâmes pour eux dans la mer, les déterminèrent à venir plus près. Ils parûrent très-surpris de voir sur notre vaisseau un jeune Noir que nous avions depuis notre départ d'Amboine; ce Nègre eut beau leur parler malais, ils ne comprîrent point ce langage. Ces habitans avoient tous les cheveux laineux et la peau olivâtre; cependant j'en remarquai un aussi noir que les Nègres de Mozambique avec lesquels je lui trouvai beaucoup de rapport. Il avoit, comme eux, la lèvre inférieure qui dépassoit considérablement la lèvre supérieure. Tous faisoient usage du bétel. Aucun ne portoit de vêtement. Ils étoient parés de bracelets auxquels ils avoient attaché divers coquillages. Plusieurs portoient un petit os dans un trou percé à la cloison du nez. D'autres avoient passé en bandoulière des coquillages attachés à des cordes.

Ces habitans nous donnèrent des ignames qu'ils avoient fait cuire sous la cendre et qu'ils avoient pelé avec beaucoup de soin.

Nous n'apperçûmes entre leurs mains d'autres armes que des zagaies assez courtes et aiguisées seulement à une extrémité.

On distinguoit leurs cabanes qui, comme celles des

Papous, étoient élevées avec des pieux de deux à trois mètres au-dessus du terrain.

Ces Sauvages nous engagèrent à descendre sur leur île, mais voyant que nous nous en éloignions très-sensiblement, car des courans rapides nous entraînoient vers l'ouest, ils nous quittèrent et regagnèrent leurs côtes.

Deux pirogues étoient encore tout près de l'Espérance vers trois heures et demie, lorsque nous vîmes partir trois coups de fusil de cette frégate, et aussitôt les Sauvages s'enfuir en pagayant de toutes leurs forces. Nous apprîmes bientôt que l'une des pirogues avoit assailli à coups de pierres les gens de l'équipage, sans que la moindre provocation eût donné lieu à cette attaque. Ces traîtres n'avoient heureusement blessé personne et l'on n'avoit tiré sur eux que pour les épouvanter.

Peu de tems après on envoya deux chaloupes pour sonder le long de la côte plusieurs enfoncemens où l'on espéroit trouver de bons mouillages. On fut trompé, il fallut s'approcher à cent mètres de distance de la côte pour trouver fond avec une ligne de soixante-dix mètres de longueur, et à cent mètres plus au large on ne l'atteignit qu'avec une ligne de cent seize mètres.

Malgré la terreur qu'avoient dû répandre parmi ces habitans les coups de fusil tirés sur leurs camarades, il n'en vint pas moins le long de notre bord quelques-uns qui étoient partis du lieu où les autres s'étoient

1ère. année de la rép. Prairial.

réfugiés. Ils nous montrèrent beaucoup de mauvaise foi, convenant de tout prix pour que nous leur cédions nos objets d'échange, et dès qu'ils les tenoient ne voulant plus nous rien donner ; cependant l'un d'eux consentit à se défaire en notre faveur d'une flûte et d'un collier qui sont représentés dans la *planche* 38, *fig.* 26 et 27.

Je remarquai l'un de ces Sauvages qui, comme les habitans de la Nouvelle-Zélande, portoit attaché au cou avec une corde très-mince une portion d'os humain coupé vers le milieu du cubitus. Seroit-ce une sorte de trophée qui annonceroit la défaite d'un ennemi, et ces habitans augmenteroient-ils le nombre des anthropophages ?

Plusieurs s'étoient enduits la figure de poussière de charbon.

Tous sont dans l'usage de se couvrir les parties naturelles avec de longues feuilles de vacoua qu'ils ont passées entre les cuisses et fixées à la ceinture devant et derrière au moyen d'une corde très-serrée.

Nous vîmes entre leurs mains d'assez grands filets pour pêcher, au bord inférieur desquels ils avoient attaché diverses espèces de coquillages. Ils en avoient aussi dans de petits paniers cylindriques garnis à l'intérieur de filamens qui sembloient destinés à les empêcher de se briser.

Ils possédoient des peignes à trois dents divergentes, les uns de bambou, les autres d'écaille de tortue. Ces Sauvages nous quittèrent aux approches de la nuit que nous passâmes à courir des bordées.

Nous avions fait à peine depuis la veille deux myriamètres vers le nord-ouest, lorsque nous nous vîmes entourés de terres basses liées par des brisans entre lesquels nous fûmes forcés de louvoyer même pendant la nuit. Nous passâmes plusieurs fois sur des bas-fonds qu'on distingua à la faveur d'un clair de lune très-foible, et nous nous trouvâmes souvent avoir moins de dix mètres d'eau.

Le calme qui survint vers minuit nous laissa à la merci de courans qui nous entraînèrent vers la côte sur laquelle brilloient plusieurs feux allumés par les Sauvages.

Dès que le jour parut nous apperçûmes dans le lointain l'Espérance qui étoit encore beaucoup plus près que nous de la terre, et qui se faisoit remorquer par ses chaloupes.

Bientôt des Sauvages vinrent en grand nombre le long de notre vaisseau, néanmoins nous ne pûmes en faire monter aucun à bord; un vieillard avoit déja quitté sa pirogue pour se rendre à notre invitation, lorsqu'il fut détourné de son dessein par les autres qui l'attirèrent à eux avec empressement, comme s'ils eussent pensé qu'il s'exposoit à un très-grand danger.

Nous crûmes reconnoître parmi ces insulaires quel-

1ere. année de la rép.
Messidor.
1.

2.

ques-uns de ceux que nous avions vu deux jours auparavant. Ils étoient fort curieux d'apprendre le nom des objets que nous leur donnions; mais ce qui nous surprit assez, c'est qu'ils nous le demandoient en ces termes *poé nama*, expression qui diffère peu du malais *apa nama* (comment cela s'appelle)? Ils ne comprirent cependant point les personnes de notre bord qui leur adressèrent la parole en langue malaise.

Ces Sauvages avoient apporté une espèce de pouding dans lequel nous reconnûmes des ignames et de la chair de homard bien mélangés. Ils nous en offrirent, et tous ceux d'entre nous qui en mangèrent le trouvèrent d'un très-bon goût.

Un cubitus humain taillé en gouttière à une extrémité servoit à la plupart de ces habitans à tirer du fond d'une calebasse la chaux qu'ils mêloient avec leur bétel.

Ils nous vendîrent une hache de la forme de celle qui est représentée dans la *planche* 12, *fig.* 9. Elle étoit faite d'un morceau de serpentine assez poli et emmanché avec un bois d'une seule pièce; il est remarquable que le tranchant de la pierre étoit dans le sens de la longueur du manche, comme à nos haches.

Ces peuples aiment beaucoup les odeurs. La plupart des objets qu'ils nous donnèrent étoient parfumés. Ils avoient différentes écorces d'arbres très-aromatiques, dont l'une me parut provenir de l'espèce de laurier connu

nu sous le nom de *laurus culilaban*, qui est très-répandu dans les Moluques.

1ère. année de la rép. Messidor.

Cependant le calme continuoit toujours, et vers une heure après midi le Général envoya le grand canot pour aider à remorquer l'Espérance dont l'équipage devoit être déja très-fatigué. Enfin, vers quatre heures et demie il s'éleva une petite brise de sud-est qui permit à cette frégate de s'éloigner des écueils. Bientôt après notre canot revint à bord et nous apprit que l'Espérance avoit été environnée très-long-tems par un grand nombre d'insulaires ; que vers midi la plupart avoient fait remarquer à l'équipage de cette frégate deux pirogues qui partoient de deux petites îles et alloient à la rencontre l'une de l'autre ; qu'ils avoient donné à entendre que les Sauvages qui les montoient ne tarderoient pas à se livrer combat, et que le prix de la victoire seroit de manger les vaincus. Pendant ce récit on avoit vu se peindre sur leur figure une joie féroce, comme s'ils eussent dû prendre part à cet horrible repas. Après cette conversation presque tous ceux de notre vaisseau qui avoient mangé le matin du pouding préparé par les Sauvages et dont je viens de parler, fûrent pris de nauzées, craignant qu'il n'eût entré de la chair humaine dans la composition de ce mets dont ces insulaires avoient semblé faire grand cas.

Bientôt les deux pirogues fûrent assez près l'une de l'autre pour engager le combat, et on avoit vu les guerriers monter sur une plate-forme de bois soutenue par le balancier et la pirogue, puis se lancer des pierres avec leurs frondes, tandis que chacun portant un bouclier au bras gauche, essayoit de parer les coups de son adversaire; cependant ils s'étoient séparés au bout d'un demi-quart d'heure, aucun ne paroissant blessé dangereusement, et ils avoient regagné leurs côtes.

Le commandant de l'Espérance envoya au général Dentrecasteaux un casse-tête et un bouclier qu'il avoit acquis de ces Sauvages.

Le casse-tête étoit assez large et applati à l'une des extrémités.

Le bouclier étoit la première arme défensive que nous eussions remarquée parmi les peuples sauvages que nous avions visités jusqu'alors. Il étoit d'un bois très-dur et de la forme qu'on peut voir *pl.* 12, *fig.* 7 et 8. Il avoit près d'un mètre de haut, cinq décimètres et demi de large, et un centimètre et demi d'épaisseur. Le côté externe étoit légérement convexe. On voit vers le milieu de la *figure* 8, qui en représente le côté interne, trois petits bouts de rotain au moyen desquels les habitans fixent cette arme au bras gauche.

Ces insulaires, quoique très-nombreux le long du bord de l'Espérance, n'avoient exercé aucun acte d'hostilité; seulement l'un d'entre eux avoit semblé vouloir lancer une zagaie contre un homme de l'équipage qui se tenoit sur la précéinte, mais s'étant vu coucher en

DE LA PÉROUSE. 283

joue, il avoit aussitôt cessé ses démonstrations et la pirogue qu'il montoit s'étoit retirée avec précipitation.

Les jours suivans nous longeâmes des îlots très-bas au-delà desquels nous vîmes d'abord vers le sud des terres très-élevées. La prodigieuse quantité de bas-fonds que nous rencontrions à chaque instant nous empêcha de les côtoyer de près.

Le 7, étant parvenus par 8ᵈ 7′ de latitude sud, et 146ᵈ 39′ de longitude orientale, on apperçut des terres très-hautes de la Nouvelle-Guinée depuis le sud-ouest jusqu'au nord-ouest; après les avoir suivies dans leur direction vers le nord-ouest, nous arrivâmes le 9 à un golfe profond d'environ huit myriamètres et renfermé entre de très-grandes montagnes dont les plus élevées étoient au nord, où elles se réunissoient à celle qui forme le cap du roi Guillaume. Le calme nous y retint jusqu'au 11 : alors nous fîmes voile en nous dirigeant vers le détroit de Dampier.

Le lendemain dès le point du jour nous découvrîmes au nord-ouest quart ouest une montagne très-haute et sillonnée vers le sommet par des excavations longitudinales d'une grande profondeur. C'étoit le cap du roi Guillaume. On vit ensuite s'élever la côte occidentale de la Nouvelle-Bretagne, vers laquelle on gouverna toutes les voiles déployées, afin de se trouver avant la nuit au nord du détroit de Dampier. Le soleil donnant en face de nous, la vigie ne put appercevoir à tems un

1ᵉʳᵉ. année de la rép.
Messidor.

7.

9.

11.

12.

bas-fond sur lequel nous passâmes vers huit heures du matin en éprouvant des vagues extrêmement fortes. Sortis de-là, nous nous croyions hors de tout danger, lorsque trois quarts d'heure après nous nous trouvâmes entre deux bas-fonds très-rapprochés, formant devant nous un cul-de-sac d'où il nous étoit impossible de sortir avec les vents de sud-sud-est qui nous y engageoient de plus en plus. Le commandant ordonna sur-le-champ de virer de bord; mais on n'eut pas le tems de disposer les voiles de manière que la manœuvre pût réussir: alors notre vaisseau dériva vers les bas-fonds qui nous restoient au nord et sur lesquels nous nous attendions à le voir bientôt se briser, lorsque le citoyen Gicquel s'écria du haut de l'un des haubans du grand mât, qu'il venoit de découvrir entre ces rochers une coupure, à la vérité très-étroite, mais où pourtant notre frégate pouvoit passer. Sur-le-champ on gouverna vers cette passe, et nous sortîmes de ce péril l'un des plus affreux que nous eussions couru dans cette campagne; cependant nous n'étions pas encore hors de danger; nous fûmes entourés pendant quelque tems d'autres bas-fonds qui nous forcèrent de changer plusieurs fois de route, mais nous eûmes enfin le bonheur de trouver un passage au travers des petits intervalles qui les séparoient.

Vers midi nous étions déja très-avancés dans le détroit, lorsque nous eûmes 5^d 38' de latitude sud, et 146^d 24' de longitude orientale.

Les côtes de la Nouvelle-Bretagne nous restoient alors de l'est 37ᵈ sud à l'est 61ᵈ nord; nous étions à un demi-myriamètre du rivage.

L'île sur laquelle Dampier avoit apperçu un volcan nous restoit à l'ouest 38ᵈ nord à un myriamètre et demi de distance. Ce volcan étoit alors éteint ; mais nous voyions à un myriamètre à l'ouest 28ᵈ nord une petite île en forme de cône qui n'avoit offert à Dampier aucun indice de feux souterrains. Une fumée épaisse s'élevoit du sommet par intervalles, et vers trois heures et demie il sortit du fond des gouffres du volcan beaucoup de matières embrasées qui, tombant sur la côte orientale de la montagne, coulèrent jusqu'à la base ; là elles rencontrèrent la mer dont elles firent bouillonner les eaux qui s'élevèrent sur-le-champ sous la forme de nuages d'une blancheur éclatante. Au moment de l'explosion une fumée épaisse teinte de diverses couleurs parmi lesquelles la couleur cuivrée dominoit, s'étoit élancée au-delà des nuages les plus élevés.

On voyoit le long de la côte de la Nouvelle-Bretagne beaucoup d'habitans et un grand nombre de cabanes élevées sur des pieux comme celles des Papous.

Nous sortîmes du détroit avant la nuit.

On longea ensuite la côte septentrionale de la Nouvelle-Bretagne, au nord de laquelle on découvrit plusieurs petites îles très-montueuses, inconnues jusqu'alors. Les courans, dans ce trajet, fûrent à peine sensibles, excepté sous le méridien du Port-Montagu, où ils nous portèrent rapidement vers le nord, ce qui fit présumer que nous étions vis-à-vis d'un canal qui divise les terres de la Nouvelle-Bretagne. Nous les quittâmes le 21 après avoir été contrariés dans la reconnoissance que nous venions d'en faire par les vents de sud-est et des calmes très-fréquens.

Nous étions réduits depuis long-tems à vivre de biscuit vermoulu et de viandes salées qui avoient éprouvé une grande altération; aussi le scorbut faisoit-il déja de grands ravages sur nos vaisseaux. Nous fûmes forcés pour la plupart de renoncer à l'usage du café parce qu'il nous causoit des spasmes extrêmement incommodes.

Le 23 nous longeâmes d'assez près les îles Portland.

Dans l'après-midi le 24 nous apperçûmes la plus orientale des îles de l'Amirauté.

Le 30 vers le coucher du soleil on découvrit les Anachorètes dans le sud-ouest quart ouest.

Vers sept heures du soir le 3 thermidor nous perdîmes le général Dentrecasteaux. Il succomba à la violence de coliques affreuses qu'il éprouva pendant deux jours. Il avoit eu depuis peu de tems quelques symptômes assez légers de scorbut, mais nous étions bien loin de nous croire menacés d'une aussi grande perte.

Le 15 on apperçut les îles des Traîtres, et vers midi nous les voyions du sud 35^d ouest au sud 42^d ouest, à quatre myriamètres de distance; nous étions alors par 6′ de latitude sud, et 134ᵈ 3′ de longitude orientale.

Le 21 notre boulanger périt du scorbut, ayant tout le corps affecté d'un emphysème que les chaleurs de l'équateur avoient accru avec une rapidité étonnante.

Le 24 on doubla le cap de Bonne-Espérance de la Nouvelle-Guinée, et le 29 on mouilla à Waygiou.

1ᵉʳᵉ. année de la rép.
Thermidor
21.
24.
29.

CHAPITRE XV.

Séjour à Waygiou. Nos scorbutiques éprouvent un prompt soulagement. Entrevues avec les naturels. Mouillage à Bourou. Nous passons par le détroit de Bouton. Ravages de la dyssenterie. Mouillage à Sourabaya. Séjour à Samarang. Ma détention au fort d'Anké près Batavia. Séjour à l'Ile-de-France. Retour en France.

1ʳᵉ. année de la rép. Fructidor.

Pendant notre séjour à Waygiou nous fûmes visités souvent par les naturels, qui nous apportèrent des tortues dont plusieurs pesoient de dix à douze myriagrammes et qu'ils avoient prises pour la plupart sur les îles Aiou. Le bouillon qu'on fit avec leur chair procura un grand soulagement à nos scorbutiques. Les habitans s'étant apperçus du besoin que nous en avions, nous les firent payer dix fois leur valeur. Ces tortues, après qu'on leur

leur avoit coupé la tête, continuoient encore à marcher pendant plusieurs heures. Les habitans nous vendîrent aussi des œufs de tortue cuits et desséchés dans des boyaux de cochon, de la chair de tortue boucanée, des poules, des cochons dont ils nous dîrent qu'il se trouvoit une grande quantité dans les bois, des oranges pamplemous, des cocos, des papayes, des courges de différentes espèces, du riz, du pourpier (*portulaca quadrifida*), des cannes à sucre, des ignames, des patates, des bananes, des citrons, du piment, des épis de maïs encore vert qu'ils avoient fait griller, et de jeunes tiges de papayer. Ils nous assurèrent que les jeunes tiges et les fruits de cet arbre avant leur maturité étoient fort agréables à manger lorsqu'on les avoit fait cuire. Ils nous apportèrent aussi du sagou dont ils avoient fait des espèces de gâteaux assez applatis, d'un décimètre de large sur deux de longueur ; ils les mangeoient sans autre préparation. Quelques-uns nous présentèrent encore du sagou sous la forme d'une pâte aigrelette qu'ils avoient fait fermenter.

 La plupart des insulaires ont tout le corps nu, à l'exception des parties naturelles qu'ils couvrent d'une étoffe grossière qui m'a paru fabriquée avec l'écorce d'un figuier. La chaleur du climat ne leur laisse pas sentir le besoin de vêtement. Leurs chefs seuls sont habillés avec un patalon très-large et une camisole d'étoffes qu'ils achètent des Chinois qui viennent de tems en tems, nous dîrent-ils, mouiller dans le lieu où nous étions. Quelques-uns étoient parés de bracelets d'argent que les Chinois leur avoient aussi procurés. Presque tous les chefs de ces Sauvages avoient voyagé dans les Moluques et parloient la langue malaise. Les uns portoient un chapeau de feuilles de vacoua, de forme conique à peu près semblable à ceux des Chinois; les autres avoient la tête ceinte d'une sorte de turban. Ils ont tous les cheveux crépus, très-épais et assez longs. La couleur de leur peau n'est pas très-noire. Quelques-uns se laissent croître la moustache; ils ont la cloison du nez et les oreilles percées. Plusieurs nous montrèrent beaucoup d'adresse à tirer de l'arc en visant plusieurs fois de suite à un but éloigné de plus de quarante pas dont leurs flèches approchèrent toujours extrêmement près. D'autres étoient armés de lances très-longues, terminées par des pointes de fer ou d'os. Ces insulaires savent sans doute travailler le fer, car ils firent grand cas des barres de ce métal que nous leur donnâmes; ils recherchoient aussi le fer-blanc, mais ils donnèrent une préférence très-marquée à nos étoffes, sur-tout à celles de couleur rouge.

 L'île de Waygiou, que les habitans appellent *Ouarido*, est couverte de très-grands arbres et offre partout un terrain montueux assez élevé même à une petite distance du rivage. On y voyoit des cabanes de bois de bambou élevées sur des pieux à environ trois mètres

au-dessus du sol, et couvertes de feuilles de latanier.
Un fait très-remarquable, c'est qu'au moment où nous descendîmes à terre, ceux de nos marins qui étoient le moins affectés de scorbut, et même ceux qui n'en avoient aucune apparence, éprouvèrent une enflure considérable dans toutes les parties du corps; mais ce symptôme, dont quelques-uns d'entre nous avoient été alarmés, se dissipa entièrement au bout de trois à quatre heures de marche.

Pendant notre séjour dans cette île, j'en parcourus sans cesse les forêts; j'y recueillis une riche collection de plantes nouvelles et j'y tuai beaucoup d'oiseaux rares, entre autres l'espèce de promerops que Buffon appelle promerops de la Nouvelle-Guinée, un gros kakatoës très-noir (*psittacus aterrimus*), et une nouvelle espèce de calao à laquelle j'ai donné le nom de calao de l'île de Waygiou. Son bec, qui est arqué et d'un blanc sale, a deux décimètres de long. Chaque mandibule est dentée inégalement; la mandibule supérieure est surmontée d'une sorte de casque jaunâtre, applati et cannelé. Les aîles et le corps sont noirs, la queue est blanche et le cou d'un roux assez brillant (*voyez la planche* 11). Ce bel oiseau a huit décimètres de longueur depuis le bout du bec jusqu'à l'extrémité des pieds.

Je vis au milieu des bois beaucoup de coqs sauvages. La femelle que les naturels nous apportèrent n'étoit guère plus grosse qu'une perdrix, et cependant elle pondit des œufs une fois plus gros que ceux de nos poules. Cette espèce de poule sauvage est noire, tandis que celle que je tuai dans les forêts de Java est de couleur grise.

Le faisan couronné des Indes (*columba coronata*) est fort commun dans ces forêts épaisses où nous rencontrâmes çà et là des orangers sauvages dont les fruits fournirent à nos scorbutiques une limonade très-salutaire.

Les naturels qui vinrent à bord nous apprirent que la rade où nous avions jeté l'ancre étoit peuplée de caïmans; cela n'empêcha cependant pas plusieurs personnes de l'équipage de s'y baigner; nous étant enfoncés dans des forêts de mangliers, nous remarquâmes leurs traces empreintes sur la vase. C'est particulièrement pendant la nuit que les caïmans sont le plus à craindre.

Pendant notre mouillage nous reçûmes la visite de plusieurs chefs. Celui de Ravak avoit soupé et couché à bord de l'Espérance la veille de notre départ, mais sitôt qu'il vit qu'on se disposoit à lever l'ancre, il se jeta à l'eau, craignant que nous ne voulussions l'emmener. Sa frayeur nous eût étonné si nous n'eussions appris que les Hollandois avoient enlevé, cinq mois auparavant, son frère au milieu d'une fête qu'ils lui avoient donnée sur leur vaisseau. Ce chef avoit pour vêtement un pantalon et une robe d'indienne très-ample avec une veste de satin, et les pendans d'oreille qu'il portoit étoient d'or.

Les peuples de cette île avoient déclaré la guerre aux Hollandois, et la plupart des hommes ayant à leur tête le plus puissant de leurs chefs, auquel ils donnent le titre de sultan, étoient allés se réunir aux habitans de Céram pour attaquer le gouverneur d'Amboine, qui devoit y passer en faisant sa tournée dans les Moluques. Les habitans des cabanes construites sur les bords de la rade où nos vaisseaux étoient mouillés avoient pourvu avant leur départ à la sûreté de leurs femmes et de leurs enfans en les conduisant dans des villages de l'intérieur de l'île. Cette rade appelée *Boni-Sainé* par les naturels, et éloignée d'environ un myriamètre dans l'est de Ravak, est formée par la côte de Waygiou et une très-petite île que les habitans appellent *Boni*, qui nous restoit vers l'est. Là nous étions presque sous l'équateur, notre latitude ayant été trouvée de 38″ sud. Nous y avions eu 128^d 53′ pour longitude orientale.

Nous prîmes notre eau vers le fond de cette rade dans une assez grande rivière que nos chaloupes pouvoient remonter à plus d'un kilomètre de son embouchure à basse marée, et une fois plus loin au moment de la marée haute.

Le thermomètre observé à bord ne s'éleva pas au-dessus de 24^d, sans doute à cause de l'abondance des pluies.

1ere. année de la rép.
Fructidor.

Le baromètre ne varia que de 28^p 1^l à 28^p 1$^l\frac{1}{2}$.

La déclinaison de l'aiguille aimantée fut de 1^d 14′ vers l'est.

Les vents fûrent assez foibles et ne varièrent que du sud-sud-est au sud-ouest.

Le 11 fructidor nous partîmes de Waygiou, dont nous suivîmes la côte nord en nous portant vers l'ouest pour en doubler la pointe occidentale. Là nous rencontrâmes un bas-fond qui n'est point indiqué sur les cartes, où la sonde varia de huit à seize mètres dans un espace d'environ six cents mètres qu'il nous fallut traverser. Nous remarquâmes ça et là des pointes de roches qui s'élevoient presqu'à fleur d'eau; nous fûmes assez heureux pour les éviter. La plus grande étendue de ce bas-fond est d'environ deux kilomètres du nord au sud.

Nous mouillâmes dans la rade de Bourou le 18 fructidor à deux kilomètres de distance au nord 28^d est de l'établissement hollandois, par quarante mètres d'eau sur un fond de sable vaseux. Aussitôt le commandant de ce poste dépêcha vers nous un caporal pour nous offrir tous les rafraichissemens dont nous avions besoin. Au bout de quelques minutes nous vîmes tirer des coups de fusil au milieu d'un troupeau de buffles qui paissoient sur la grève, et le caporal nous apprit que le Résident avoit ordonné de tuer les deux plus gras pour nos vaisseaux. Connoissant les besoins des navigateurs, il nous envoya beaucoup de fruits, quelques bouteilles d'une liqueur agréable extraite du palmier sagouer (*saguerus, Rumph. vol.* 1, *fig.* 13), et de jeunes feuilles d'une espèce de fougère du genre *asplenium*, qui croît à l'ombre dans les endroits humides; on les mange en salade; elles sont très-tendres et d'une saveur agréable.

1ere. année de la rép. Fructidor.

Ce Résident, nommé Henri Commans, étoit un homme de bien et d'une grande simplicité de mœurs; il étoit fort aimé des habitans : c'étoit lui dont les Hollandois d'Amboine nous avoient vanté le bonheur en nous disant qu'il pouvoit dormir tant qu'il vouloit. Nous rencontrâmes dans son habitation plusieurs naturels qui avoient vu le général Bougainville, lorsqu'il séjourna à Bourou et qui se rappelèrent avec enthousiasme le nom de ce célèbre navigateur.

Ce jour et les suivans fûrent employés à parcourir les divers cantons de l'île qui offre par-tout un aspect varié et très-pittoresque. Le sagoutier est ici très-multiplié; il forme la principale nourriture des habitans; il est même un objet d'exportation. On en voyoit de grandes plantations tout près de l'établissement hollandois dans des marécages qui rendent ce séjour très-mal-sain, sur-tout aux approches du printems.

Je n'avois vu nulle part le bois de tek aussi élevé. On en a planté derrière la ville deux longues allées dont les arbres ont près de quarante mètres d'élévation.

Les Hollandois construisent dans les Moluques des vaisseaux avec ce bois le plus durable de tous ceux que l'on connoît. Le *cayou pouti* des Malais (*melaleuca latifolia*), croît abondamment sur les collines. Le Résident nous montra un grand alambic qui lui servoit à distiller les feuilles de cet arbre dont il tiroit tous les ans beaucoup d'huile de cajeput.

L'île de Bourou fournit plusieurs bois de marquetterie assez recherchés des Chinois, et quelques autres propres à la teinture. Deux Sommes chinoises étoient alors échouées sur la vase vers le nord-ouest du fort hollandois. Le village près duquel ce fort est bâti s'appelle *Cayeli* en langue malaise. Ceux des naturels qui suivent la religion mahométane y ont une mosquée dont les toits, diminuant par étages à mesure qu'ils s'élèvent, offrent un coup-d'œil très-agréable, comme on peut le voir dans la *planche* 42, qui représente une partie de ce village.

La côte vers l'est du village n'est arrosée que de très-petites rivières; mais à un demi-myriamètre vers le nord-ouest nous en remontâmes une très-grande que les habitans nomment *Aer-Bessar*, et qui vient aussi se décharger dans la rade; cette rivière très-profonde avoit plus de quatre-vingt mètres de largeur dans l'étendue de trois à quatre kilomètres que nous parcourûmes. L'île de Bourou doit sans doute à la grande élévation de ses montagnes une rivière aussi considérable. Ses rives m'offrirent

frirent plusieurs fois le bel arbuste connu sous le nom de *portlandia grandiflora.*

1ᵉʳᵉ. année de la rép. Fructidor.

Les cailloux roulés du sommet de ces montagnes que je trouvai sur les bords de différentes rivières étoient des débris de roche quartzeuse mêlée de mica, souvent d'un grès dont les élémens sont aussi du quartz.

Les oiseaux, sur-tout les perroquets, sont tellement multipliés sur cette île, qu'il est très-vraisemblable qu'elle en tire son nom qui en malais signifie oiseau.

Les cerfs, les chèvres et les sangliers sont si répandus dans les bois, que les naturels en fournissent au Résident tant qu'il en veut pour deux coups de fusil par chaque pièce. On y rencontre aussi l'espèce de sanglier nommé *babi-roussa* (*sus babyrussa*).

Les naturels nous parûrent redouter singulièrement plusieurs espèces de serpens qu'ils nous dîrent très-multipliés dans leur île; mais je ne rencontrai aucun de ces reptiles pendant le tems de notre relâche que j'employai pourtant à parcourir assez constamment les forêts.

Nous n'étions pas encore dans la saison des pluies, néanmoins les hautes montagnes rassembloient presque tous les soirs des orages qui crévoient avec un grand fracas pendant la nuit.

La baie ayant été sondée, on reconnut à son ouverture, un peu en-deça de la pointe orientale appelée la pointe Rouba, un banc de roche sur lequel on ne trouva qu'un à deux mètres d'eau dans une étendue d'environ deux kilomètres vers l'ouest-nord-ouest ; mais le reste de cette grande ouverture est très-profond, même à peu de distance de la pointe occidentale ou la pointe Lessatello, que les habitans appellent *Tangiou-Corbau* (la Pointe du Buffle).

Les observations astronomiques qui fûrent faites au village de Cayeli donnèrent $3^d\ 21'\ 54''$ pour sa latitude sud, et $125^d\ 1'\ 6''$ pour sa longitude orientale.

L'inclinaison de l'aiguille aimantée fut de $20^d\ 30'$.

Sa déclinaison observée sur le vaisseau fut de $0^d\ 54'$ est.

Le point le plus élevé que le thermomètre indiqua à bord fut 23^d, et à terre $25^d \frac{5}{10}$.

Le mercure dans le baromètre ne varia que de $28^p\ 1^l$ à $28^p\ 2^l$.

Dans les syzygies l'établissement des marées a lieu vers onze heures trois quarts ; alors les eaux s'élèvent à deux mètres perpendiculaires.

Le 30 fructidor nous fîmes voile de Bourou, nous dirigeant vers le détroit de Bouton, où nous entrâmes le 1er. vendémiaire dans l'après-midi.

Le lendemain vers le coucher du soleil, on mouilla à un kilomètre de la côte vis-à-vis de l'ouverture du canal qui sépare Pangesani de Célèbes. Dauribeau étant malade Rossel fut chargé du commandement de l'expétion, et forma le projet de débouquer par ce canal. Le

3 de bon matin il expédia une chaloupe qui en reconnut une étendue de plus de trois myriamètres parsemée d'un grand nombre d'îlots, particulièrement vers la côte de Célèbes; elle avoit trouvé les deux rives bordées presque par-tout de marécages et couvertes de mangliers. D'après ce rapport plusieurs marins pensèrent qu'on devoit craindre qu'il n'y eût pas dans toute la longueur de ce canal assez d'eau pour y passer avec nos vaisseaux; néanmoins on s'y engagea dès le lendemain, et après s'y être enfoncé de deux myriamètres, on laissa tomber l'ancre aux approches de la nuit.

Le jour suivant on envoya une autre chaloupe pour achever de sonder ce passage. Elle arriva le 8 dans l'après-midi, et nous apprit qu'il étoit semé d'un grand nombre de bancs de sable, et qu'on y rencontroit beaucoup de bas-fonds très-difficiles à appercevoir à cause de leur couleur noirâtre, ce qui rendoit cette issue extrêmement dangereuse; aussi prit-on le parti de rentrer dans le détroit de Bouton, et après avoir été forcés d'y jeter l'ancre, souvent plusieurs fois par jour, nous arrivâmes enfin le 16 à son extrémité méridionale, où l'on mouilla près du village de Bouton, à deux kilomètres au nord de la côte la plus proche.

Nous avions employé beaucoup de tems à traverser ce détroit, parce qu'il nous avoit fallu rester à l'ancre toutes les nuits et presque toujours attendre dans le jour pour faire voile que les marées eussent déterminé des courans favorables à la route que nous voulions tenir.

Les naturels étoient venus nous apporter différentes espèces de fruits communs dans les Moluques, parmi lesquels je remarquai des giraumons de formes très-variées. Ils avoient aussi chargé leurs pirogues de fruits à pain sauvages dont tous ceux qui en mangèrent eûrent beaucoup de peine à digérer les amandes quoiqu'elles eussent été grillées. Ils nous procurèrent encore un grand nombre de poules, des chèvres, du poisson boucané en grande quantité, et de tems en tems du poisson frais. La plupart de ces habitans ne se permettoient pas de faire des échanges avec nous, avant d'en avoir demandé la permission au commandant de notre vaisseau, auquel ils faisoient un présent. Ils nous apprîrent que depuis un an ils avoient vu quatre vaisseaux européens passer par ce détroit, savoir, deux venant de Ternate, et les autres de Banda et d'Amboine. Ces peuples commercent avec les Hollandois, ils préférèrent l'argent à presque tous les autres objets que nous leur offrîmes; cependant la plupart nous demandoient avec empressement de la poudre et du plomb, mais n'en obtenant point un d'entre eux nous offrit deux esclaves pour prix d'une assez petite quantité de munition, et il parut très-étonné quand il vit que nous n'acquiescions pas à l'offre qu'il venoit de nous faire.

Ces habitans nous apportèrent un grand nombre de

perroquets de l'espèce appelée *psittacus alexandri*, et le kakatoës à huppe blanche (*psittacus cristatus*).

2^(de). année de la rép. Vendém.

Nous fûmes assez surpris de voir entre leurs mains des étoffes de coton et de fil d'*agave vivipara* qu'ils nous dîrent avoir fabriquées.

Je profitai des relâches qu'on fit dans ce détroit pour descendre à terre. J'y trouvai une grande quantité de végétaux que je n'avois point encore rencontré ailleurs, et parmi lesquels je dois citer le muscadier uviforme, déja décrit par le citoyen Lamarck; son fruit n'est point aromatique. J'y recueillis aussi le *cynometra ramiflora*, le *gyrinocarpus* de Goertner, et diverses espèces de rotans (*calamus*), qui, après s'être élevés jusqu'au sommet des plus grands arbres, descendoient jusqu'à terre, remontoient ensuite sur d'autres non moins élevés, offrant souvent des tiges de plusieurs centaines de mètres de longueur.

Les fruits du fromager *bombax ceiba*, et de plusieurs espèces nouvelles du même genre très-répandues dans les forêts, procuroient une nourriture abondante à de nombreuses troupes de singes pithèques (*simia sylvanus*); nous en tuâmes quelques-uns pour en conserver la dépouille.

On remarquoit presque par-tout sur la terre humide des traces de cerfs, de sangliers et de buffles. Nous rencontrâmes souvent de nombreux troupeaux de ces derniers couchés dans des endroits fangeux, mais toujours ils prîrent la fuite dès qu'ils nous apperçûrent, et il étoit impossible de les poursuivre à travers la vase.

Je traversai plusieurs fois sur l'île de Pangesani des forêts épaisses du palmier connu sous le nom de *corypha umbraculifera*, où je vis des écureuils de l'espèce appelée *sciurus palmarum*, qui s'enfuyoient de toutes parts à notre approche.

Les habitans avoient élevé près du rivage quelques hangars sous lesquels on avoit placé des treillis de bambou où ils posent le poisson lorsqu'ils le sèchent au feu pour le conserver.

Les naturels connoissant le danger d'habiter près des marécages qui rendent la côte septentrionale de Pangesani très-mal-saine, n'y ont bâti aucun village. Ce fut au milieu de ces mêmes marécages que nous prîmes le germe d'une dyssenterie extrêmement contagieuse, qui fit sur nos vaisseaux des ravages d'autant plus grands que nous étions déja prodigieusement affoiblis par le long usage d'alimens de mauvaise qualité qui s'étoient encore détériorés pendant le voyage. Je fus aussi attaqué de cette maladie qui nous enleva beaucoup de monde.

Le lendemain, dès le lever du soleil, quatre chefs ayant le titre d'*oran-kaïa*, vînrent à notre bord pour nous dire qu'il ne nous étoit pas permis de descendre à terre sans en prévenir auparavant le sultan qui faisoit sa résidence au village de Bouton et qui étoit allié de la compagnie hollandoise. Nous leur témoignâmes le désir que nous avions de visiter cette extrémité de l'île, et aussitôt l'un d'eux alla en faire part à ce petit souverain.

Bientôt nous reçûmes la visite de deux soldats hollandois qui nous proposèrent de nous procurer une entrevue avec le sultan, nous assurant que les naturels n'oseroient pas, sans qu'il en eût donné la permission, nous vendre les rafraichissemens dont nous avions besoin. D'abord ils nous conduisîrent à leur propre demeure où l'on nous dit que le sultan ne seroit visible que très-tard dans l'après-midi. D'après cela nous nous avançâmes en assez grand nombre dans l'intérieur de l'île en nous portant vers l'est. Les naturels que nous rencontrâmes ne parûrent point surpris de nous voir, et ne marquèrent aucune envie de nous suivre.

Après avoir longé pendant plus de deux heures une petite rivière couverte d'un grand nombre de barques dont quelques-unes venoient du détroit chargées de poisson, nous la traversâmes à gué pour nous élever vers le nord. Nous suivîmes des sentiers rapides sur le bord desquels je recueillis beaucoup de végétaux, entre autres le *barleria prionitis*, et plusieurs espèces nouvelles de *croton*.

La plupart des habitations étoient bâties au sommet des collines charmantes dont cette partie de l'île est entrecoupée. Nous fûmes reçus avec cordialité par les naturels qui nous offrirent différentes espèces de fruits. L'un d'eux entre autres étant allé nous cueillir des cocos parvint rapidement au sommet d'un des arbres les plus élevés en se servant d'un moyen qui me semble remarquable. D'abord il se lia les jambes l'une contre l'autre avec un morceau d'étoffe vers l'extrémité inférieure, formant ainsi un point d'appui qui l'aidât à serrer avec ses pieds le tronc de l'arbre assez fortement pour soutenir tout le poids de son corps, et comme le tronc de ce palmier avoit peu de grosseur, en se cramponnant alternativement avec les bras et les pieds le long de l'arbre, il en eut bien vîte atteint le sommet.

On remarquoit au haut des endroits les plus escarpés de quelques collines des forts où les habitans se réfugient lorsque l'ennemi s'approche de leurs demeures. Ces sortes de bastions consistent en des murs de pierre assez épais, hauts de trois à quatre mètres, environnant un terrain carré de vingt à trente mètres d'étendue.

Les naturels qui nous avoient vendu peu de jours auparavant des étoffes, ne nous avoient pas trompé en nous annonçant qu'elles avoient été fabriquées dans l'île de Bouton. Nous vîmes ce jour-là dans quelques maisons plusieurs métiers avec lesquels on faisoit de semblables étoffes, en s'y prenant à peu près comme nos tisserands lorsqu'ils fabriquent de la toile. Ces insulaires rés employoient des fils de coton teints de diverses couleurs ; il me parut que le rouge et le bleu étoient leurs couleurs favorites.

2ᵈᵉ. année de la rép. Vendém.

Vers quatre heures après midi nous nous rendîmes au village de Bouton pour voir le Sultan ; nous ne savions pas qu'il fallût lui apporter quelques présens pour avoir accès auprès de lui. Comme nous n'avions rien à lui offrir il ne fut pas visible. Seulement son fils et son neveu nous reçûrent près du fort où il fait sa résidence. Ils mirent beaucoup d'affectation à nous répéter que toute l'île étoit sous sa domination ; qu'il étoit l'allié de la compagnie hollandoise, et que ses ennemis étoient les siens. Ils nous racontèrent que les habitans de Céram ayant fait depuis peu une incursion sur leurs côtes, quatre avoient été pris et livrés au roi qui sur-le-champ les avoit fait décapiter. Aussitôt après ce récit ils nous engagèrent à nous avancer de quelques pas et nous montrèrent avec un air de satisfaction les têtes de ces malheureux exposées sur les murs du fort, au bout de piques très-longues.

Le village de Bouton est bâti sur une éminence très-escarpée vers le nord-est et entourée de murailles épaisses qui mettent les habitans à l'abri des incursions de leurs ennemis. Les maisons faites de bambou sont couvertes avec des feuilles de palmiers comme celles des autres habitans des Moluques. Les rues sont très-étroites, car on a voulu tirer parti de ce terrain assez peu étendu. Le marché étoit fourni d'une grande variété de fruits et de poissons.

Le Sultan loge dans un fort bâti de pierre. Il nous parut que ce chef vivoit dans une méfiance assez marquée avec les agens de la compagnie hollandoise, quoiqu'il soit son allié; car les trois soldats hollandois qui étoient les seuls habitans de la loge de la compagnie, n'avoient pas la permission de demeurer dans le village où il fait sa résidence. Ils étoient relégués à plus de deux kilomètres de là dans une mauvaise habitation isolée. Ils devoient l'abandonner bientôt pour se rendre à Macassar; mais ils étoient retenus par la crainte de rencontrer les barques des habitans de Céram leurs ennemis qui croisoient depuis quelque tems dans ces parages.

Il faisoit déja nuit lorsque nous nous rendîmes sur le rivage pour retourner à bord. C'étoit au moment de la marée basse. Nous étions pour la plupart attaqués de la dyssenterie depuis plusieurs jours et néanmoins il fallut nous mettre à l'eau jusqu'à la ceinture pour gagner la chaloupe, ce qui aggrava beaucoup notre maladie.

Les naturels avoient procuré dans cette journée à nos vaisseaux du riz, du maïs, des cannes à sucre, des ignames, des poules, des œufs, des canards et des chèvres. On leur avoit offert de la quincaillerie en retour de ces comestibles, mais ils avoient préféré l'argent qui a cours dans les Moluques et particulièrement la petite monnoie argentée qu'ils appellent *koupan pera*, et que les Hollandois apportent d'Europe.

2de. année de la rép. Vendém.

Dans les syzygies l'établissement des marées a lieu vers une heure après midi dans la baie où nous étions, les eaux s'élevant à deux mètres perpendiculaires.

Nous avions mouillé par 5^d 27′ 18″ de latitude sud, et 120^d 27′ de longitude orientale.

Le 18 dans l'après-midi nous déployâmes toutes nos voiles pour sortir du détroit de Bouton, et nous ne tardâmes pas à gagner la pleine mer.

18.

Le 20 dans la matinée nous traversâmes le détroit de Salayer. Un grand nombre de pirogues et de naturels étoient épars sur le rivage, d'autres faisoient voile vers Célèbes.

20.

On mouilla plusieurs fois le long de la côte de Madura, et le 28 dans l'après-midi on jeta l'ancre par dix mètres de profondeur sur un fond de vase rougeâtre à peu de distance de la pointe nord-ouest de cette île et à l'entrée du canal qui mène à Sourabaya, l'un des principaux établissemens que les Hollandois occupent dans l'île de Java. Nous avions le dessein d'y mouiller, et dès neuf heures du matin on avoit expédié de l'Espérance au village de Grissé une chaloupe pour demander un pilote qui dirigeât nos vaisseaux dans la passe qui y conduit.

28.

Cinq jours s'écoulèrent sans que nous reçussions la

moindre nouvelle de notre chaloupe. On craignit qu'elle n'eût été rencontrée par des pirates ; et le 2 brumaire on en expédia une autre dans la persuasion que la première n'étoit pas arrivée à sa destination ; car on ne pouvoit imaginer qu'elle eût été retenue par des Hollandois qui connoissoient le but de notre mission, lorsque le 4 nous reçûmes une lettre de l'officier commandant cette chaloupe, et nous apprîmes qu'il étoit détenu prisonnier par les Hollandois qui étoient alors en guerre avec la France ; cependant peu de tems après le conseil de Sourabaya nous fit dire que d'après des instructions qu'il venoit de recevoir de Batavia, il nous offroit tous les secours qui étoient à sa disposition, et le 5 on nous envoya deux pilotes. Nous fûmes contraints de jeter l'ancre bien de fois avant d'atteindre la rade de Sourabaya, où nous mouillâmes le 7 à deux kilomètres au nord de l'embouchure de la rivière qui traverse la ville ; le pavillon du fort se voyoit au sud 2^d est, et le village de Grissé à l'ouest 30^d nord.

La dyssenterie avoit déja enlevé six hommes de l'équipage depuis notre départ de Bouton.

Bientôt nous eûmes la liberté de demeurer dans la ville de Sourabaya, où je logeai le 10 chez MM. Bawer et Hogh, qui me reçurent avec la plus grande cordialité.

Dix jours après le conseil de Sourabaya révoqua la permission qu'il nous avoit donnée, et aussitôt tous fûrent obligés de retourner à bord à l'exception des malades, au nombre desquels j'étois encore, car la dyssentérie m'avoit laissé dans un état de foiblesse extrême; me trouvant séparé des gens de l'équipage attaqués de cette maladie contagieuse, les purgatifs, l'usage du sagou, du petit-lait me procurèrent un grand soulagement, et je ne tardai pas à être entièrement guéri.

Il étoit tems que cette captivité cessât, car le nombre des malades augmentoit sur nos vaisseaux avec une rapidité effrayante; près de la moitié des équipages étoit déja attaquée de dyssenterie et de fièvres malignes et le nombre de ces malades ne diminuoit que par la mort de quelques-uns d'entre eux. Mais enfin le conseil rendit la permission qu'il avoit révoquée peu de jours auparavant, et nous eûmes la satisfaction de nous revoir tous réunis dans la ville.

Les chaleurs fûrent excessives pendant les premiers jours que nous passâmes à Sourabaya. J'y vis avec étonnement le thermomètre de Réaumur s'élever jusqu'à 27^d; mais ces chaleurs fûrent de courte durée, car le changement de mousson qui eut lieu vers le milieu de brumaire causa pendant long-tems, sur-tout dans l'après-midi, des pluies abondantes qui refroidîrent l'atmosphère de manière que le thermomètre n'indiqua plus que 22^d à 23^d dans les plus grandes chaleurs du jour.

Dès que je fus un peu rétabli, je fis très-souvent des excursions aux environs de la ville et aussi loin que mes forces me le permettoient. J'eus le plaisir de voir mes collections d'histoire naturelle s'accroître d'un grand nombre d'objets que je n'avois point encore trouvé ailleurs.

La plupart des chemins à une bonne distance de Sourabaya étoient ombragés par des haies de bambous. Ailleurs c'étoient des grandes allées de *mimusops elengi*, de *guillandina moringa*, de *nauclea orientalis*, d'*hybiscus tiliaceus*, etc., qui portoient un ombrage bien salutaire dans ces climats brûlans. Je fus assez surpris de voir des branches couvrir jusqu'à terre toute la longueur du tronc de ces derniers arbres bien différens pour le port de tous ceux de la même espèce que j'avois rencontré ailleurs ; mais je ne tardai pas à voir des Javans faire avec un grand couperet dans l'écorce de plusieurs des entaillures assez rapprochées les unes des autres, et j'appris que cette pratique étoit en usage de tems immémorial parmi eux pour occasionner le développement de jeunes pousses dans les endroits incisés de cette manière. Ils ont soin de choisir la saison des pluies pour que cette opération réussisse plus sûrement; la végétation est alors si rapide dans ce climat que, peu de tems après l'opération, je vis des bourgeons sortir en grand nombre du milieu de ces écorces coupées comme je viens de le dire. Ces peuples sont pourtant, en général, peu instruits dans l'agriculture.

Le 21 frimaire le gouverneur de Sourabaya accorda

aux naturalistes la liberté de visiter les montagnes de Prau, éloignées d'environ six myriamètres à l'ouest-sud-ouest de la ville.

2de. année de la rép.
Frimaire.
22.

Nous partîmes dès le lendemain pour nous rendre au village de Poron, qui est bâti vers le pied de ces montagnes. Des Javans se chargèrent de nos effets qu'ils portèrent suspendus à de longs bambous appuyés par l'extrémité sur l'épaule de chacun d'eux.

Après avoir fait près de quatre myriamètres, nous arrivâmes à Souda-Kari, où nous dînâmes à la manière des Javans, chez le chef de ce village qui nous avoit fait préparer un grand repas. Il consistoit en différens plats de poisson boucané, de chair de cheval et de buffle conservée, nous dit-on, depuis plus de six mois après avoir été coupée par lanières très-minces et desséchée au soleil. Tous ces mets étoient assaisonnés avec du poivre, du piment et du gingembre répandus avec profusion. Le riz nous tint lieu de pain. Nous eûmes pour terminer ce festin, une grande quantité de fruits délicieux.

Bientôt nous nous remîmes en route, et peu de tems après il survint une pluie abondante qui nous incommoda singulièrement. Nous étions accompagnés par un sergent de la troupe hollandoise. Il ne tarda pas à nous donner des preuves de son autorité sur des Javans qui se rendoient au village d'où nous sortions ; il fit arracher de leurs mains les parapluies qu'ils portoient et aucun d'eux n'osa s'y refuser. Nous ne savions ce qu'il vouloit en faire, lorsqu'il s'avança vers nous pour nous les offrir, en nous disant qu'il trouvoit étrange que ces gens osassent se garantir ainsi de la pluie, tandis qu'ils nous voyoient exposés aux injures du tems; mais ce qui le surprit beaucoup, c'est qu'aucun de nous ne voulut se servir de ces parapluies que nous l'engageâmes à rendre à ceux à qui ils appartenoient.

Enfin, nous arrivâmes au village de Poron, où nous fûmes reçus par le chef qui a le titre de Deman. Il est principalement chargé de fixer la tâche des naturels dans les corvées.

L'espace que nous venions de traverser depuis Sourabaya est une plaine très-vaste où le riz est la principale culture. Déja les champs étoient couverts de deux à trois décimètres d'eau retenue par des digues de terre dont ils étoient entourés.

Nous avions remarqué avant d'arriver au village de Souda-Kari de grandes plantations d'indigo. Dans l'île de Java ce sont ordinairement des Chinois qui exploitent cette denrée, parce qu'ils ont des connoissances beaucoup plus étendues dans les arts que les naturels.

Nous avions vu aussi cultivé dans plusieurs champs le ricin (*ricinus communis*); les Javans tirent de ses graines une huile à brûler.

On trouvoit encore dans cette belle plaine, mais en petite

petite quantité, des cultures de maïs, de canne à sucre, et de sorgo jaune (*holcus sorghum*).

Nous passâmes la nuit dans une habitation de bambou où régnoit la plus grande propreté. Elle étoit bâtie tout près de celle du Deman.

Le jour suivant nous nous fixâmes à l'extrémité ouest de ce même village sur les terres dépendantes du Tomogon de Banguil, qui faisoit sa résidence à plus d'un myriamètre et demi du lieu où nous étions, et qui néanmoins arriva dans la matinée pour donner aux habitans l'ordre de veiller à notre sûreté et de nous fournir les commestibles qui nous seroient nécessaires.

Ce Tomogon étoit un homme de beaucoup d'esprit, parlant bien le hollandois, et très-au courant des nouvelles d'Europe. Chinois d'origine, il avoit été obligé d'embrasser la religion mahométane pour obtenir le titre de Tomogon.

Nous étions horriblement fatigués du chemin que nous avions fait la veille sur des chevaux très-petits comme tous ceux de cette île. Leur trot extrêmement rude nous avoit incommodé d'autant plus que les selles dont il avoit fallu nous servir n'étoient point rembourrées : elles étoient d'un bois très-dur, couvert seulement d'une peau mince qu'on y avoit collée. D'ailleurs, les étriers à l'usage des Javans étoient trop courts pour nous, et n'avoient pu être abaissés, ce qui nous avoit mis dans une posture bien gênante ; aussi ce jour nous nous éloignâmes peu de notre habitation; mais le lendemain nous traversâmes un espace d'un demi-myriamètre dans une plaine déja inondée en grande partie, puis nous arrivâmes aux montagnes de Prau. Le Tomogon de Banguil s'y rendit à cheval, suivi de plus de cent cavaliers assez bien montés. Nous le trouvâmes dans la forêt où il nous attendoit; mais connoissant peu sans doute la manière simple de voyager des naturalistes, il avoit fait apporter des chaises pour nous asseoir au sommet d'une montagne d'où nous découvrîmes à travers les arbres une grande étendue de terrain qu'il nous dit être de sa dépendance; ce chef désirant nous le faire appercevoir encore mieux, fit étêter sur-le-champ beaucoup de bois de tek, et nous vîmes avec peine que ce plaisir d'un moment lui couta plus de cent pieds d'un aussi bel arbre.

Les paons étoient très-communs dans cette forêt que nous parcourûmes en tout sens; nous en tuâmes plusieurs. Il se trouva parmi la collection de végétaux que je recueillis plusieurs belles espèces d'*uvaria*, d'*helicteres* et de *bauhinia*.

Les habitans étoient occupés à défricher vers le pied des montagnes orientales un excellent terrain couvert d'arbres dont ils abattoient les plus petits avec la hache, et dont ils se contentoient d'écorcer les plus gros vers le pied pour les faire périr.

Dans l'après-midi le tonnerre grondant au loin nous

annonça de la pluie qui ne tarda pas à tomber avec violence, comme il arrive ordinairement dans cette saison; aussi fûmes-nous forcés de regagner notre demeure. Le Tomogon avant de retourner à Banguil, avoit réitéré aux habitans l'ordre qu'on pourvût à nos besoins et à notre sûreté.

2de. année de la rép. Frimaire.

Les jours suivans nous visitâmes les montagnes de Panangounan en nous avançant sur les terres de l'empereur de Solo dans de grandes forêts de bois de tek à l'ombre desquels le *pancratium amboinense* croissoit abondamment. Nos guides nous témoignèrent souvent la crainte qu'ils avoient de rencontrer des tigres, et nous dîrent qu'ils étoient très-communs dans les fourrés voisins des ruisseaux, où ils se tenoient cachés pour surprendre les quadrupèdes lorsqu'ils viennent se désaltérer. Cependant nous ne vîmes aucune de ces bêtes féroces.

Les Javans qui nous accompagnoient étoient presque toujours à cheval et ne descendoient pas même dans les endroits où il étoit assez difficile de pénétrer; mais dès qu'ils appercevoient la plante appelée dans leur langage *kadiar-ankri,* aussitôt ils mettoient pied à terre et couroient à l'envi les uns des autres pour la cueillir. Tant d'empressement de leur part piqua notre curiosité, et bientôt ils nous apprîrent que les tubercules de ses racines séchés et réduits en poudre, sont un puissant aphrodisiaque. L'ardeur qu'ils montroient à s'en procurer nous prouva qu'ils faisoient grand cas de ces sortes de médicamens auxiliaires, d'ailleurs assez recherchés de la plupart des peuples qui vivent dans les climats chauds. Cette plante parasite ne se rencontroit que sur les gros troncs d'arbres. Elle n'étoit point encore en fructification, cependant il m'a paru que c'étoit une nouvelle espèce de *pothos*.

Je tuai dans ces différentes courses plusieurs coqs sauvages dont j'admirai le plumage varié de couleurs très-brillantes. Leur chant, que nous avions souvent entendu au milieu des bois, nous avoit d'abord fait croire que nous étions dans le voisinage de quelqu'habitation, mais en peu de tems nous parvînmes à le distinguer parfaitemeut de celui du coq domestique. La crête des coqs sauvages n'est point de couleur rouge, mais blanchâtre et mêlée d'une teinte très-légère de violet qui prend un peu plus d'intensité vers les bords.

La plupart des marécages voisins de notre demeure étoient couverts de très-larges feuilles de nelumbo (*nymphaea nelumbo*), sur lesquelles nous vîmes très-souvent une espèce nouvelle de jacana qui diffère peu de celle qu'on appelle *parra sinensis*, et nous admirâmes la légèreté avec laquelle cet oiseau, dont les pieds sont très-longs, marchoit de feuille en feuille en se tenant ainsi à la surface des eaux.

On voyoit à peu de distance vers l'ouest du village de Poron deux statues colossales que les Javans appellent *retcio*, et pour lesquelles ils ont beaucoup de vénération. Ils nous dîrent qu'ils les invoquoient dans leurs plus grands besoins. Elles étoient taillées chacune dans un bloc de pierre haut de vingt-deux décimètres. On avoit figuré des vêtemens très-amples, et les deux têtes avoient le même caractère de physionomie que les Maures ; il me paroît bien probable que ces statues ont été élevées en l'honneur de quelques-uns de ces conquérans des Moluques, quoique les habitans n'aient pu nous rien dire à ce sujet.

Le sergent hollandois qui nous accompagnoit étoit passionné pour la musique des Javans. Dès les premiers jours de notre arrivée à Poron il avoit fait venir une chanteuse dont la voix aigre étoit accompagnée par deux musiciens ; l'un jouoit tous les soirs d'une sorte de tympanon et l'autre d'une espèce de mandoline. Tandis que nous travaillions à la description et à la préparation de nos collections, il nous falloit entendre pendant plusieurs heures cette musique discordante, qui pourtant ne manquoit jamais d'attirer un grand concours de naturels.

Tous les airs furent chantés en javan. Ils rouloient ordinairement sur des sujets d'amour, comme nous l'expliqua notre sergent qui entendoit parfaitement le langage de ces peuples. Il nous dit que ces mêmes airs avoient été improvisés selon l'usage des chanteuses de Java. Celle-ci accompagnoit sa voix de divers gestes analogues au sujet, et sur-tout de mouvemens des doigts très-difficiles à exécuter et qui lui attiroient l'applaudissement des insulaires. S'il faut en croire la rénommée, ces chanteuses ne se piquent pas d'avoir des mœurs très-sévères.

Le 29 nous retournâmes à Sourabaya.

Le citoyen Riche et moi nous avions formé le projet d'aller passer quelque tems dans les montagnes de Passervan dont nous nous étions approchés de très-près dans notre dernière excursion. Elles sont fort élevées, et nous avions bien souvent entendu vanter leur fertilité. On y cultive du froment avec beaucoup de succès. Plusieurs espèces d'arbres fruitiers apportés d'Europe réussissent parfaitement sur ces hauteurs, parce que leur température est très-douce. Il nous falloit une nouvelle permission du gouverneur pour faire ce voyage ; mais Dauribeau qui se chargea de la lui demander pour nous, nous dit que ce gouverneur venoit de recevoir du conseil de Batavia de nouvelles instructions d'après lesquelles il ne pouvoit plus nous permettre de nous écarter très-loin de la ville, seulement à la distance de trois à quatre heures de marche. J'allai voir plusieurs fois une fontaine qui n'en est éloignée que d'un myriamètre et demi vers l'ouest. Ses eaux se couvrent d'huile de pétrole qu'on ramasse avec soin pour la mêler avec du goudron. On rencontre dans son voisinage une grande quantité de pierres ponces.

Nous habitions la même maison, le citoyen Riche et moi; nous sortions ordinairement ensemble pour faire nos recherches, et nous revenions tous les soirs à Sourabaya chargés de plusieurs objets que nous n'avions point encore trouvés auparavant. Toujours nous voyions avec peine que la nuit vint suspendre nos travaux. Mais le 1er. ventose, dès quatre heures du matin, le commandant de la place (Châteauvieux), suivi d'une trentaine de soldats hollandois armés, vint nous annoncer de la part de Dauribeau et des principaux officiers de notre expédition que nous étions aux arrêts. Peu de tems après nous sûmes que plusieurs de nos compagnons de voyage partageoient le même sort, sans pouvoir deviner ce qui avoit pu donner lieu à un acte d'autorité aussi arbitraire; bientôt nous apprîmes que des nouvelles arrivées d'Europe avoient déterminé Dauribeau à arborer le pavillon blanc et à se mettre sous la protection des Hollandois qui étoient alors en guerre avec la France. Il avoit sans doute formé dès-lors le projet qu'il exécuta par la suite de vendre les vaisseaux de l'expédition. Pour réussir plus sûrement, il lui falloit se défaire de toutes les personnes qu'il savoit bien devoir désapprouver hautement une pareille conduite. Aussi nous fûmes livrés aux Hollandois comme prisonniers de guerre au nombre de sept; savoir, Legrand, Laignel, Willaumez, Riche, Ventenat, Piron et moi; et nous fûmes conduits à Samarang, obligés de faire près de quarante myriamètres par des chemins affreux dans la saison des pluies. Il nous fallut traverser dans des barques plusieurs grandes plaines inondées par des torrens qui descendoient des hautes montagnes que nous avions vers le sud, et qui font partie de la grande chaîne qui de l'est à l'ouest traverse l'île de Java dans toute sa longueur.

Michel Sirot et Pierre Creno, tous deux domestiques à bord de l'Espérance, nous suivîrent dans notre proscription.

Dauribeau m'avoit dépouillé de toutes mes collections. En partant de Sourabaya je confiai au jardinier Lahaie onze arbres à pain et une égale quantité de racines et de tronçons de ce végétal précieux, qui s'étoient parfaitement conservés dans de la terre glaise et qui pouvoient donner autant de jeunes pieds. Il me promit d'en prendre le plus grand soin et m'en donna un reçu.

La plupart des gens de l'équipage furent jetés dans les prisons du Tomogon de Sourabaya, dont ils sortirent quelque tems après, les uns pour être transférés dans celles de Batavia, et les autres pour rester avec Dauribeau.

Pour nous, nous avions quitté Sourabaya le 6 ventose.

Cette ville est par 7^d 14′ 28″ de latitude sud, et 110^d 35′ 43″ de longitude orientale.

La

La variation de l'aiguille aimantée y fut de $2^d 31' 14''$ ouest, et l'inclinaison de 25^d.

2de. année de la rép.
Ventose.

Ce ne fut qu'après avoir éprouvé bien de fatigues que nous arrivâmes enfin à Samarang dans la matinée du 21.

21.

Aussitôt l'officier commandant de la place nous mena chez le gouverneur Overstraaten. Celui-ci nous dit que le chirurgien en chef de l'hôpital (M. Abbegg) nous avoit fait préparer un logement, et il nous engagea à aller l'occuper; mais quelle fut notre surprise lorsqu'arrivés chez ce chirurgien, il nous fit entrer dans une des salles de son hôpital, où il nous montra sept lits qu'on venoit, nous dit-il, de dresser pour nous. Il n'y avoit dans ce lieu ni table, ni chaises. Ce fut en vain que nous lui représentâmes que nous n'étions point malades et que nous ne voulions point le devenir dans un hôpital; sa réponse fut toujours que d'après le ordres de M. le gouverneur il ne pouvoit nous offrir d'autre logement.

Il nous fallut donc recourir au gouverneur pour lui faire sentir, s'il étoit possible, toute la dureté de pareils procédés à l'égard d'hommes qui, à leur retour d'un long et pénible voyage entrepris pour le progrès des sciences et des arts, croyoient mériter une autre réception chez un peuple civilisé. Ce ne fut pourtant qu'après avoir parlementé pendant plusieurs heures que l'on changea l'ordre de notre incarcération dans un hôpital.

TOME II. S s

Nous demeurâmes vers le centre de la ville et nous l'eûmes pour prison.

Peu de tems après il nous fut permis de sortir à un demi-myriamètre de Samarang, mais avec la restriction de ne pas aller vers les bords de la mer.

En voyageant de Sourabaya à Samarang, j'avois vu avec surprise dans les marchés de plusieurs villages des boutiques remplies de petits pains carrés et applatis d'une terre glaise rougeâtre que les habitans appellent *tana ampo*. J'avois cru d'abord qu'ils pouvoient bien s'en servir pour dégraisser leurs étoffes; mais bientôt je les avois vu en mâcher de petites quantités, et ils m'assurèrent qu'ils n'en faisoient pas d'autre usage.

En traversant les grandes rizières que nous avions trouvées au pied des montagnes, les naturels nous avoient fait remarquer plusieurs fois des champs de riz sur des pentes trop rapides pour que les eaux pussent y séjourner; l'on y cultivoit une espèce de riz qui n'a pas besoin d'être dans un terrain inondé pour réussir parfaitement; mais on a grand soin de ne le cultiver que dans la saison où il est arrosé tous les jours par des pluies abondantes.

J'avois déja remarqué dans l'île de Java sur différentes hauteurs un grand nombre de cocotiers qui, privés de leurs feuilles, étoient morts sur pied. Il m'avoit paru assez étonnant d'en voir un si grand nombre dans un espace aussi limité, et je n'avois pu en deviner la cause; mais j'appris enfin de plusieurs habitans des collines situées à peu de distance vers le nord-ouest de Samarang où je vis beaucoup de ces cocotiers, qu'ils avoient été frappés du tonnerre; ces habitans en avoient été témoins, et ils me dîrent qu'il en arrivoit de même sur beaucoup d'autres hauteurs de l'île. En effet, ces grands arbres ainsi isolés sont singulièrement exposés aux terribles effets de la foudre ; d'ailleurs, la sève abondante dont ils sont remplis ne contribue pas peu à attirer la matière du tonnerre.

2de. année de la rép.
Ventose.

Le 16 germinal nous apprîmes qu'en peu de tems un paquebot devoit faire voile de Batavia pour l'Europe. Le gouverneur de Samarang voulut bien que deux d'entre nous se rendissent auprès de la régence de Batavia pour demander passage sur ce navire. Nous brûlions tous également du désir de revoir notre patrie ; mais il fallut que le sort en décidât. Il fut favorable aux citoyens Riche et Legrand, et le 17 floréal il partîrent pour Batavia.

Germinal.
16.

Floréal.
17.

Douze jours après, le gouverneur de Samarang nous donna l'ordre de nous rendre dans le même lieu où nous devions attendre qu'il y eût, pour retourner en France, une autre occasion que celle du paquebot dont je viens de parler, car il étoit même très-incertain que Riche et Legrand y trouvassent une place.

29.

Plusieurs Hollandois qui prenoient intérêt à nous, nous apprîrent que la flotte sur laquelle il nous restoit l'espoir de partir pour l'Europe ne devoit faire voile que

S-s 2

dans six à sept mois, et ils nous assurèrent qu'il n'étoit pas probable qu'il y eût avant cette époque d'autre occasion pour nous rendre dans notre patrie. La dyssenterie que j'avois gagnée dans les marécages du détroit de Bouton me fit craindre de la voir se renouveller au milieu des marécages de Batavia, dont les exhalaisons sont encore bien plus insalubres. D'ailleurs, le séjour de Batavia est si pernicieux à la plupart des Européens, sur-tout dans la première année qu'ils l'habitent, que sur cent soldats arrivés d'Europe il en meurt ordinairement quatre-vingt-dix la première année, le reste qui s'est un peu acclimaté, y traîne une vie languissante. Les autres Européens qui y jouissent d'une grande aisance ne périssent pas dans une aussi effrayante proportion ; mais avec le foible traitement qu'on nous accordoit, comme prisonniers de guerre, nous ne pouvions espérer de nous y procurer d'autres objets que ceux de première nécessité.

Nous obtînmes, le citoyen Piron et moi, de n'aller à Batavia qu'au moment du départ de la flotte hollandoise. Nos compagnons d'infortune, Laignel, Ventenat et Willaumez, partirent pour s'y rendre, et dès qu'ils y fûrent arrivés, on les envoya dans le fort de Tangaran, à plus de deux myriamètres de la ville. Riche et Legrand au lieu d'obtenir leur passage sur le paquebot qui ne devoit pas tarder à faire voile, avoient été relégués dans le fort d'Anké. Cependant environ deux mois après ils eûrent le bonheur de partir pour l'Ile-de-France sur un vaisseau qui y transportoit des prisonniers faits sur nos corsaires.

Dauribeau n'étoit pas encore satisfait de m'avoir dépouillé de mes collections, il demanda au gouverneur de Samarang qu'on m'enlevât le manuscrit qui renfermoit les observations que j'avois faites pendant le voyage à la recherche de la Pérouse. En vain je réclamai contre cette violation de la plus sacrée de toutes les propriétés, néanmoins le 10 thermidor le gouverneur Overstraaten ordonna qu'on fît la visite de mes effets qu'il avoit fait mettre sous le scellé depuis un mois; mais heureusement on ne trouva point mon journal.

Dauribeau arrivé à Samarang depuis peu de tems pour traiter avec le gouverneur de la vente des vaisseaux de notre expédition, mourut le 5 fructidor.

Le moment du départ de la flotte hollandoise approchoit. Nous partîmes pour Batavia, le citoyen Piron et moi, le 14 fructidor. Nous avions à bord du vaisseau qui nous y transportoit plusieurs Javans dont l'un étoit aux fers. Sa pauvre femme étoit assise auprès de lui; elle avoit voulu le suivre dans son exil. Nous fûmes navrés de douleur en apprenant de la bouche de ce malheureux la cause de sa perte : il s'appeloit, nous dit-il, Piromongolo; il étoit du village de Calibongou, dépendant du gouvernement de Samarang; il avoit payé trois cent cinquante rixdalers pour être l'un des mantris de

2de. année de la rép.

Floréal.

Thermidor 10.

Fructidor. 5.

14.

ce village, mais un autre habitant l'avoit supplanté en donnant une plus forte somme, et ceux qui avoient reçu son argent au lieu de le lui rendre, se défaisoient de lui en l'exilant à Ceylan, où il devoit être renfermé comme beaucoup d'autres habitans des Moluques que les Hollandois sacrifient à leur vengeance ou à leurs prétendus intérêts politiques. Parmi les griefs qu'on avoit accumulé sur sa tête, on l'accusoit, nous dit-il, d'être sorcier ; ce pauvre homme nous avoua avec beaucoup de naïveté que pourtant il n'en savoit rien lui-même ; mais que, dans tous les cas, il pouvoit assurer que ceux qui avoient volé ses trois cent cinquante rixdalers étoient des sorciers bien plus dangereux que lui.

La compagnie hollandoise a fixé à une somme modique le traitement qu'elle accorde aux différens gouverneurs de l'île de Java ; mais elle tolère les abus qui résultent du dédommagement très-ample que la plupart d'entre eux savent se procurer en levant sur les naturels des contributions beaucoup plus fortes que celles qui doivent être versées dans les magasins de la compagnie et en faisant tourner l'excédent à leur profit.

Les Chinois sont, pour ainsi dire, les seuls qui travaillent à la fabrication du sucre. Ils ne font guère que du sucre candi, et ils n'ont la permission de le vendre qu'au gouverneur ; celui-ci l'achète pour le compte de la compagnie hollandoise ; mais souvent il force ces malheureux Chinois de le lui livrer à un prix une fois moindre que celui auquel il le fait payer à la compagnie; néanmoins elle l'obtient encore à très-bon compte (environ vingt centimes chaque demi-kilogramme).

2de. année de la rép.
Fructidor.

Les contributions que les gouverneurs reçoivent en argent leur forment un assez grand lucre, lorsque gardant cet argent, ils remboursent la compagnie en papier monnoie. Ils pouvoient de cette manière gagner 20 pour 100 à l'époque de mon séjour dans l'île de Java.

La nomination des naturels à différentes places est encore un autre moyen de fortune dont beaucoup de gouverneurs et de résidens savent tirer un très-grand parti.

Le 16 on laissa tomber l'ancre dans la rade de Batavia.

16.

Après être restés deux jours à bord, le commandant de cette rade nous conduisit à terre et aussitôt nous fûmes transférés au fort d'Anké, qui n'est éloigné que d'environ un demi-myriamètre vers l'ouest de la ville. On nous donna la chambre que nos compagnons d'infortune, Riche et Legrand, avoient occupée.

18.

De toutes parts nous étions entourés de marécages qui rendent ce séjour très-insalubre; il l'est cependant beaucoup moins que celui de la ville, où les marées basses laissent à découvert dans un grand nombre de canaux une vase noirâtre d'où la chaleur du soleil fait sortir des émanations extrêmement pernicieuses. Les marécages d'Anké, au contraire, étoient couverts de différentes plantes si rapprochées les unes des autres, qu'ils ressembloient à de belles prairies en pleine végétation. On voyoit s'élever du fond des eaux stagnantes un grand nombre de graminées, de souchets, de nelumbo, etc., et les intervalles que ces différentes plantes laissoient entre elles étoient remplis par de grandes quantités de *pitsia stratiotes*, qui, se tenant à la surface des eaux par le moyen des vesicules aériennes dont ses feuilles sont munies à leur base, absorboient en grande quantité les miasmes délétères à mesure qu'ils s'élevoient de la fange pour les changer, comme on sait, en air respirable avec le secours des rayons du soleil, et cette transmutation est particulièrement due au *pitsia*; car l'expérience a fait connoître qu'il s'oppose si puissamment à la décomposition des eaux stagnantes, que du poisson conservé dans une petite quantité d'eau où il périt au bout de quelques jours, y vit fort long-tems si on en couvre la surface avec cette plante singulière dont chaque pied occupe à peu près un décimètre carré.

Ces marécages servent de repaire à des serpens énormes de l'espèce appelée *boa constrictor*. Il en venoit un, assez régulièrement tous les cinq à six jours, enlever quelque volaille du poulailler d'un aubergiste voisin du fort d'Anké, chez lequel on nous avoit permis de prendre nos repas. Cet aubergiste étoit un homme extrêmement dur. Lorsqu'il lui manquoit une volaille, aussitôt

il

il taxoit d'infidélité un vieil esclave à qui la garde de son poulailler étoit confiée, et sans pitié pour ce malheureux, il lui faisoit donner cinquante coups de rotain à chaque fois qu'une poule disparoissoit ; mais un jour le voleur (c'étoit un serpent *boa constrictor* qui avoit avalé une des plus grosses) se trouva si gonflé qu'il ne put sortir par l'ouverture au travers de laquelle il s'étoit introduit dans le poulailler ; alors l'esclave se vengea des coups qu'il avoit reçus et le coupa en plusieurs morceaux. La poule qu'on retira de son estomac y étoit entrée la tête la première. Elle n'avoit éprouvé aucune altération. Le serpent étoit de grandeur médiocre, car il n'avoit que quatre mètres de longueur ; mais quelques jours après des Javans en tuèrent à peu de distance de là un autre qui étoit long de dix mètres. Il paroît que celui-ci ne s'amusoit guère à manger des volailles. On trouva dans son estomac un chevreau qui pesoit un myriagramme et demi.

La rivière qui passe au pied du fort d'Anké est fréquentée par des caïmans. Un jour j'en vis un des plus gros s'avancer au milieu d'une troupe d'enfans qui nageoient dans cette rivière. Sur-le-champ il en saisit un et disparut sous les eaux ; néanmoins quelques jours après d'autres enfans revinrent se baigner au même lieu.

Dans les derniers mois de notre séjour à Anké quatre officiers du corsaire françois le *Modeste*, vinrent loger dans la forteresse où nous étions détenus. Leur

2ᵈᵉ. année de la rép.
Fructidor.

présence adoucit un peu notre captivité. Ils avoient été faits prisonniers de guerre sur un vaisseau hollandois, peu de jours après l'avoir amariné.

Le major de la place, qui venoit nous voir très-souvent, nous apprit la mort du commis aux vivres de la Recherche, nommé Girardin. On reconnut que c'étoit une femme, comme on l'avoit présumé depuis le commencement de notre voyage, quoiqu'elle eût tous les traits d'un homme. Il paroît que l'envie de satisfaire sa curiosité l'avoit déterminée en grande partie à entreprendre cette campagne. Elle laissoit en France un enfant très-jeune.

La corvette la *Nathalie*, ayant à bord le citoyen Riche, avoit été expédiée de l'Ile-de-France pour réclamer à Batavia auprès de la régence nos vaisseaux; mais arrivée dans la rade, cette corvette fut retenue pendant cinq mois sous le canon de deux vaisseaux de guerre hollandois, et elle ne put obtenir autre chose que d'emmener les personnes de notre expédition qui étoient dans les prisons, et quelques autres François prisonniers de guerre.

3ᵐᵉ. année de la rép.
Germinal. 9.

Enfin, le 9 germinal nous fîmes voile pour l'Ile-de-France.

Il étoit tems que je quittasse les marécages au milieu desquels le fort d'Anké est bâti; car depuis plus d'un mois j'étois attaqué d'une dyssenterie qui faisoit des progrès très-rapides. Mais dès que je respirai un air pur, mon mal diminua de jour en jour.

Le 18 floréal j'arrivai à l'Ile-de-France. J'en parcourus très-souvent les hautes montagnes dont j'observai les productions qui sont extrêmement variées.

3me. année de la rép.
Floréal.
18.

Il n'y avoit point eu jusqu'alors d'occasion dont je pusse profiter pour me rendre dans ma patrie, lorsque le général Malartic envoya en France la *Minerve*, dont il confia le commandement au citoyen Laignel, l'un de mes compagnons d'infortune. Je m'embarquai sur ce vaisseau, qui fit voile de l'Ile-de-France le 30 brumaire.

Il est à remarquer que faisant route au nord-nord-ouest depuis le $25^{me\ d}$ de latitude nord, et le $31^{me\ d}$ de longitude occidentale, nous vîmes, dans un espace de plus de cent quarante myriamètres, la mer couverte d'une prodigieuse quantité de goemons de l'espèce appelée *fucus natans*; ils indiquent des bancs très-considérables où ils prennent naissance. Cette recherche mérite bien de fixer l'attention des navigateurs.

4me. année de la rép.
Brumaire.
30.

Le 22 ventose on mouilla à l'île de Bas, et bientôt après je me rendis à Paris.

Ventose.
22.

Je ne tardai pas à apprendre que mes collections d'histoire naturelle avoient été transportées en Angleterre. Aussitôt le gouvernement françois les réclama; le président de la société royale de Londres, M. Banks, appuya cette demande avec toute l'énergie qu'on devoit espérer de son amour des sciences, et quelque tems après j'eus le bonheur, en les recevant, de me voir à portée de faire connoître les productions naturelles que j'ai observées sur les différentes terres où nous avons abordé dans ce voyage.

Les arbres à pain que j'avois confié au jardinier Lahaie ont été transportés à l'Ile-de-France avec d'autres que ce jardinier cultivoit; quelques-uns ont été envoyés à Cayenne, et d'autres déposés à Paris dans les serres du Jardin des Plantes.

FIN DU SECOND ET DERNIER VOLUME.

TABLES

VOCABULAIRES.

VOCABULAIRE

MALAIS.

Abeille	Taoun madou.
Aboyer	Gongonh.
Accompagner	Tourout sama.
Accoucher	Branan, clouar anac.
Accouder (s')	Soungouan.
Accourcir	Kredgia pendec.
Accoutumer	Biassa.
Acheter	Bli.
Acre	Podes.
Adieu	Tabé.
Adroit	Bissa.
Adultère	Gendach.
Æschinomene grandiflora	Malasui.
Affliger (s')	Saquet ati.
Age	Houmour.
Agréable	Soucagnia.
Ai (j')	Ako ada.
Aigre	Assam.
Aiguille	Dgiarum.
Ail	Baouan pouti.
Ailleurs	Lain, di lain, tampat.
Aimé	Souda tchinta.
Aimer	Tchinta, souca.
Air, vent	Anging.
Aisément	Ganpan.
Aller	Dialan, pigui.
Allez-vous-en	Sourby.

VOCABULAIRE

Aloès	Lida boaya.
Alun	Taüouass.
Amasser	Pungot.
Ame	Dgiva.
Amende	Denda.
Amener, apporter	Kiary.
Amer	Pait.
Ami	Sobat.
Amie	Sobat paranpouan.
Amour	Tchinta.
Amuser (s')	Oudgiou.
An, année	Taun.
Ananas	Ananas, nanas.
Animal, quadrupède	Binatan.
Ancre	Sao, bassi.
Anona muricata	Anona.
Appeler	Panguil.
Appétit	Lapar.
Appliquer	Taro.
Apporter	Baoua, kiary.
Approcher	Decat.
Appuyer (s')	Taro tyaga.
Après	Commedian, diblacan.
Araignée	Laoua-laoua.
Arbre	Pohon.
Arc	Pana.
Areck	Pinang.
Arêtes	Toulan ican.
Argent	Pera.
Argent, monnoie	Ouan.
Argille	Lambac.
Armée	Barissan.
Aromatique	Vangni hahé.
Arracher	Tchabout.
Arrak	Zopi.
Arranger	Ator.
Arrière (en)	Di blacan.

Arriver	Datan, poulan.
Arroser	Siram.
Assassin	Bounou oran.
Asseoir (s')	Doudou.
Assez	Souda.
Assurement	Sacali.
Attacher	Icat.
Attendre	Nanti.
Attention (faire)	Dgiaga.
Avaler	Talan.
Avant, devant	Di mouca.
Aucun (personne)	Trada oran.
Avec	Sama.
Aveugle	Bouta.
Aujourd'hui	Arreini.
Aulne (espèce d'), environ deux tiers de mètre	Eslo.
Avouer	Menauo.
Auparavant	Dôlo.
Aussi	Itou lagui, lagui.
Autour	Boundre.
Autre (un)	Lain.
Azederac (Melia)	Foula mourgati.
Babillard	Bagna tchérita.
Badamier	Catapan.
Bague	Tchintchin, tchinkien.
Baigner (se)	Mandi, cloar di aer.
Bail	Bea.
Bailler	Malas, anghop.
Baise mon derrière	Guilapantat.
Baiser (donner un)	Cassi tioum, tioum.
Balai	Sappou.
Balayer	Sappou.
Bambou	Pring, bambou.
Bambou (très-jeunes pousses de) bonnes à confire	Ribbon.
Banane	Pissang.

Barbe	Coudek.
Barque	Prau.
Bas, en bas	Dibaoua.
Baselle rubra	Gandola.
Bâton	Rotan, touca.
Battre	Pocol.
Beau, magnifique	Bagous.
Beaucoup	Segala, bagnia-talalo.
Bec	Moulou.
Begayer	Kago.
Betel	Siri.
Bien (adverbe)	Bahé, bay.
Bientôt	Chabentar, bloum.
Bilimbi (Averrhoa)	Blimbing.
Blanc	Pouti.
Blé, froment	Bras blanda, gaudoum.
Blesser	Touffo.
Bleu	Birou.
Bœuf	Sampi.
Boire	Minum.
Bois	Cayou.
Bois veiné de noir, très-estimé des Javans	Cayou pelet.
Boîte	Péti.
Boiteux	Pintchan.
Bon	Bahé, taillou, enac.
Borassus flabelliformis	Lontor.
Bordel	Poporket.
Borgne	Bouta sato.
Bossu	Pounco.
Bouche	Moulot, moulou.
Boucher, fermer	Toutoup.
Boucles	Kandging.
Boucle de jarretière	Canibau.
Boue	Lumpor, cotor.
Bouillir	Rdidi.
Bouillon	Caldé.

MALAIS.

Boulle	Kegué.
Bouquet	Comban.
Boutons à la figure, etc.	Binsol.
Boutons de vêtement	Kantging kain.
Brasse (une)	Sato deppa.
Brave	Brani, oran brani.
Brébis	Domba.
Bride	Kandali.
Briller	Tran.
Brique	Batou Keddon.
Briser	Pitchia, pikiat.
Brosse	Sicat, sica.
Bruit	Glouadagan.
Brûler (se)	Bauar.
Buffle	Corbau.
Cable	Tali sao.
Cabriolet	Creta siass.
Café	Coffi.
Calamus aromaticus	Dringho.
Calebasse	Labou pandang.
Canard	Bebé.
Canelle	Cayou manis.
Canon	Mariam.
Cardamome (petite)	Cardamoungo.
Caresser	Gosso.
Carosse	Creta toutoup.
Cartes (jeu de)	Cartou.
Casuarina	Cayou samara.
Catin	Sondel.
Cayman	Boaya.
Ceci, cela, cette	Itou.
Cendres	Abou.
Cercle	Bonder.
Cerf	Roussa.
Certainement	Pasti, songou.
Cervelle	Outac.
Chagrin	Saket ati.

Chair	Daguin.
Chaise....................	Crossi.
Chalcas paniculata	Kamouni.
Chaleur	Panas.
Champignon	Diamour.
Chandelle, lumière...........	Lilen.
Changer, échanger	Toucar.
Chanson	Mingniagui.
Chanter	Migniagni.
Chapeau	Toppi.
Charbon	Arenh.
Chasse (aller à la)	Pigui passan.
Chat	Koutchien, toussa.
Chatouiller..................	Gli.
Châtrer....................	Kabiri.
Chaud....................	Panas.
Chauffer	Massac.
Chauve-souris	Bourou ticousse.
Chaux....................	Kappor.
Chaux (pierre à)	Batou kappor.
Chemin....................	Dialan.
Chemise	Kmedia.
Cher, de grand prix	Mahal.
Chercher	Kiari.
Cheval	Kouda.
Cheveux....................	Rambout.
Chèvre	Cambing.
Chez....................	Sama.
Chien	Andgin.
Chinois....................	Oran kina.
Choisir	Pili, tchioba.
Chose, quelque chose	Apapa.
Cicatrice	Louca.
Ciel (le)....................	Laoughit.
Cire	Irouan.
Ciseaux....................	Gounting.
Citron....................	Dierro assam.

MALAIS.

Clef............................	Kounki.
Clincaillier....................	Toucan clinton.
Cloche	Londgin.
Clou	Pakou.
Cochon........................	Babi.
Coco	Kalapa, klapa.
Coco à puiser de l'eau.........	Gayon.
Cœur	Yanton.
Coït (l'acte du)..............	Tiouki.
Colère (être en).............	Mara.
Colle de poisson en feuillets.....	Andionr.
Combattre....................	Bacalaye.
Combien.......................	Barapa.
Comme.........................	Saya.
Comme ceci....................	Beguitou, beguini.
Commencer	Molai.
Comprendre...................	Tau, menarti.
Compte (chose à bon).........	Moura.
Compter.......................	Iton.
Concombre	Timon.
Conduire	Baoua.
Confitures.....................	Manisang.
Connoître......................	Kanaille.
Conserver.....................	Simpan.
Contraire (au)................	Lain.
Contrevent....................	Tchenela.
Coquille.......................	Kran, bia.
Coquin	Banksat.
Corbeille......................	Kranguian.
Corde	Tali.
Cordonnier....................	Toucan spadou.
Corne	Tandou.
Corps	Badan.
Corypha umbraculifera	Saribou.
Coton	Benan.
Cou	Leher.
Coucher (se)..................	Tidoran.

TOME II.   B

Coudre	Myndgeaît.
Couleur	Roupa.
Coup	Tampelin.
Coup (tout à), maintenant	Sécaran.
Couper	Poton, tadgiam.
Courbe	Benko.
Courir	Lari.
Court	Pendec.
Coussin	Bantal.
Couteau	Pissou.
Couverture	Combar.
Couvrir, fermer	Toutoup.
Cracheoir	Tampat louda.
Cracher	Bouan louda, louda.
Craie	Kappor blanda.
Craindre	Takot.
Crapaud	Codoc.
Crever, mourir	Mampoul.
Crevette	Oudan di laot.
Crier	Batreia.
Crochet	Tiantolan.
Croire	Cokira, perkiaïa.
Cuiller	Sendock.
Cuire	Massac.
Cuisine	Dapor.
Cuisse	Paha.
Cuivre	Tombaga.
Cure-oreille	Gorep copeng.
Cuve	Bâlé.
Cynometra cauliflora	Nam-nam.
Dans, dedans	Didalam.
Danser	Tandac.
De, du	Di, deri.
Découvrir	Bouca.
Défendre	Laran.
Dehors	Dilouar.
Déja	Souda, abis.

MALAIS.

Déjeûner	Makan pagui.
Demain	Besso.
Demain (après)	Loussa.
Demander	Minta, tagnia.
Démanger	Krechia, mainmain.
Demi	Stinga.
Dénoué	Lapass.
Dent	Guigui.
Dépuceler	Ambel praoen loller.
Depuis	Sila magna.
Depuis hier	Dari kalamaren.
Derrière	Diblacan.
Descendre	Touron.
Désirer	Képegné.
Dessous	Di baoua.
Devant	Di mouca.
Devoir, dette	Outan.
Diamant	Inten.
Diarrhée	Saket bouan aer.
Dieu	Touan ala, toueran allé.
Difficile	Soussa.
Diligent	Naguin.
Dimanche	Ari mingo.
Dîner	Comp, makan stinga ari.
Dire	Bilan, kata, dekata.
Doigt	Gredgy, yari.
Dolichos tuberosus	Bongouan.
Domestique	Oupas, boudac.
Donc	Commeden.
Donner	Cassi.
Dormir	Tidor.
Dos	Blackagnia.
Doucement	Palan-palan.
Doux	Manis.
Droit	Betol.
Droite (la)	Kanan.
Dur	Cras.

VOCABULAIRE

Eau	Aer.
Ebène	Cayou aram.
Ecaille	Tiram.
Eclair	Biglap.
Eclairer	Tran.
Ecorcher	Clouar koulet.
Ecouter	Dingher.
Ecraser	Toumbo.
Ecrire	Touliss.
Ecritoire	Tampat touliss.
Ecuelle, coupe	Manco.
Ecureuil volant, *sciurus sagitta*.	Vello.
Effrayer	Caguet.
Egal	Sama-sama.
Eglise	Gredgia.
Egratigner	Garo.
Elargir	Kredgia bessar.
Eléphant	Gadia.
Elle	Coë.
Emoulu	Tadgem.
Empan	Quilan.
Empereur	Sussunan.
Empli	Penou.
Empois, colle	Kantging.
Empoisonner	Radgiun.
Emprunter	Pegniem.
Enceinte (femme)	Bonting.
Encore	Lagui.
Encre	Tinta.
Enfant mâle ou femelle	Anak.
Enfer	Nourakka.
Enfin	Lama lama.
Enfoncer	Tindiss.
Enfuir (s')	Lari, ilan.
En haut	Tingui, diyatas.
Enivrer	Mabou.
Ennemi	Mousso.

Enrhumer (s')	Pilic.
Ensemble	Sama sama.
Ensorceler	Tauver.
Ensuite	Commedent.
Entendre	Dingher.
Enterrer	Tanam.
Entier	Basti.
Entrée	Massoc.
Entrer	Massoc di dalam.
Envelopper	Bonkous.
Envoyer	Tirem, kirin.
Epaule	Ponda.
Epée	Pedan.
Epidendum	Angrec.
Epine	Douri.
Epingle	Fenitti.
Epouse	Penanten.
Epouser	Caven.
Epoux	Penanten laki.
Erection (être en)	Natchiam.
Escalin	Satali, 6 s. ½.
Esclave	Lascar.
Espèce, sorte	Roupa.
Espérance	Kira.
Essayer	Tchouba-tchouba.
Essuyé	Krain.
Est, Orient	Vetan.
Estimer	Bagnia tchinta.
Etain	Tima.
Eternité	Por slamagnia.
Eternuer	Ouain.
Etincelle	Mniala.
Etoffe de soie	Kainsoutra.
Etoile	Bindan, bintan.
Etourdi	Sarsar, guila.
Etrangler	Ganton.
Etre	Ada.

Etriers	Songo veddi.
Etroit	Sesak.
Etudier	Adiar.
Evanouir (s')	Iatouflau.
Eveiller	Kredgia bangon.
Eveillé (être)	Souda bangon.
Examiner	Tagnia.
Excrément	Taï.
Excuse	Cassi ampon.
Fâcher (se)	Mara, gueguer.
Facile	Trada soussa.
Fagot	Bon koussan.
Faim (avoir)	Lappar.
Faire	Kredgia.
Faites appeler	Sourou panguil.
Faites cela	Kredgia itou.
Fard	Borrei.
Farine	Debon.
Faut (il)	Misti.
Faute	Sala.
Fausseté	Djousta.
Faux (cela est)	Djousta.
Femelle, femme	Paranpouan.
Fendre	Poton.
Fenêtre	Tzendela.
Fente	Poton.
Fer	Bessi.
Fermer	Toutoup.
Fesses (les)	Pantat.
Fête	Ari bessar.
Feu	Api.
Feuille	Daun, blayé.
Fier (se)	Pretchaïa.
Fierté	Psarati.
Fièvre	Deman.
Figure	Mouka.
Filet pour prendre du poisson	Dgiolon.

MALAIS.

Fin, terme	Abis.
Fin, menu	Alos.
Fin, rusé	Pinter.
Flagellaria indica	Rotan outan.
Flamme	Mniala.
Flatter, comme flatter un chat	Poutre koutchien.
Flétri, séché	Krain, kring.
Fleur	Comban, bounga.
Fleurir	Comban.
Foible	Trada koat.
Foie	Ati.
Fois (une)	Sakali.
Fois (deux)	Doua kali.
Fontaine	Summur.
Fort	Koat, cras.
Fossé	Bentin.
Fou	Bodo, oran guila, guendan.
Foudre	Gontor.
Fouet (un)	Dgemetey.
Fourmi	Smout.
Fragile	Lacas pitchia.
Frais	Dinguin.
Frapper, fesser	Pocol.
Frémir	Kaguet.
Frère	Soudara.
Fripon	Oran menkiouri.
Frit	Goring.
Froid	Dinguin, dignin.
Fromage	Kediou.
Front	Alis.
Frotter	Gosso.
Fruit	Boua-boua.
Fuir	Lari, bourou.
Fumée	Acep.
Fusil	Pedel.
Gager	Petaro.
Gagner	Ontou.

Gai	Enac ati.
Galant	Halus.
Gale	Garo.
Galon d'or	Pasmin.
Galopper	Dialan tell.
Garçon	Boudgian.
Garde (faire la)	Djaga.
Garder	Simpan.
Gâter (se)	Boussouc.
Gauche (la)	Kiri.
Gazon	Roumpot.
Gencives	Ican guigui.
Généreux	Pasaran.
Genoux	Loutou.
Geste	Tinkagnia.
Gilet	Uat prot.
Gipse	Taufou.
Girofflier	Kenké.
Giromon	Labou mera.
Glisser	Leitchin.
Gouramier (poisson nommé)	Ican gourami.
Gourmand	Bagnia makan.
Goût	Rassa.
Goût de (avoir un)	Rassagnia.
Goutte	Tetès.
Goyavier	Goyave.
Graine	Bigui, bitchi.
Graisse	Gommock.
Grand	Bessar, tingui.
Gras	Gommok.
Grater	Garo.
Gratis	Trabolé trima, per kiouma.
Grélot	Loudgin kitkil.
Grenade	Delima.
Grenouille	Codoc.
Gresillon	Gansir.
Griffe, même expression que pour la	

MALAIS.

la main	Tangan.
Griller	Panghan.
Grillon (espèce de)	Yankrek.
Grimace	Tinka.
Grimper	Naik.
Gris-cendré	Abou.
Gronder	Marat.
Gros, grossier	Kassar.
Guêpe	Taoun.
Guerre	Pram.
Guide	Toniou dialan.
Habile	Bissac.
Habiller	Packian, paké.
Habit	Packian.
Habiter	Tingal.
Hache	Camba.
Hacher	Kinkian.
Haïr	Benki, marat.
Hameçon	Pantchien.
Harem	Seller.
Haut	Tingui.
Helicteres isora	Boa radja.
Herbe	Roumpot.
Hérissé	Bagnia rambout.
Hériter	Dapat possaca.
Hernandia ovigera	Cayou radja.
Heure de chemin (une)	Sato djaum.
Heure	Pocol.
Heureux	Slamat, beronton.
Heurter	Tendiss.
Hibiscus tiliaceus	Ouarou.
Hier	Kalamaren.
Hier (avant)	Kalamaren daulou.
Hirondelle	Bourou sasâpi.
Histoire	Kirita.
Homme	Oran, ourang, laki-laki.
Honnête	Cassi ormat.

TOME II.

Honnête (mal)	Ieng tracassi ormat.
Honneur	Ormat.
Honte	Malou.
Horloge	Lontchin.
Huile	Miniac.
Huître	Tiram.
Humide	Bassa.
Hurler	Boubouni.
Ici	Di sini.
Idée	Pekiran.
Igname	Oubi.
Ignorant	Bodock.
Ile	Poulou.
Imbécille	Trabrani, trabissa.
Imiter	Tourotan.
Immobile	Trada goïan.
Impair	Benko.
Impatient	Trataan.
Impertinent	Brani.
Impoli	Kassar.
Impossible	Traboulé.
Impudique	Trada malou.
Impuissant (d'un homme)	Tra bolé kredgia apapa.
Incendie	Bessar api.
Incommode	Sousso.
Indien métis	Leplap.
Indigo	Nila.
Infame	Trada malougna.
Infect	Boussouc bagnia.
Ingrat	Trada trima.
Injure	Maki.
Injuste	Trada patout.
Innocent	Trada sala.
Inondation	Banguir.
Inonder	Banguir.
Insectes	Taoun, mahé-mahé.
Insipide	Tra enack.

MALAIS.

Instruire	Adiar.
Inventer	Dapat.
Inutile	Traoussa.
Irriter	Kredgia mala.
Ivre	Mabou.
Jadis	Dolo.
J'ai, il y a	Ada.
Jaloux	Gembourouan.
Jamais	Pougnia homour.
Jambe	Coeto.
Jardin	Kobon.
Jaune	Couning.
Je	Ako, beta, goa.
Jeter	Lempar.
Jeu	Meinan.
Jeudi	Ari commiss.
Jeune	Mouda.
Joindre	Kredgia sama sama.
Joints ensemble	Diadi.
Joue	Pipi.
Jouer	Mim, main.
Jouer aux cartes	Main cartou.
Jour	Ari, paguiari.
Jour (il fait déja)	Souda siam.
Jours (tous les)	Sari ari.
Juif	Chemaos.
Jumeaux	Anac combar.
Jurer	Soumpan.
Jusqu'à demain	Sampé besso.
Jusques	Sampé.
Juste	Betol.
Labourer	Patchiol.
Lac	Aer bessar.
Lâcher	Lapass.
Lâcheté	Lessou.
Laine	Kappas blanda.
Laisser	Lapass.

Lait....................	Aer sousou.
Lance...................	Tomba.
Langue..................	Lida.
Lard....................	Gommock babi.
Large...................	Lebar.
Larme...................	Nanguic.
Las.....................	Lessou.
Lasser..................	Lessou.
Laver...................	Touki.
Lecher..................	Quilet.
Léger...................	Trada brat.
Légumes.................	Sayor.
Lentement...............	Plan plan.
Lepas...................	Bia sabla.
Lequel..................	Sapa.
Lettre, dépêche.........	Sourat.
Lever (se)..............	Bangon.
Lèvre...................	Biber.
Lezard..................	Kikia.
Liard, quart de sou.....	Keppen.
Libertin................	Brani sama paranpouan.
Libre...................	Merdica.
Lier....................	Icat.
Lieu....................	Tampat.
Limonia trifoliata....	Mekantkil, dierro kitkil.
Linge...................	Baran.
Lion....................	Singo.
Liqueur de table........	Zôpi manis.
Lire....................	Bou.
Lit.....................	Tampat tidor.
Livre...................	Quitape.
Loin....................	Dgiau.
Long....................	Paguian.
Lorsque.................	Kapan, kalo.
Louer, donner à louage..	Tero.
Louer un carosse........	Sewan creta.
Lourd...................	Brat.

MALAIS.

Lui	Dia.
Lumière	Tran, siam.
Lundi	Ari sinen.
Lune	Boulan.
Mâchoire	Daguin guigui.
Macis	Combang pala.
Maçon	Toucan batou.
Madame	Gnien, gnognia.
Mademoiselle	Ana dara.
Maigre	Kourous.
Main	Tangan, guearé.
Maintenant	Secaran.
Mais	Tapé.
Maison	Rouma.
Maître	Touan.
Mal	Iahat.
Malade	Saket.
Malais (bas)	Malayo tabalé.
Mâle	Laki laki.
Malgré	Masqui.
Malheur	Kielaka.
Malheureux	Kielakakan.
Malin	Trada bahé.
Malle	Peti.
Mamelles	Sousou.
Manger	Makan.
Mangoustan	Mangoustan.
Manier	Pegan.
Manioc	Cassave.
Manquer	Sala.
Marchand	Oran djoual, merdika.
Marcher	Dialan, koulelen.
Mardi	Ari slassa.
Mari	Laki.
Marier (se)	Caven.
Marque	Tanda.
Marteau	Pocol bessi.

Masser	Paha.
Matelas	Combess.
Matelot	Golo golo.
Mauvais, méchant	Yahat, mara.
Mauvaise (chose)	Boussouc.
Méchant, espiègle	Nacal.
Mèche	Soumbou.
Médecin	Toucan obat, mistris bessar.
Médicament	Obat.
Mêler	Chiampor.
Melon d'eau	Pasteka.
Mélongène	Teron.
Membre	Badan.
Même (le)	Itou djouga.
Menacer	Kredgia tacot.
Ménager	Simpan.
Mendiant	Oran minta.
Mentir	Djousta.
Menton	Djiangot.
Mer	Laot.
Mercredi	Ari ribbou.
Mercure, vif argent	Aer pera.
Mère	Maï, ma, mama.
Messager	Kirriman.
Mesurer	Oukor.
Métal	Tambaga.
Mettre	Terro, taro.
Michelia champaca	Cananghan.
Midi	Doua blas pocol, stinga ari.
Miel	Madou.
Mien	Pougnia.
Mieux	Lebi bahé.
Milieu	Ditingan.
Mince	Litchin.
Miracle	Eran.
Miroir	Katchia, kiarmine.
Misère	Kassieu.

MALAIS.

Mode	Patout.
Moëlle	Gommok pougnia toulan.
Moi	Goa, ako, beta.
Moins	Kouran.
Mois	Boulan.
Moisi	Boussouc.
Moitié	Saparou, stinga.
Moment	Sabantar.
Mon	Pougnia.
Monde	Donia, interredonia.
Monnoie de 2 sous $\frac{1}{2}$	Koupan pera, ouan barou.
Monoculus polyphemus	Mimi.
Montagne	Gounon.
Monter	Naïk.
Moquer (se)	Kredgia malo.
Morceau	Saparo.
Mordre	Guigui.
Morinda citrifolia	Bancoudou.
Mort	Mati.
Mortier de bois pour le riz	Loumpan.
Morveux	Ignus.
Mot	Percataan.
Mou	Lembec.
Mouche	Lalar.
Moucher (se)	Bouan ignus.
Mouchette	Konting lelen.
Mouchoir	Sapo tangan, linso.
Moudre, broyer	Tumbok, toumbo.
Mouiller	Kredgia bassa.
Mourir	Mati.
Moustache	Comis.
Moustique	Yamoc.
Moutarde	Savi.
Mouton	Kambing blanda.
Muet	Tra bissa cata.
Mulâtre	Groubiak.
Mûr, ûre	Matan.

VOCABULAIRE

Muscade longue	Pâla laki laki.
Muscade ordinaire	Pala sabran.
Muscle	Ourat.
Musique	Mainan.
Nager	Brenan, tourou.
Naître	Datan di donia.
Natte	Ticker.
Natte de rotain	Ticker lambet.
Nauclea orientalis	Bancal.
Naufrage	Pitchia kappal.
Naviguer	Blayer.
Nécessaire (il n'est pas)	Traoussa.
Nécessaire (il est)	Misti kredgia.
Négligent	Malass.
Négliger	Loupa.
Nez	Idon.
Nid d'oiseau	Sarong bourou.
Nièce	Tchiou tchiou.
Nier	Trada menauo.
Nôces, mariage	Kaven.
Noir	Itan.
Noix de galle	Madia cané.
Nommer	Panguil, pouranama.
Non	Boucan, trada, tida.
Nourrir	Cassi makan.
Nous	Kita.
Nouvelle	Kerita.
Noyau	Bigui.
Nuage	Mega.
Nubile	Souda biraie.
Nud	Tlanguian.
Nuit	Malam.
Obéir	Dinguer.
Obligé (bien)	Trema cassi.
Obscur	Kouran tran.
Obtenir	Dapat.
Occuper (s')	Fontouli.

Odeur

MALAIS.

Odeur	Vangni, bau.
Odorat	Baugnia.
Œil	Mata.
Œuf	Talor.
Officier	Alferus.
Offrir	Mao cassi.
Oignon	Baouan, baouan mera.
Oiseau	Bourou.
Ombre	Baïam sombar.
Ongle	Koukou.
Opium	Amphion, madat.
Or	Mass.
Orage	Omba.
Orange	Djerro manis, guieroh.
Ordinaire	Slamagna.
Ordonner	Souro.
Oreille	Kopeng, kopine.
Oreille (tout bas à l')	Bisi bisi.
Orgueilleux	Bessaran.
Ornement	Beda.
Os	Toulan.
Oseille	Souri.
Oser	Brani.
Oter	Picoul baoua.
Ou, conjonction alternative	Ké.
Où, adverbe de lieu	Di mana, mana.
Oublier	Loupa.
Ouest	Coulon.
Oui	Baï.
Ouvrier	Toucan.
Ouvrir	Bouca.
Oxalis	Galinggaling tana.
Pagaie	Pagayo.
Paillard	Sondel.
Pain (fruit à)	Boa succon.
Pain sauvage (fruit à)	Boa timbol.
Pain	Roti.

Paire........................	Passan.
Paire (une) de souliers........	Sato passan sapadou.
Paix........................	Abis pram.
Pâle........................	Poutchiac.
Pamplemous.................	Dierro bessar.
Panier......................	Tampat.
Pantalon....................	Cassan.
Paon........................	Bourou merac.
Papayer.....................	Papaye.
Papillon.....................	Koupou, kopokopo.
Pardon......................	Ampon.
Parent......................	Sanna.
Parer (se)..................	Paké bagous.
Paresseux...................	Malass.
Parier.......................	Betaro.
Parler......................	Cata, bilan.
Parmi.......................	Sama sama.
Part (quelque)..............	Di mana, mana.
Partager....................	Bagui-bagui.
Parties naturelles de la femme..	Pouki.
Parties naturelles d'une fille nubile	Pépé.
Parties naturelles d'une fille qui n'est pas encore nubile.......	Nono.
Partir.......................	Pigui.
Par-tout....................	Di sana sini, kouli leng.
Pas, substantif..............	Petcha.
Passer......................	Guiabran, piko.
Pavé de brique	Batou bin.
Paupière....................	Ourat.
Pauvre.....................	Mesquin.
Payer......................	Baïar.
Paysan.....................	Oran di gounon.
Peau.......................	Coulet.
Pêcher.....................	Ambel ican.
Peigne.....................	Cisser.
Peigner (se)................	Cisser rambout.
Peindre....................	Tchet.

MALAIS.

Peler	Koupas.
Pelle	Patiol.
Pendans d'oreille	Crabou.
Pendre	Ganton.
Pénil de la femme (le)	Itet.
Penser	Piker.
Percer	Kredgia loban.
Perce-oreille	Ouler kopeng.
Perdre	Ilan.
Perdre au jeu	Kala.
Père	Papa.
Perle	Moudi ara.
Permission	Amet.
Perroquet	Lori.
Perruquier	Toucan cisser.
Persuader	Besankal.
Pesant	Brat.
Peser	Kredgia brat.
Péter	Kantout.
Petit	Kitkil, pendek.
Pétrole	Miniac tana.
Peu	Sidiquet.
Peuple	Bagnia oran.
Peur	Caguet, tacot.
Peut-être	Brancali.
Phalène	Koupou malam.
Phoque	Andgin laot.
Piastre	Real batou.
Pics (mesure de 27)	Coyan.
Pied	Kaki.
Pierre	Batou gounon.
Pigeon	Bourou dara.
Piler	Toumbok.
Pilon	Ana, ana toumbok.
Pilon pour le riz	Ana loumpan.
Piment	Tchiabé.
Piment et d'oignon (mélange de)	Sambal.

Pincer	Tchoubet.
Pioche	Brodjol.
Pipe à fumer	Kioupa.
Piquer	Tousso, paco paco.
Pirogue	Prau.
Pistache de terre	Catian djapan.
Plaine	Lappan.
Plaire	Souca.
Plaisir	Souca ati.
Planche	Papan.
Plante	Taneman.
Plat, ate	Samarata.
Plein	Penan.
Pleurer	Manangnis.
Pleuvoir	Oudgian.
Plier une serviette	Lipa serbetta.
Plomb	Tima itan.
Plonger	Sloroup.
Pluie	Oudgian.
Plume	Penant, boulou, boulou-gousa.
Plus	Lebi.
Plusieurs	Bagnian.
Plutôt	Lebi lacass.
Poële (une)	Ouadjan.
Poignard	Criss.
Poil	Boulou.
Poil des parties naturelles	Kembout.
Poinciana pulcherrima	Bougnia merac.
Point, pas	Trada.
Poisson	Ican.
Poitrine	Dada.
Poivre	Merikia, lada.
Poli, lisse	Litchen.
Polisson	Oran adjar.
Poltron	Trada brani.
Pomme de terre	Kandâm.
Pondre	Betalor.

MALAIS.

Pont (un)	Djanbatan.
Porc-épic	Landap.
Port	Moara.
Porte	Pintou.
Porter	Picol.
Porter (se bien)	Ada baï.
Porteur	Bator.
Posséder	Pougnia.
Possible	Brancali.
Pot	Coali.
Pou	Coutou.
Pouce	Dgenpol.
Poudre à tirer	Obat passan.
Poule	Ayam.
Poulet	Ayam mouda.
Pouls	Ourat.
Poumons	Parou.
Pourpier	Guelang.
Pourquoi	Manapa.
Pourquoi (c'est)	Dari tou.
Pourri	Boussouc.
Pourtant	Mousti.
Pousser	Tola.
Pouvoir, verbe	Bolé.
Prêche	Santri.
Prêcher	Mantcho.
Précieux	Bagnia rega.
Prédire	Soulap.
Préférer	Candati.
Premier	Lebi daulou.
Prendre	Ambel, pegan.
Près d'ici	Decat sini.
Presque	Amper.
Prêter	Piundjoun, pignian.
Prier	Minta.
Prince	Pneran.
Profond	Dalam.

Promener (se)	Pigui clelin.
Promettre	Dgingi.
Promptement	Lacass.
Propre	Persi.
Prudent	Oran diam.
Puce	Coutou andgin.
Pucelage	Praoën.
Puer	Boussouc, bassin.
Puisque	Kalo.
Puissant	Bai diam.
Punaise des lits (la)	Coutou tampat tidor.
Punir	Tchelaka.
Purgatif	Obat clouar, obat kredgia persi prot.
Purger (se)	Minum obat bouan aer.
Pur	Nana.
Putain	Sondel.
Quand	Kapan, kalo.
Quart	Prapat.
Quelque	Apapa.
Quelquefois	Barankali.
Quelqu'un	Oran.
Querelle	Stori.
Quérir	Kredgia baï.
Queue	Bountol, ekor.
Qu'est-ce qu'il y a	Apa coran.
Qui	Sapa.
Qui est-là	Sapada.
Quilles à jouer	Ana kegué.
Quitter	Tra tingal.
Quoi	Apa.
Quoique	Meski.
Quolibet	Kredgia tetaoua.
Raccommoder	Kredgia betol.
Racine	Acar.
Racine de squine	Gadon.
Raconter	Dongnié.

MALAIS.

Radis	Loba.
Raie	Ican paré.
Ramasser	Ambel.
Ramer	Daion.
Ramper	Dgialan caïa oular.
Rance	Cras.
Rape	Proudan.
Raper	Parot.
Rare	Iarang.
Raser	Tchioucour, atchia.
Rat	Ticousse.
Rat musqué	Slourout.
Rat palmiste	Batching, siric.
Ratte	Limpa.
Recevoir	Dapat.
Rechaud	Kren.
Réciter	Taou darilouar.
Reculer	Mundor.
Refuser	Tra maanna.
Regarder	Liat, tengon.
Règles des femmes	Dapat boulan, tchimourkein.
Réglisse	Cayou manis blanda.
Régner	Printa.
Regretter	Saïan.
Reine	Ratou.
Reins	Blacan.
Réjouir (se)	Guiran.
Relever	Ancat.
Religion	Assal.
Remède	Obat.
Remercier	Trema cassi.
Remplir	Kredgia penou.
Remuer	Goïan.
Rendre	Cassi combali.
Renfermer	Toutoup.
Renverser	Tlintan.
Réparer	Kredgia betol.

Repas	Makan.
Repasser du linge	Streka.
Repentir (se)...............	Geton.
Répondre..................	Megniaot.
Reposer (se)	Tidoran.
Reprocher.................	Coré.
Requin	Ican kiou-kiou.
Résine	Dammer.
Résister..................	Lavan.
Respecter	Ormat.
Respirer	Napas.
Ressembler	Sama roupa.
Ressouvenir (se)	Eignet.
Reste	Lebignan.
Rester	Tingal, nanti.
Retarder	Nanti.
Retenir	Pegan.
Retentir	Boubouni.
Retirez-vous...............	Sourbay.
Retourner.................	Balec.
Retrousser................	Goulon, ancat.
Réveiller (se)..............	Bangon.
Revenir	Balai, combali datan.
Rêver....................	Mnimpi.
Révérence.................	Slamat.
Réussir	Bolé kredgia.
Rhinocéros	Badoc.
Rhubarbe	Calamba.
Rhume	Patoc.
Riche	Kaïa.
Ride	Kissot.
Ridicule	Eni bolé tétaoua.
Rien	Trada.
Rire......................	Tetaoua.
Risdaler...................	Real compani.
Risière...................	Sava.
Rivage de la mer	Pinguer laot.

Rivière

MALAIS.

Rivière	Aer kali, kali.
Riz cuit	Nasi.
Riz en paille	Padi.
Riz en grain	Brass.
Roc, rocher	Batou bessar.
Rocou	Casomba cling.
Rogne	Coring.
Roi	Suldan, radja.
Roide	Bagous cras.
Rompre	Pata.
Rond	Bonder.
Ronfler	Mongoro.
Rose	Combang maouer.
Rosée	Oumboung.
Rosier	Pohon maouer.
Rosser	Poucoul.
Rotain (morceaux de) pour les chaises et les fenêtres, etc	Ram.
Roter	Ato.
Rotang (fruit du *calamus*)	Boa salac.
Rôtir	Goring, backar.
Rouge	Mera.
Rouge de sang	Treva toua.
Rougir	Kredgia mera.
Rouille	Cotor bessi.
Rouler	Goulon.
Roupie, 30 sous de Hollande	Roupia.
Route	Dialan.
Royaume	Rami.
Ruade	Seppa.
Ruban	Fita.
Rubis	Meera.
Ruche	Roma taoun.
Rue	Guiabau.
Ruisseau	Kali kitkil.
Sable	Passer, passîr.
Sabre	Spadel, pedang.

TOME II.

VOCABULAIRE

Sac	Caroun.
Safran de l'Inde	Saffran.
Sage-femme	Paraupouan brana.
Saigner	Sangara.
Saler	Garam.
Saleté	Cotor.
Salive	Louda.
Salpêtre	Garam blanda.
Salue (je vous)	Tabéa, tabé.
Saluer	Tabé.
Samedi	Ari septou.
Sandal (bois de)	Tchindana.
Sang	Dara.
Sangler	Icat cras tali prot.
Sanglier	Tcheleng.
Sangsue	Lynta.
Sans doute	Pasti.
Santé	Slamat.
Sarbacane	Sambitan.
Satin	Kain sattin.
Savant	Oran pinder.
Savate	Quenéla.
Sauce	Koa.
Saveur	Enac.
Savoir	Bissa, tau.
Savon	Sabon.
Savonnier (fruit du)	Larac.
Savoureux	Enac.
Sauter	Bloundgiat, blumpat.
Sauterelle	Balang.
Sauvage	Outan.
Sauver (se)	Lari.
Scélérat	Banksat.
Scie	Gradgié, gregadgi.
Scier du bois	Gradgié cayou.
Scorpion	Claban.
Sculpteur	Toucan tcheit.

MALAIS.

Sebestena (cordia)	Daun candal.
Sec	Souda cring.
Sèche	Ican pougnia batou.
Sécher.....................	Cring.
Second	Aligna.
Secret.....................	Diam.
Seigneur...................	Touan bessar.
Sein (le)	Sousou, tété.
Sein (le bout du)	Pintet.
Séjourner	Tengal.
Sel........................	Garam.
Selle	Ababa.
Selle (aller à la).........	Berac.
Seller	Ababa kouda.
Semaine	Sato dimingo.
Semblable..................	Sama roupa.
Semer	Tanam.
Sensible	Bagnia rougui.
Sentier	Dialam kitkil.
Sentir, flairer	Vangni.
Septentrion	Nalor.
Sépulchre..................	Cobouran.
Sérieux....................	Alem.
Serpent....................	Oular.
Serpent, *boa constrictor*	Oular saouan.
Serré	Icat crass.
Serrer	Pegan bahé bahé.
Serrure	Mâ coundgy.
Serrurier	Toucan coundgy.
Seul	Candiri.
Seulement	Kiouma.
Si, lorsque................	Kalo.
Siècle (un)	Seratus taun.
Sien.......................	Pougnia.
Siffler	Ploït.
Signaler	Tandagna.
Signer.....................	Touliss namamo.

Silence	Diam sadja.
Sincère	Tradjousta.
Singe	Mougniet.
Sirop	Tetess.
Sitôt que	Kalo.
Sobre	Oran pendiam.
Social	Souca sobat.
Sœur	Soudarenia, sousi.
Soie	Soutra.
Soif (avoir)	Ahoss.
Soir, soirée	Sori.
Soldat	Soragny.
Soleil	Mantaré.
Solide	Cras.
Solitaire	Souca candiri.
Sommeil	Enac tidor.
Sommeiller	Tidor.
Son, bruit	Baboni.
Son, sa, ses	Pougnia, depougnia.
Songe	Menimbi.
Sorcier	Banksat, pagnoulo.
Sortir	Calouar, clouar.
Sot	Guila, bodo.
Souder	Pâtri.
Souffler	Tihope.
Soufflet	Tampar.
Souffleter	Cambiling.
Soufre	Beleran.
Souis	Cleitchap.
Soul, ivre	Mabou.
Soulier	Spadou, guiapaou.
Souper	Makan sori.
Soupirer	Tari napass.
Source	Pandjouran.
Sourcil	Halisse.
Sourd	Oran touli.
Souris	Ticousse peti.

Sous, dessous	Baoua.
Sous (12)	Soucou.
Sous (6)	Satali.
Souvenir (se)	Ingat.
Souvent	Bagnia kali.
Sphinx	Koupou sori.
Squelette d'un homme	Pougnia toulan oran maté.
Statue	Déos.
Stérile	Trada patana.
Stupide	Oran bodo.
Suave	Cras vangni.
Subitement	Secaram.
Subsister	Tahan.
Subtil	Alos.
Succulent	Enac.
Sucer	Tioup.
Sucre (canne à)	Toubou.
Sucre noir, sucre de palmier	Goula itan.
Sucre blanc	Goula passir.
Sucre candi	Goula batou.
Sucré	Rassagnia manis.
Sud	Kidol.
Suer	Cringat.
Sueur	Creignote.
Suie	Assap.
Suif	Gommok cambing.
Suivant que	Saya.
Suivre	Tchinda, tourout.
Sultan	Suldan.
Superbe	Bagnia bagous.
Supplicier	Oucoum.
Supplier	Mindanbon.
Suppurer	Lucat talalo cotor.
Sûr, certain	Souda pasti.
Sûrement	Songou.
Surprenant	Talalo iran.
Suspect	Trada sobat, blum canalam.

Tabac	Tambaco.
Table	Méguia, media.
Tableau	Gambar.
Taciturne	Tida tcherita.
Tailleur	Toucan mindgeait.
Taire (se)	Pandiam.
Tamarin	Assam, boa assam.
Tandis que	Kalo.
Tanner (écorce propre à)	Cayou bounko.
Tanneur	Toucan coulet.
Tantôt	Sabentar.
Tard, tardif	Talalo lama.
Tasse	Tchanger.
Taureau	Lombou.
Teindre	Tcheit.
Téméraire	Brani.
Témoin	Oran saxi.
Tempes (les)	Pilingam.
Tempête	Omba bessar.
Tems	Sampa.
Tems (long-)	Lama.
Tendre, adjectif	Laumaess.
Ténèbres	Glap glap.
Tenir	Pegan di tangan.
Termes fatale	Soumout poetri.
Terminer	Abis.
Terre glaise que mangent les Javans	Tana ampo.
Terre (un coin de)	Oudgion tana.
Terre (de la)	Tana.
Terre (la), le globe	Interrodonia.
Terreur	Tacot.
Testicules	Contot, bapler.
Tête	Capala.
Teter	Minum tété, missop.
Thé	Daun thé.
Tiède	Sangat.

MALAIS.

Tigre	Makian.
Timide	Trada brâni.
Tire-bouchon	Poutar, ouler.
Tirer un bouchon	Tchiabou.
Toi	Ossé, koé, lou, dia.
Toile	Cagui.
Toit	Roma tingui.
Tombeau	Coubouran.
Tomber	Guiatou.
Ton, ta, tes	Koé pougnia.
Tondre	Konting rambout.
Tonner	Bekilap.
Tonnerre	Gontor.
Topinambour	Kandaan.
Torrent	Eross.
Tortue	Pignou, koura koura.
Tortue de rivière	Voulous.
Total	Samougnia, iton.
Toucher	Tolac.
Toujours	Sela manguia.
Tourment	Sexa.
Tourner	Cleyling bounder.
Tourterelle	Pourcoutout.
Tousser	Batou.
Tout	Samougnia.
Tout de suite	Lacass.
Toux	Batou.
Trafiquer	Daganghen, djoual.
Trahir	Camblanghen.
Traire	Deppo.
Tranchant	Talalo tadgiam.
Tranquille	Diam leren.
Transcrire	Toulis combaly.
Transparent	Katchia.
Transpirer	Aer cringat clouar.
Transporter	Kiari.
Travailler	Kredgia apapa, ancat kredgia.

Trembler	Guementar.
Trépas	Souda maté.
Très	Bagnia, talalo.
Trésor	Tanan mass.
Tribut	Béa.
Tricoter	Mindgeait causs.
Trinquer	Slamat minum.
Triompher	Slamat dapat onton.
Triste	Orau soussa.
Tromper	Kamblan.
Tromper (se)	Souda sala, trada betol.
Trop	Talalo bagnia.
Trop peu	Talalo sidiquet.
Troquer	Toukar sama.
Trotter	Dgiatou.
Trou	Louka, loban.
Trouer	Kredgia loban.
Troupeau	Bagnia binatan sama sama.
Trouver	Dapat.
Truie	Babi paranpouan.
Tu	Koé, lou.
Tuer	Toussou.
Tuile	Guenden, batou guenden.
Tumulte	Gueguer.
Tuyau	Becacas.
Uniforme	Sama roupa.
Urine	Kinkin.
Uriner	Kontchieng.
Vache	Sampi paranpouan.
Vacoua	Pandang.
Vaisseau	Capal.
Vase	Tampat.
Veiller	Bangon.
Vendre	Djoual.
Vendredi	Ari djemât.
Vénérien (mal)	Saquet paranpouan.
Venir	Datan, mari, poulan.

Vent

MALAIS.

Vent	Anguin.
Vente	Djoual.
Venter	Anguin.
Ventre	Prôt.
Vergette	Sica.
Vermissel	Laxa.
Verser	Taro.
Vert	Idgiau, ouyou.
Vessie	Tampat kinkin.
Vêtir (se)	Paké.
Viande	Daguin.
Vide	Cossou.
Vider l'eau d'une pirogue (instrument à)	Timba.
Vie	Idop.
Vieillard	Oran toua.
Vieille femme	Mémé toua.
Vieux	Toua.
Vieux homme	Papa toua.
Vigne	Pohon angor.
Vilain	Yatel.
Village	Nygri.
Ville	Cota, nygri.
Vin	Angor.
Vin de palmier	Sagouer.
Vinaigre	Thiouka.
Violet	Mera mouda.
Violon	Viola.
Viril (membre)	Boutou.
Vis-à-vis	Dimouka, decat.
Visage	Mouka.
Visiter quelqu'un	Liat oran.
Vîte	Lacass.
Vitre	Kermine.
Vivre	Idop.
Voici	Ada.
Voir quelque chose	Liat apapa.

Voisin	Decat.
Voix	Souara.
Volcanique (pierre)	Batou timboul.
Voler	Minkiouri.
Vomir	Mouta.
Vomitif	Obat mouta.
Votre, vos	Pougnia.
Vouloir	Mao.
Vous	Koé, lou.
Vrai	Betol.
Yeux	Mata.
Yvoire	Toulan gadia.

Termes numériques.

Un	Sato.
Deux	Doua.
Trois	Tiga.
Quatre	Ampat.
Cinq	Lima.
Six	Anam.
Sept	Toudiou.
Huit	Delapan.
Neuf	Sambilan.
Dix	Sapoulou.
Onze	Sapoulou sato, *ou* sablas.
Douze	Sapoulou doua, *ou* douablas.
Treize	Sapoulou tiga, *ou* tigablas.
Quatorze	Sapoulou ampat, *ou* ampatblas.
Quinze	Sapoulou lima, *ou* limablas.
Seize	Sapoulou anam, *ou* anamblas.
Dix-sept	Sapoulou toudiou, *ou* toudioublas.
Dix-huit	Sapoulou delapan, *ou* delapanblas.
Dix-neuf	Sapoulou sambilan, *ou* sambilanblas.
Vingt	Doua sapoulou, *ou* doua poulou.

MALAIS.

Vingt-un	Doua sapoulou sato, *ou* doua poulou sato, etc.
Trente	Tiga poulou, *ou* tiga sapoulou.
Trente-un....................	Tiga poulou sato, etc.
Cent	Saratous.
Deux cents...................	Doua ratous.
Mille.........................	Ceribou.
Dix mille	Cequety.
Cent mille	Celaxa.

VOCABULAIRE

DE LA LANGUE DES SAUVAGES

DU CAP DE DIEMEN.

Allez manger................	Mat guéra.
Allons nous-en	Tangara.
Appartient (cela m').........	Patourana.
Arbre du genre *eucalyptus*	Tara.
Asseyez-vous................	Mèdi.
Barbe......................	Conguiné.
Boire......................	Laina.
Branche d'*eucalyptus* avec ses feuilles...................	Poroqui.
Bras (les).................	Gouna lia.
Cela.......................	Avéré.
Charbon réduit en poussière dont ils se couvrent le corps.....	Loïra.
Cheveux....................	Peliloguéni.
Couper.....................	Rogueri, toïdi.
Coquille d'huître............	Louba.
Couronne de coquillages	Canlaride.
Dents (les)................	Pegui.
Doigts (les)................	Lori lori.
Donnez-moi.................	Noki.
Dormir.....................	Malougna.
Ecorce d'arbre..............	Toliné.
Famille (ma)...............	Tagari lia.

Femme	Quani.
Fesses (les)	Nuné.
Feu	Uné.
Fougère en arbre	Tena.
Genoux	Ragua lia.
Goemon desséché, qu'ils mangent après l'avoir fait ramollir au feu.	Rauri.
Goemon articulé	Noualené.
Graine de l'*eucalyptus resinifera*.	Monouadra.
Graisser les cheveux	Lané poeré.
Herbe	Poéné.
Homard	Nuélé.
Insecte du genre cicindele ..	Paroé.
Jeter	Pegara.
J'irai	Ronda.
Kangourou (peau de)	Boira.
Là bas, au loin	Renavé.
Langue (la)	Méné.
Lèvres (les)	Mogudé lia.
Mains (les)	Riz lia.
Mangerai (je le)	Madé guera.
Membre viril	Liné.
Menton	Onaba.
Moi	Mana.
Moi (pour)	Paouaï.
Mort (mourir)	Mata.
Mort (cela donne la)	Mata enigo.
Mouche (une)	Oellé.
Moule de mer	Miré.
Nez	Muguiz.
Nom d'homme	Mara.
Nom (autre) d'homme	Mera.
Nombril	Lué.
Non	Neudi.
Ocre	Mallaué.
Oiseau	Mouta mouta.
Ongles des pieds	Péré lia.

Ongles des mains............	Toni lia.
Oreille de mer..............	Caéné.
Oreiller (petit) sur lequel les hommes s'appuient............	Roéré.
Oreilles....................	Cuegni lia.
Panier.....................	Terri.
Par ici....................	Lomi.
Parties naturelles de la femme...	Megua.
Perruche...................	Mola.
Péter......................	Tanina.
Petits poissons (espèce de) du genre *gadus*...............	Pounerala.
Pierre (une)...............	Loïné.
Plonger....................	Buguré.
Polir (l'action de) du bois avec une coquille.............	Rina.
Propagation (l'acte de la).....	Loïdrouguéra.
Sac (le) de goemon qui contient leur eau.................	Regaa.
Sclerya (espèce de) fort grande.	Leni.
Sein de l'homme............	Ladiné.
Sein de la femme............	Léré.

Ici, comme dans beaucoup d'autres circonstances, *lia* mis à la suite du mot, indique le pluriel.

Soleil (le).................	Panuméré.
Tatouage..................	Paléré.
Testicules..................	Mada lia.
Tronc d'*eucalyptus*.........	Pérébé.
Varech (espèce de) *fucus ciliatus*	Raman inou.
Venir (voulez-vous).........	Quangloa.
Vois (je)..................	Quendera.
Vous......................	Nina.
Yeux (les).................	Nubru nubéré.

VOCABULAIRE

DE LA LANGUE DES ÎLES DES AMIS.

A, préposition	Hi.
Accoucher	Fanao.
Actuellement, maintenant	Ini, héné.
Agréable (ceci est fort)	Marihé.
Ai pas (je n'en)	Ongouïkaïe.
Aiguille à filets pour la pêche	Hika.
Aiguille à coudre	Itoui, héouï.
Aîle d'oiseau	Cabacao.
Aîné, le fils aîné	Taoguédé.
Aînée (fille)	Toufi finé.
Aisselle (l')	Ifaé finé.
Aller (s'en)	Hael atou.
Aller, marcher	Hael.
Aller (s'en) en pagayant	Foé hallo.
Allez de l'autre côté de l'embarcation	Loué vaka.
Allez-vous-en, partez	Halé atou.
Ami	Offa.
Amitié (avoir de l')	Cahou.
Amour (avoir de l')	Mamana.
Appeler un chef, ou un homme de la classe des moua	Maliou maï.
Appeler un homme de la dernière classe du peuple, ou un toua	Fogui maï.
Appelez-vous (comment vous)	Koï koa, koaï hoinghoa.
Appelle (comment cela s'), qu'est-ce que cela	Koaia.

Appelle (cela s')...............	Koï.
Applaudissement (terme d') après le chant....................	Mâli.
Apporter....................	Tohagué.
Apportez-moi cela............	Tougué maié.
Arc........................	Fana.
Asseyez-vous................	Nofo.
Assiettes (nos)..............	Coumettez.
Assommer..................	Lavé.
Attacher, coudre, rassembler...	Filou.
Aujourd'hui.................	Anaï.
Bague......................	Mama.
Bailler.....................	Mamao, mamaoya.
Banane.....................	Foudgi, aoba.
Barbe (la)..................	Koumou, kava.
Barbe (faire la).............	Fafaya kava.
Bâton (un)..................	Taha.
Battre, frapper..............	Taha.
Beau.......................	Lelley, lelleyï.
Blanc......................	Ina, maha.
Boire.......................	Inou.
Bois (du)..................	Lahoubaba.
Bois de sandal...............	Haï fidgi.
Bouche (la).................	Moudou.
Bras (le), ou les bras.........	Nima.
Brisans.....................	Cacaho.
Brûlure à la figure...........	Madé.
Bulla ovum (coquillage connu sous le nom de)..................	Koepoulé.
Cadet d'un frère.............	Teïna.
Cadet (frère) d'une sœur......	Toughané.
Canne à sucre...............	To.
Cassé, brisé.................	Foa.
Cela, ceci...................	Hé.
Cerbera manghas (collier de fleurs de).......................	Kodgi âlé.
Chanter ou chanson..........	Oubé.

Chapeaux

DES ÎLES DES AMIS.

Chapeaux (nos)	Poulonga.
Charpente (la) d'un hangar	Fata.
Chasser, renvoyer	Hâlo hâlo.
Chaud	Mafanna.
Chef (un)	Egui.
Chenille	Noufé.
Cheveux	Oulou.
Chien (un)	Kouli.
Cicatrice au ventre à la suite d'un coup de zagaie	Tâ, obitouagui.
Ciel	Laghi.
Cimetière	Tano.
Ciseaux (une paire de)	Pipi.
Clou (un)	Fau.
Cochon	Boakka.
Cocos (noix de)	Niou.
Coït (l'acte du)	Mitzi-mitzi, mitchi-mitchi.
Cou	Gnya.
Combien	Afeya.
Coquillage, coquille	Fighota.
Côté (de l'autre)	Aliki.
Coucher (se)	Togoda.
Couper	Taffa.
Couper avec des ciseaux	Pipi.
Coupure	Lavéa.
Couteau (un)	Hailé.
Crier	Yhoô.
Cueillir, arracher	Faghi.
Cuiller	Hébou.
Cuiller (grande)	Lahihé, lahihébou.
Cuiller (petite)	Tchié, tchiébou.
Cuire, faire cuire	Moho.
Cuisse (la)	Tainga.
Danser	Iva.
Découvrez-vous la tête	Codchi nolélé.
Défendu	Tabou.
Dehors (en), de l'autre côté	Ahoué.

TOME II.   G

Demain (après)	Anoya.
Dents (les)	Nifo.
Descendre	Halonifa.
Doigts (les)	Touau.
Donner	Mahi.
Donnez-moi quelque chose	Mamaco, omi, oméa, magou.
Dormir	Moé.
Dos	Toua.
Eau (de l')	Ovaï.
Ecaille de tortue	Ouno.
Echanger	Fokatau.
Egal, semblable	Tata, oupé.
Egratigner	Ivagou.
Embrasser en touchant de l'extrémité du nez celui de la personne qu'on embrasse	Houma.
Enfant mâle	Tahiné.
Enfant, jeune fille	Mamadgie.
Epaule (l')	Ouma.
Est (cela)	Anga.
Est (vent d')	Mantangui, méélaa.
Eternuer	Ifangou.
Etoffe faite avec l'écorce du mûrier à papier	Gnatou.
Etoile (une)	Fidau.
Eveiller (s')	Haha.
Eventail	Toïto.
Eventail fait d'une feuille de corypha	Biou.
Eventail (autre)	Ayé.
Eventer (se), se rafraichir	Hallo hâlo.
Faîte (le) d'une case	Tofoifou.
Femelle (une)	Nafa.
Femme (une)	Vifiné.
Femme (avoir une)	Hoanna.
Fer (du)	Oukaméa.
Fermer	Tabouni.

Fête (une)	Méé.
Feu, lumière	Afi.
Fille (jeune)	Tahiné.
Fils (un)	Oulou kalala.
Filtre fait de l'étoffe grossière pour passer le cava	Faou.
Flèche	Houloumata.
Flûte (une)	Fangou fangou.
Frère (mon)	Foenna, fanao.
Fresaie (une)	Loulou.
Froid (le)	Modgia.
Frotter un morceau de bois sur un autre plus gros pour en tirer du feu	Tollo.
Fruit de l'arbre à pain	Meï.
Fruit de l'*inocarpus edulis*	Mahoa.
Fruit d'un *eugenia*	Mafanga.
Garçon	Tama.
Gosier (le)	Houa.
Gouvernail	Foéouli.
Grains de verre	Kahoa.
Grand	Laï.
Grand chef	Egui laï.
Habiller (s')	Poulou poulou.
Hache	Toki.
Hameçon	Ipa.
Hanches (les)	Ilemou, limou.
Hangar (un grand)	Alto.
Hibiscus rosa sinensis	Kaoutté.
Hibiscus (autre espèce d')	Yabau.
Hier	Anéafi.
Homme (un)	Tongata.
Ici, là	Hiné, hini.
Igname	Ofi.
Ile (une)	Cau.
Jambes (les)	Fouivaé, vaée.
Jaune	Mèlo.

Jeter	Ilafou, lafou.
Jeu (un) de main	Léagui.
Joues (les)	Koaé.
Jour (le)	Aô.
Langue (la)	Iléo, léo.
Lever (se)	Tohou.
Lèvres (les)	Longoutou.
Lézard	Fokaï.
Linge, comme mouchoir, etc.	Hòlohòlo.
Lui ou elle	Hana.
Lune (la)	Maheina.
Maigre	Cauno.
Main (la)	Afénima.
Manger	Cahi.
Manquer le but	Halâ.
Mari	Mocoé.
Marque sur les joues produite par des coups	Touki.
Massue	Akao.
Mauvais	Kôvi.
Méchant	Kino.
Membre viril	Oulé.
Mer (la)	Tahé, tahi.
Mère	Nafa.
Miroir	Tchioata, tchiautta.
Moi	Ogou.
Monter	Kaka.
Montrez-moi	Béhangué.
Moucher (se)	Fangouyou.
Mourir, faire mourir	Maté.
Muscade (grosse) qui n'est point aromatique	Cotoné.
Musique	Hangui.
Nacre de perle	Laoulahou.
Natte commune	Nafi nafi.
Natte fine qui sert de vêtement	Kié.
Nez (le)	Eou.

Noir, bleu	Ouly.
Nombril (le)	Pito, pido.
Nommer (se)	Hingoa.
Non	Hoa.
Nord (vent de)	Matangui toguelao.
Nord-est (vent de)	Fonga fouloïfoua.
Nord-ouest (vent de).........	Fagatohiou.
Nous	Ytâ.
Nous deux	Ytâ oua.
Nuit (la)	Paolli.
Nullement, ne pas	Ikaï, kaï.
Oiseaux	Manou.
Ordure, excrément...........	Méokovi.
Oreille	Telinga.
Oreiller de bois sur lequel repose le derrière de la tête en dormant	Kâli.
Ornement de tête de plumes rouges......................	Poulao.
Orteil (le gros)	Moudoua vahé.
Os	Hoüi.
Ouest (vent d')	Matangui loulougha.
Oui	Io, hio.
Ouvrez.....................	Tatanha.
Ouvrez cette noix de cocos	Oyou.
Pagaye.....................	Kakaha.
Pagaye de danse.............	Pagni.
Pagayer....................	Hallo.
Paille (couleur de)	Kao.
Pain (arbre à)	Toya.
Pamplemous (orange)	Moly.
Panier (un)	Cato.
Papillon	Pepé, bebé.
Parens, proches parens	Anaoua.
Parties naturelles de la femme ..	Tolé.
Peau (la)	Coquili.
Peler un fruit	Fohi.
Percer, faire un trou..........	Faufo.

Père	Tamaï.
Perruche (petite) à tête bleue	Haingha.
Petit	Tchi.
Peuple (naturels de l'avant-dernière classe du)	Moua.
Peuple (naturels de la dernière classe du)	Toua.
Peur (avoir)	Féitama, manavaée.
Pieds (les)	Afouivao, afévaé.
Pigeon (espèce de) *columba aenca*	Touhou.
Pilliers (les) du bas d'un hangar.	Poho.
Pilliers (les) du sommet d'un hangar	Fanca.
Pirogue	Vaka.
Pleurer	Tangui.
Poil des parties naturelles	Foulou foulou.
Poisson	Ika.
Poitrine (la)	Fatta.
Porte (pour exprimer qu'un toua seul) quelque chose	Foua.
Portent (pour exprimer que deux moua) un fardeau	Amô.
Porter sur le dos	Fafa.
Posséder une chose	Amou.
Poule	Moa.
Poule sultane	Kalaé.
Pou, vermine	Lohi.
Présent (je vous donne ceci en)	Adoupé.
Promener (se), marcher	Momiho.
Queue (la) d'un oiseau	Mouï mouï.
Requin (un)	Néioufi.
Respirer	Malava.
Sang	Totto.
Sauter	Hobau.
Sein	Houhou.
Selle (aller à la)	Tchico.
Siffler	Mabou.

DES ÎLES DES AMIS.

Sœur........................	Faé.
Soir (ce)....................	Apou.
Sud (vent de)...............	Matangui tongua.
Sud-est (vent de)............	Alagnifannoua.
Sud-ouest (vent de)..........	Coéoulou.
Suer........................	Ikacava.
Tacca pinnatifida (le fruit de la plante connue sous le nom de).	Maïa.
Talon (le)....................	Moévaé.
Tatouage....................	Malé, tatau.
Tatouage en larges bandes à la ceinture.....................	Alla péka.
Tatouage aux cuisses..........	Foui.
Tatouage en cercles concentriques sur les bras et les épaules.....	Itaï.
Tatouage en forme de grosses verrues......................	Kafa.
Tatouage en forme de rousseurs sur la figure et une partie du corps.....................	Lafo.
Terme d'approbation...........	Coïa.
Terme d'impatience...........	Issah.
Terre (la)....................	Tougoutou.
Terre végétale................	Kelé kelé.
Terre glaise..................	Oummea.
Testicules (les)..............	Lao.
Tête (la)....................	Houlou.
Toi, ou vous..................	Coé, hoé, hé.
Tonnerre (le)................	Paoulou.
Tordre, étreindre.............	Tatao.
Tordre le filtre pour en exprimer cava......................	Tatao cava.
Toucher le but...............	Tahou.
Tourterelle à tête rougeâtre, *columba sanguinolenta*.........	Koulou koulou.
Tousser.....................	Olea.
Ulcère, plaie.................	Pala.

Vase de terre pour conserver de l'eau............	Coûlo.
Venez ici............	Haélé maï, halé maï.
Vent (le)............	Matangui.
Vessie de porc soufflée.........	Monou manou.
Vêtemens (nos)............	Papa langui.
Vieux, vieille............	Moudoua.
Voile (une)............	Boulou boulou.
Voir (laissez-moi)............	Maumata, maïmata.
Voleur............	Kaya.
Votre nom (dites-moi)........	Eyoeïa.
Voyez cela............	Tchiana.
Yeux (les)............	Mata.
Zagaie (une)............	Tau.

Termes numériques.

Un............	Taha.
Deux............	Oua.
Trois............	Tolou.
Quatre............	Fa.
Cinq............	Nima.
Six............	Ono.
Sept............	Fidou.
Huit............	Valou.
Neuf............	Hiva.
Dix............	Ongofoulou.

Pour compter jusqu'à 20, ils répètent les termes numériques depuis 1 jusqu'à 9 inclusivement; et lorsqu'ils sont à 20, ils l'expriment par oua foulou (deux dixaines); pour compter jusqu'à 30, après avoir compté jusqu'à 20 comme je viens de le dire, ils reprennent depuis l'unité jusqu'à 9 en disant taha, oua, tolon, fa, nima, ono, fidou, valou, hiva; et pour exprimer 30, ils disent tolou ongofoulou (trois dixaines); pour compter jusqu'à 40, ils ré-

pètent

DES ÎLES DES AMIS.

pètent encore 1, 2, 3, 4, 5, 6, 7, 8, 9; et pour exprimer 40, ils disent fa ongofoulou (quatre dixaines); et ainsi de suite 50, nima ongofoulou; 60, ono ongofoulou; 70, fidou ongofoulou; 80, valou ongofoulou; 90, hîva ongofoulou; 100, téhaou; 200, oua téhaou; 300, tolou téhaou; 400, fa téhaou; 500, nima téhaou; 600, ono téhaou; 700, fidou téhaou; 800, valou téhaou; 900, hîva téhaou; 1,000, afey; 10,000, kilou afey; 100,000, mano; 1,000,000, panou; 10,000,000, laoualé; 100,000,000, laounoua; 1,000,000,000, liagui; 10,000,000,000, tolo; 100,000,000,000, tafé; 1,000,000,000,000, lingha; 10,000,000,000,000, nava; 100,000,000,000,000, kaïmaau; 1,000,000,000,000,000, tolomaguitangha kaïmaau; nombre infini, oki.

VOCABULAIRE

DU LANGAGE DES NATURELS

DE LA NOUVELLE-CALÉDONIE.

Aiselle	Hanbeigha.
Allez-vous-en	Boeno.
Ami	Abanga.
Appartient (ceci m')	Quiné.
Appelle (cela s')	Anan.
Araignée que les Sauvages de la Nouvelle-Calédonie mangent	Nongui.
Arbuste du genre *leptospermum*	Poap.
Arbre	Gniaouni.
Arbre à pain	Yen.
Arrêter (s')	Guioute.
Asseoir (s')	Tamo.
Assez	Hongui.
Aujourd'hui	Heïgna.
Bailler	Obalam.
Bananier	Pouaignaït.
Barbe (la)	Poupouangué.
Beau (cela est)	King king king. *Prononcé vîte.*
Bien (cela est)	Êlo.
Bois (du)	Kiantié.
Bon (cela est)	Kapareck.
Bonnet	Tanene pon lou, mouen.
Bouche (la)	Wangué.

Bras (les)	Hingué.
Canard	Oubane.
Canne à sucre	Kout, ounguep.
Case	Moï.
Ceinture de corde qui soutient l'étoffe grossière dont ils se recouvrent la verge	Ougnitehep.
Ceinture en forme de frange, seul vêtement des femmes	Manda.
Celui-ci	Hi, hehine.
Chanter	Hoté.
Chaud (il fait)	Oudoa.
Chef	Theabouma.
Chef supérieur au theabouma	Aliki.
Chemin, sentier	Taca, ouandane.
Chemin (voici le)	Taga.
Cheveux	Poubanghié.
Chiquenaude	Hinbite.
Cicatrice à la suite d'un coup de zagaie	Do.
Ciel (le)	Ndaoe.
Cils (les)	Poutchibanghié.
Clou	Dobiou.
Cocos	Niou.
Cocotier	Nou.
Coït (l'acte du)	Ktnianhé, pagayte.
Colique	Yahick.
Collier de corde auquel est suspendu un morceau de serpentine dure bien polie	Péigha.
Coq	Ho nemo.
Coquillage *(bulla ovum)*	Bout.
Coquillages	Palilé.
Corde	Mouep, maho.
Corde (petite) qui leur sert à lancer la zagaie	Ounep.
Cou	Nouheigha.

Coucher (se)	Guiahoum.
Coude	Bouanguelen.
Coup de zagaie	Undip.
Courir, fuir	Kérémoï.
Cracher	Kioutma.
Cuisse (la)	Hengue paan.
Danser	Pilou.
Davantage	Magn.
Défendue (chose)	Tabou.
Délier	Tibic.
Demain	Padoua.
Demandez-lui	Hia.
Démangeaison	Hion.
Dents (les)	Paou wangué.
Doigts (les)	Badonehigha.
Donnez	Padeck, oumi, namé namé.
Donnez-moi	Nanhi, hambaling.
Dormir	Kingo, anoulen.
Dos (le)	Donnha.
Eau	Oé.
Echanger	Oubin.
Ecorce de l'*hibiscus tiliaceus* dont ils retirent par la mastication un mucilage nutritif	Paoui.
Embrasser en touchant du bout du nez celui de la personne qu'on embrasse, comme à Tongatabou	Bangoming.
Enfant	Neyné.
Epaules (les)	Bouheigha.
Eternuer	Tibouaie.
Etoffe qui recouvre la verge	Hawah.
Etoffe grossière qui approche de celle du mûrier à papier	Wangui.
Eventail	Bahoula.
Faim (j'ai)	Aouab.
Fer	Pitiou.
Femme ou fille	Tamomo, tama.

Femme (ma)	Yabaguenne.
Fesses (les)	Pouckhouenguée.
Feu	Afi, nap, hiepp.
Feuille d'arbre	Cata.
Figues qu'ils mangent cuites	Ouyou.
Fourmi	Hinki.
Frapper, battre	Tamaet.
Froid	Guiaen.
Fronde	Ouendat.
Front (le)	Bouandaguan.
Genoux (les)	Banguiligha.
Grains de verre	Baouï, pino.
Grand	Amboida, pagoula.
Gratter (se)	Mangaitte.
Grenats	Pagui.
Hache	Togui.
Hameçon	Pouaye.
Homme	Abanguia, tchiau.
Igname	Oubi.
Il n'y en a point	Hadipat.
Il n'y en a plus	Maï.
Il s'en va	Tatao.
Ile (une)	Gniati.
Incision du prépuce	Giehi.
Jambe (la)	Popiguengué, boudaguan.
Je n'en ai pas	Adigna.
Je ne veux pas	Boudou.
Je veux vous porter sur mon dos.	Tabouneys, motéménéyo.
Joues (les)	Poangué.
Laissez-moi voir cela	Melekia.
Lancer une pierre avec la fronde.	Olé.
Langue (la)	Koupé wangué.
Lier	Tighing.
Lune (la)	Manoc, ndan.
Magnifique (cela est)	Boukaie boukaie.
Main (la)	Adehigha.
Mal (cela fait)	Quedeni.

Manger........................	Houyou, abou.
Marcher.......................	Tanan.
Massue........................	Boulaïbi.
Mât...........................	Kniep.
Membre viril..................	Kiongué.
Menton (le)..................	Pouangué.
Mer (la)......................	Déné.
Mère..........................	Monbreba.
Moi (ceci est pour)..........	Aoutou.
Montagne.....................	Bandoué.
Montez........................	Tamihiou.
Mort..........................	Mackié.
Mouche.......................	Nan, ignan, about.
Moustiques...................	Namboui.
Nager.........................	Hât.
Natte.........................	Kam, abono.
Nez...........................	Wanding.
Nombril (le).................	Koanbongha.
Non...........................	Nda.
Oiseau........................	Manou.
Oiseaux.......................	Mani mani.
Ongles (les)..................	Pihingué.
Oreille........................	Guening.
Ornement garni de nacre dont ils se ceignent la tête...........	Tanden.
Ouverture par où on entre dans les cases....................	Ounema.
Palissade......................	Baubeigh.
Panier (petit)................	Tolam.
Parties naturelles de la femme..	Ktianek, ouguiquou.
Patate........................	Tani.
Peigne........................	Gau, baliga.
Perruche......................	Pidip.
Pet (un)......................	Nha.
Péter.........................	Bonbéginghé, pip.
Petit..........................	Anneba.
Pied (le).....................	Bakatiengué, adegha.

DE LA NOUVELLE-CALÉDONIE.

Pierres taillées pour la fronde...	Oudip.
Pilier situé au milieu de leur case.	Aguyotte.
Pirogue	Wa, oacka.
Plante (la) des pieds	Adagueigha.
Pleurer	Ngot.
Pluie	Oda.
Poil des parties naturelles	Poukangoughé.
Poitrine (la)	Guiengué.
Portez-vous bien	Alaoué.
Pouce (le)	Kanohingué.
Poule	Hali.
Prenez	Poné poné.
Présent (ceci est un)	Tanhouate.
Quartz	Nette.
Qu'est-ce que cela	Beta, andaï.
Queues postiches dont ils font usage	Bouligha, négui.
Racine du *dolichos tuberosus*...	Yalé.
Raies de couleur noire appliquées sur la poitrine	Poun.
Récif (un)	Malabou.
Respirer	Kniana.
Réveil	Noda.
Rire	Eck.
Rouge	Miha.
Sac à pierres pour leurs frondes..	Quenoulippe.
Sang (le)	Houda.
Sein (le)	Tingué.
Selle (aller à la)	Knaghé.
Siffler	Whaou.
Soleil (le)	Nianghat.
Souffler avec la bouche	Oubédou.
Sourcils (les)	Banguinghé.

Dans ce mot la syllabe *guin* se prononce du gosier à la manière des Arabes.

Sur-le-champ	Guiot.
Tatouage	Nap.
Terrain cultivé	Maniep.
Terre (la)	Guioute.
Testicules	Quianbeiga, onga, yabingué.
Tête (la)	Bangué.
Toile d'araignée	Donhate.
Tombeau	Nbouait.
Tomber	Telouch.
Tonnerre (le)	Highou.
Tourner une corde sur quelque chose	Houadine.
Tousser	Poupe.
Traverse horizontale à deux mètres d'élévation dans leurs cases	Païte.
Trouer	Keïgui.
Trous aux oreilles	Ktiogueningué.
Uriner	Nima.
Venez ici	Amé.
Vent (le)	Oudou.
Ventre (le)	Kiguiengué.
Voile	Mouangha.
Volaille	Ho.
Voleur	Kaya.
Yeux (les)	Ti wangué.
Zagaie	Nta.

Termes numériques.

Un	Ouanait.
Deux	Ouadou.
Trois	Ouatguien.
Quatre	Ouat bait.
Cinq	Ouannaim.
Six	Ouanaimguik.
Sept	Ouanaim dou.

Huit	Ouanaim guein.
Neuf	Ouanaim bait.
Dix	Ouadoun hic.
Onze	Baroupahinck.
Douze	Barou karou.
Treize	Barou kat guein.
Quatorze	Barou kat bait.
Quinze	Barou kat naim.
Seize	Kaneimguick.
Dix-sept	Kaneim dou.
Dix-huit	Kaneim guein.
Dix-neuf	Kaneim bait.
Vingt	Kadoun hic.
Vingt-un	Kaningma.
Vingt-deux	Karou.
Vingt-trois	Kat guein.
Vingt-quatre	Kat bait.
Vingt-cinq	Kanneim.
Vingt-six	Kanneim guick.
Vingt-sept	Kanneim dou.
Vingt-huit	Kanneim guein.
Vingt-neuf	Kanneim bait.
Trente	Kadoum lick.
Trente-un	Barékalinick.
Trente-deux	Baré karou.
Trente-trois	Kat guein.
Trente-quatre	Kat bait.
Trente-cinq	Kanneim.
Trente-six	Kanneim guick.
Trente-sept	Kanneim dou.
Trente-huit	Kanneim guein.
Trente-neuf	Kanneim bait.
Quarante	Kadounhink ounguin.

VOCABULAIRE

DU LANGAGE DES NATURELS

DE WAYGIOU.

Aiguille	Mari issou carmom.
Aller	Combraenne.
Aller (s'en)	Orofaperre.
Allez	Combran esso.
Arc (un)	Copamme couffe.
Aviron (un)	Caboresse.
Bambou où l'on conserve de l'eau.	Robéaouenne.
Bananes	Imbieffe.
Boire	Quinemme.
Bouche (la)	Souadonne.
Bracelet d'écaille de tortue	Misse.
Bras (les)	Bramine.
Canne à sucre	Camaenne.
Canot	Cambafene.
Ceci est	Omi.
Chapeau de paille de la forme d'un cône	Saraou.
Cheveux (les)	Enombraem.
Chien (un)	Dofane.

VOCABULAIRE DE WAYGIOU.

Citron....................	Innécrail.
Cou (le)..................	Sacécaeran.
Coude (le)................	Brapouéré.
Couteau (un)..............	Moï.
Cocos	Serail.
Corde.....................	Camoutou.
Crabe.....................	Coaffe.
Cuisse	Houessope.
Dents (les)...............	Nacoerenne.
Donnez-moi................	Bougueman ou bouqman.
Dormir....................	Queneffe.
Eau douce.................	Houaérenne.
Ecope.....................	Canarenne.
Embrasser.................	Cofroec.
Enfoncement (un) vers le sud-est......................	Soïné.
Etoffe de coton............	Sansounne.
Etoffe d'écorce d'arbre........	Maran.
Etoffes (nos) qu'ils demandoient en échange de leurs denrées...	Dacaille, cami.
Fer........................	Moncormme.
Fer de harpon..............	Enacandenne.
Fer-blanc..................	Saraca, salaca.
Ficelle....................	Ribbe.
Flèche	Mariai.
Front.....................	Andary.
Gaule.....................	Aye.
Genoux (les)	Ponierenne.
Hameçon...................	Sarfedinne.
Harpon....................	Ambobéré.
Homard....................	Samosse.
Igname	Apore.
Ile (petite) de la baie	Bombé dari.
Ile (l') du mouillage...........	Bony.
Ile (l') Rawak..............	Rahaua.
Ile Manouaran	Manorom.
Iles Ayau..................	Ayau.

Iles (les) Ayau sont	Ayau baé.
	Bobei.
	Mosséquouaenne.
	Mofi.
	Ambdony.
	Canobry.
	Yaoury.
	Rautoumi.
	Reny.
	Fauy.
	Miarny.
	Igui.
Jambe (la)	Anemine.
Je m'en vais.....................	Yaboresse.
Langue (la)	Damaran.
Ligne pour la pêche	Farféré.
Main (la)	Brampinne.
Manger	Aenne, yacanne.
Marcher	Coresse.
Mât	Padarenne.
Membre viril....................	Cicomme.
Menton..........................	Bourou bourou.
Mer (la)	Masainne.
Mère............................	Naine.
Moi.............................	Aia.
Natte	Yaerenne.
Navire	Capara.
Nez	Nony.
Nœud (faire un) ou attacher...	Cocafesse.
Nouvelle-Guinée.................	Mari ou Maré.
Œil.............................	Mocammoro.
Ongles (les)....................	Brampinne bey.
Oreille (l').....................	Quénany.
Pagaye..........................	Caboresse.
Papaye	Capaya.
Parler papou	Papoua dobéréa.
Parties naturelles de la femme ..	Ouasope simby.

DE WAYGIOU.

Patate	Randzio.
Pavillon	Barbaran.
Père	Mama.
Pieds (les)	Essouebaem.
Pirogue (petite) à double balancier	Houahy.
Pirogue (grande) avec ou sans balancier	Cadouresse.
Poisson	Icanne, hienne.
Poule	Masanquienne.
Qu'est-ce que cela	Aziarosa.
Rat palmiste; *sciurus palmarum*, Linn.	Ranbabé, couchou.
Récif	Decaenne.
Safran d'Inde	Inaérenne.
Sagou	Quioumi.
Sein (le)	Sousse.
Terre	Soupe.
Testicules	Capéré.
Ventre (le)	Sneouaran.
Voile (une)	Caouenne.

Termes numériques.

Un	Saï.
Deux	Douï, soro.
Trois	Quioro.
Quatre	Fiaque.
Cinq	Rima.
Six	Onem.
Sept	Fique.
Huit	Ouaran.
Neuf	Siou.
Dix	Sampourou.
Cent	Caim.

TABLES

DE LA ROUTE DE L'ESPÉRANCE,

PENDANT LES ANNÉES 1791, 1792,

ET

PENDANT LA 1ère. ET LA 2e. ANNÉE DE LA RÉP. FRANÇ.

DEPUIS SON DÉPART D'EUROPE

JUSQU'A SON ARRIVÉE A SURABAYA.

Nota. Ces tables indiquent la position du vaisseau à midi; la déclinaison de l'aiguille aimantée distinguée par *or*, lorsqu'elle a été observée à l'horizon au lever du soleil; par *oc*, lorsqu'elle a été observée à l'horizon au coucher du soleil; et par *az*, lorsqu'elle est le résultat d'une observation d'azimut; le degré du thermomètre gradué d'après l'échelle de Réaumur *(c'étoit un thermomètre à mercure)*, et la hauteur du baromètre à midi; la direction des vents et l'état du ciel.

TABLES DE LA ROUTE

ÉPOQUE, 1791.	LATITUDE OBSERVÉE, nord.	LATITUDE ESTIMÉE, nord.	LONGITUDE OBSERVÉE, occidentale.	LONGITUDE ESTIMÉE, occidentale.	DÉCLINAISON DE L'AIGUILLE, ouest.	
	d ′ ″	d ′ ″	d ′ ″	d ′ ″	d ′ ″	d ′ ″
Septemb. 29	47 41 20	47 43 00	....	9 36 40	22 36 00	....
30	47 7 30	47 2 00	....	10 24 18	....	....
Octobre. 1	....	46 46 36	....	10 59 30	....	....
2	....	46 35 10	....	10 56 18	....	az. 21 10 57
3	45 46 36	45 59 20	10 23 00	10 38 00	or. 21 39 00	....
4	45 36 38	45 38 00	11 14 24	11 17 10	....	....
6	42 49 58	43 3 18	13 58 00	13 47 36	....	az. 21 26 00
8	38 23 29	38 27 00	....	16 24 12	oc. 19 59 00	....
10	34 8 53	34 4 14	17 25 00	17 48 14	....	az. 19 29 00
12	29 26 18	29 32 38	18 53 10	18 36 36	id. 18 56 00	....
A Ténériffe.						
13	28 29 55	....	18 58 12	....	or. 18 9 9	....
25	25 22 9	25 21 36	....	19 24 32	id. 17 38 10	....
26	23 33 59	23 41 20	20 16 36	19 59 36	....	az. 16 38 00
27	21 32 45	21 24 38	20 59 46	20 44 10	id. 16 44 00	....
28	19 58 47	20 3 19	21 56 30	21 7 12	....	az. 16 49 39
30	17 52 48	17 53 00	22 24 12	21 29 38	oc. 15 19 00	az. 14 47 34
Novembre. 1	14 56 49	14 52 00	23 19 54	21 37 40	id. 14 32 00	....
2	13 6 19	13 5 44	....	21 25 38	....	....
3	....	12 8 18	22 35 43	21 12 19	....	....
4	10 23 49	10 26 2	21 28 00	20 10 00	....	....
5	9 6 36	9 6 19	21 6 00	19 16 19	id. 12 43 00	....
6	9 7 00	8 55 36	....	19 24 36	....	....
7	9 1 8	8 59 38	20 53 45	19 15 18	or. 12 59 20	....
8	8 23 5	8 22 00	20 38 10	18 49 30	....	....
9	7 49 38	7 43 14	....	18 23 12	oc. 14 38 00	az. 14 15 35
10	....	7 9 48	....	18 19 17	or. 14 20 20	....
11	7 1 36	6 47 52	19 49 50	18 6 34	....	....
12	6 45 29	6 53 38	19 46 12	18 4 18	id. 13 54 00	....
13	6 9 34	6 19 25	19 49 10	18 6 12	oc. 13 36 32	....
14	6 00 46	5 56 26	19 47 14	18 8 37	13 39 18	....
15	5 52 54	5 44 34	19 46 24	18 14 50	....	....
16	5 32 56	5 31 19	20 6 18	18 27 36	13 59 4	....
17	....	5 13 40	....	18 59 8	....	....
18	....	5 3 46	....	19 7 4	....	....
19	5 3 29	4 42 58	20 12 45	18 47 3	....	....
20	4 42 26	4 41 19	19 26 36	18 34 10	....	....
21	4 30 38	4 23 38	18 38 24	18 8 37	....	az. 14 37 24
22	4 28 39	4 17 39	18 56 18	18 7 12	....	az. 14 49 36
23	3 49 00	3 30 46	....	18 43 10	or. 13 42 36	az. 14 26 30
24	3 16 55	2 59 00	20 49 13	19 56 00	id. 14 36 3	....
25	2 58 00	2 53 34	22 6 12	20 54 00	oc. 14 28 36	....
26	2 5 37	2 1 55	23 19 36	21 33 4	id. 12 29 00	az. 12 16 56
27	1 20 19	1 17 57	24 19 20	22 14 7	id. 11 42 00	az. 11 33 19

DE L'ESPÉRANCE.

ÉPOQUE, 1791.	THERM.	BAROM.	VENTS ET ÉTAT DU CIEL.
	d	p. l.	
Septemb. 29	15,0	28 2,9	E. Joli frais, nuageux.
30	16,0	28 3,7	E. S. E. Foible, couvert.
Octobre. 1	16,0	28 3,9	N. Variable, foible, couvert.
2	16,1	28 4,2	O. S. O. Foible, couvert.
3	16,2	28 3,6	N. O. Très-foible, couvert.
4	....	28 1,0	O. N. O. Frais, couvert, grains.
6	14,4	28 3,6	N. N. E. Joli frais, nuageux.
8	16,5	28 2,9	N. E. Bon frais, grains.
10	16,0	28 2,9	N. N. E. Bon frais, couvert, grains.
12	17,1	28 3,8	N. Joli frais, beau.
13	20,2	28 2,0	N. N. E. Joli frais, clair, ensuite nuageux.
25	19,0	28 3,0	N. E. Petit frais, nuages.
26	19,5	28 2,8	N. E. Joli frais, beau tems.
27	19,5	28 3,0	E. N. E. Joli frais, fort beau.
28	19,0	28 2,5	E. N. E. Joli frais, nuageux, ensuite clair.
30	19,8	28 3,0	N. E. Foible, beau.
Novembre. 1	21,0	28 2,6	N. E. ¼ N. Petit frais, clair.
2	22,0	28 2,5	N. E. ¼ N. Joli frais, nuageux.
3	21,8	28 2,9	E. Variable, couvert, orageux.
4	22,2	28 2,9	N. E. ¼ N. Frais, nuageux.
5	22,8	28 2,4	N. E. Joli frais, nuageux.
6	22,8	28 2,3	Calme, nuageux, orageux.
7	22,5	28 2,8	Calme, orageux.
8	22,3	28 2,2	N. E. ¼ E. Très-foible, orageux.
9	22,5	28 2,4	E. N. E. Petit frais, orageux.
10	21,7	28 2,8	E. S. E. Frais inégal, couvert, pluvieux.
11	21,9	28 3,0	E. N. E. Foible, couvert, ensuite serein.
12	22,9	28 2,4	Calme, un peu nuageux.
13	22,9	28 1,9	E. S. E. Foible, beau.
14	23,0	28 2,0	S. E. Très-foible, beau.
15	22,5	28 1,9	S. E. Grains, calme, couvert, pluvieux.
16	22,9	28 2,0	S. S. E. Foible, nuageux.
17	22,5	28 2,5	S. S. E. Foible, pluvieux.
18	22,0	28 2,0	Calme, pluvieux.
19	22,0	28 1,9	S. S. O. Foible, beau, ensuite pluvieux.
20	22,0	28 2,0	S. S. O. Variable, frais, très-pluvieux.
21	21,3	28 1,8	S. S. O. Inégal, grains, pluie.
22	21,8	28 1,1	E. S. E. Presque calme, couvert, pluvieux.
23	22,0	28 0,8	S. S. E. Joli frais, grains.
24	21,6	28 1,2	S. S. E. Bon frais, grains.
25	21,9	28 1,1	S. S. E. Joli frais, nuageux.
26	21,5	28 1,3	Idem.
27	21,7	28 1,8	S. E. Petit frais, nuageux.

TABLES DE LA ROUTE

ÉPOQUE, 1791.	LATITUDE OBSERVÉE, nord.	LATITUDE ESTIMÉE, nord.	LONGITUDE OBSERVÉE, occidentale.	LONGITUDE ESTIMÉE, occidentale.	DÉCLINAISON DE L'AIGUILLE, ouest.	
	d ′ ″	d ′ ″	d ′ ″	d ′ ″	d ′ ″	d ′ ″
Novemb. 28	0 30 55 Sud.	0 36 35 Sud.	25 17 13	22 38 49	or. 11 18 00	az. 11 23 14
29	0 39 12	0 26 12	26 19 36	23 19 30	oc. 10 44 53	....
30	1 32 49	1 34 19	27 12 18	24 6 10	id. 8 46 00	az. 8 39 5
Décemb. 1	2 34 49	2 34 20	28 12 17	24 36 10	id. 8 19 24	....
2	3 52 25	3 49 35	29 4 18	24 59 38	id. 8 58 47	or. 7 22 54
3	5 10 26	5 4 26	30 8 3	25 29 37	id. 7 49 18	....
4	6 28 35	6 15 54	30 42 36	25 56 14	id. 7 14 56	az. 7 36 18
5	7 34 31	7 24 34	30 58 14	26 2 6	id. 6 56 18	or. 6 39 49
6	9 2 36	8 57 19	31 19 26	26 5 12	id. 5 24 48	az. 5 24 55
7	10 34 26	10 24 25	31 43 40	26 24 36	id. 5 26 30	or. 5 18 17
8	11 43 12	11 38 56	31 38 17	25 59 38	id. 3 47 19	az. 3 44 14
9	12 46 33	12 33 18	31 8 14	25 28 34	id. 4 16 56	az. 3 58 36
10	14 14 24	14 4 25	30 29 38	24 38 39	id. 3 58 00	az. 3 48 00
11	15 42 46	15 41 26	29 43 12	23 43 39	id. 4 8 54	or. 4 5 00
12	16 56 13	16 47 48	29 6 38	23 6 32	id. 5 13 36	az. 5 18 12
13	18 6 20	17 56 28	28 38 40	22 39 42	id. 5 00 00	az. 5 49 5
14	19 9 36	19 6 34	28 19 34	22 26 10	id. 5 17 26	az. 5 35 12
15	....	20 32 19	28 26 12	22 26 18	id. 4 46 00	....
16	22 16 27	22 3 59	28 38 44	22 27 12	id. 5 18 17	az. 5 18 30
17	23 48 14	23 27 13	29 15 36	22 54 10	id. 4 18 46	az. 4 6 5
18	25 20 32	25 9 24	29 27 18	23 19 4	or. 1 56 39	az. 2 36 4
19	26 35 17	26 32 27	29 29 4	23 7 14	id. 2 54 00	az. 3 33 39
20	27 28 29	27 18 59	28 18 38	22 8 3	id. 3 36 00	az. 4 18 53
21	....	28 6 44	25 43 10	19 48 2	oc. 4 46 34	....
22	28 49 48	28 32 59	24 6 36	18 9 4	....	az. 5 52 30
23		28 33 36	22 44 34	16 49 3	....	....
24	27 49 58	27 57 28	22 9 36	16 23 6	....	....
25	....	28 19 34	22 26 18	16 44 7	....	az. 5 49 32
26	29 33 54	29 16 36	22 54 18	17 22 18	....	....
27	30 44 49	30 42 54	22 38 19	17 16 18	....	....
28	31 16 24	30 53 54	21 56 14	16 26 19	id. 5 36 30	az. 6 46 47
29	31 32 54	31 23 24	19 49 38	14 34 17	or. 6 14 49	az. 6 56 00
30	31 49 33	31 38 44	17 45 17	12 46 14	....	....
31	32 6 17	32 4 32	15 44 12	10 58 13	id. 5 54 10	az. 6 16 15
1792. Janvier. 1	32 19 55	31 22 34	13 34 39	9 4 8	id. 5 49 19	az. 6 6 55
2	....	32 28 38	9 35 17	7 9 13	id. 7 57 19	az. 6 56 00
3	32 42 43	32 35 44	9 8 49	4 59 12	....	az. 9 59 27
4	32 49 34	32 42 24	7 12 17	3 14 8	id. 10 55 24	az. 13 34 39
5	32 55 46	32 51 38	5 59 14	2 14 7	oc. 13 37 28	az. 13 46 10
6	32 56 40	32 52 37	4 17 12	0 39 18 Orientale.	id. 14 44 00	az. 15 18 49
7	32 55 40	32 48 12	1 11 10	2 26 19	id. 16 3 29	az. 15 38 39

DE L'ESPÉRANCE.

ÉPOQUE, 1791.		THERM.	BAROM.	VENTS ET ÉTAT DU CIEL.
		d	p. l.	
Novemb.	28	21,2	28 1,8	S. E. ¼ S. Joli frais, beau tems.
	29	21,3	28 2,1	Idem.
	30	21,2	28 1,8	S. E. Joli frais, nuageux.
Décemb.	1	21,2	28 2,3	S. E. Joli frais, nuageux, ensuite clair.
	2	21,3	28 2,2	S. E. ¼ E. Joli frais, nuageux, beau.
	3	21,0	28 2,0	Idem.
	4	21,4	28 2,1	E. S. E. Petit frais, nuageux, beau.
	5	21,5	28 2,3	E. ¼ S. E. Petit frais, nuageux, beau.
	6	21,5	28 2,7	E. ¼ S. E. Bonne brise, nuageux, beau.
	7	21,6	28 2,7	E. Joli frais, nuageux, beau.
	8	21,0	28 2,8	E. ¼ N. E. Joli frais, nuageux, beau.
	9	20,7	28 2,5	E. N. E. Joli frais, beau, petite pluie.
	10	20,5	28 2,8	N. E. ¼ E. Bonne brise, nuageux, beau.
	11	20,5	28 3,5	Idem.
	12	20,5	28 3,6	Du N. E. à l'E. Bonne brise, nuageux, beau.
	13	20,3	28 3,9	E. ¼ N. E. Moyen, nuageux, beau.
	14	20,2	28 4,0	E. Petit frais, beau.
	15	20,3	28 4,2	E. ¼ S. E. Inégal, tems à grains.
	16	20,4	28 2,9	E. ¼ S. E. Joli frais, nuageux, beau.
	17	19,5	28 5,2	E. ¼ S. E. Bon frais, nuageux, beau.
	18	19,0	28 5,0	Idem.
	19	19,4	28 4,5	E. Joli frais, couvert.
	20	19,4	28 3,5	De l'E. au N. Joli frais, beau, un peu nuageux.
	21	19,0	28 2,3	N. N. O. Joli frais, beau, un peu nuageux.
	22	19,3	28 2,3	N. O. : O. N. O. Petit frais, couvert, pluvieux.
	23	18,0	28 3,8	O. : S. S. E. Frais, couvert.
	24	17,6	28 5,3	S. S. E. : E. S. E. Grand frais, couvert.
	25	18,6	28 4,0	S. E. Bon frais, couvert, pluvieux.
	26	17,0	28 4,8	S. E. ¼ E. Joli frais, couvert.
	27	16,7	28 4,5	E. Moyen, couvert, beau.
	28	17,5	28 3,9	N. E. : N. Foible, beau.
	29	17,8	28 3,9	N. ¼ N. E. Moyen, beau.
	30	17,8	28 3,9	N. Moyen, beau.
	31	17,6	28 0,0	N. N. E. Moyen, beau.
1792. Janvier.	1	17,7	28 3,3	N. N. E. : N. ¼ N. E. Moyen, nuageux, beau.
	2	17,7	28 3,2	Idem.
	3	18,0	28 3,4	N. ¼ N. E. : N. Frais, nuageux, beau.
	4	18,0	28 4,1	N. ¼ N. E. : N. Moyen, beau.
	5	17,9	28 4,0	N. : N. N. E. Foible, couvert, beau.
	6	17,8	28 3,3	N. Moyen, beau.
	7	18,0	28 1,7	N. ¼ N. O. Frais, beau.

K 2

TABLES DE LA ROUTE

ÉPOQUE, 1792.	LATITUDE OBSERVÉE, sud.	LATITUDE ESTIMÉE, sud.	LONGITUDE OBSERVÉE, orientale.	LONGITUDE ESTIMÉE, orientale.	DÉCLINAISON DE L'AIGUILLE, ouest.	
	d ′ ″	d ′ ″	d ′ ″	d ′ ″	d ′ ″	d ′ ″
Janvier. 8	32 58 17	32 56 34	1 53 36	5 23 36	....	az. 16 39 00
9	32 57 36	32 3 24	4 3 18	7 2 34	oc. 17 49 00	az. 17 33 56
10	33 00 24	32 58 56	4 46 19	7 35 39	or. 20 14 00	az. 19 19 3
11	32 47 36	30 2 14	5 17 34	8 14 36	oc. 21 54 49	az. 20 29 46
12	32 55 24	33 3 24	7 14 19	9 49 14	....	....
13	32 52 12	32 59 12	8 53 48	11 34 42	or. 21 46 00	az. 21 59 44
14	33 14 54	33 23 26	10 44 17	13 12 48	oc. 22 17 22	az. 22 13 32
15	33 36 30	33 40 10	12 6 16	14 32 14	or. 22 54 36	oc. 23 18 48
16	34 3 29	34 8 18	15 37 10	17 3 12	id. 24 14 16	az. 24 18 52
Au Cap de Bonne-Espérance.						
Février. 17	34 8 54	34 17 4	....	16 8 34	oc. 24 19 34	az. 24 12 36
18	....	34 12 3	....	15 33 10	....	....
19	....	34 38 44	....	16 24 18	or. 23 10 49	az. 23 16 10
20	34 46 19	35 52 42	17 24 36	18 14 36	oc. 25 14 19	az. 24 59 12
21	34 59 16	35 9 16	19 27 48	19 38 47		
22	34 55 54	34 54 14	20 8 45	20 19 58	id. 26 19 5	az. 26 39 8
23	34 35 19	34 48 50	22 12 4	22 17 54	or. 25 42 10	oc. 25 48 00
24	34 16 12	34 17 52	24 42 10	25 26 12	oc. 27 25 00	....
25	34 12 00	33 55 12	24 18 13	25 16 4	or. 27 14 00	az. 27 16 00
26	....	35 9 14	26 4 20	24 48 00	oc. 28 10 10	....
27	35 24 10	35 5 10	27 3 32	27 24 00	or. 28 12 14	az. 28 17 59
28	35 18 46	35 22 4	28 22 34	28 8 14	oc. 28 6 14	az. 28 9 36
29	....	35 35 43	....	29 46 32	id. 28 12 00	az. 28 18 36
Mars. 1	35 16 36	35 22 54	32 59 4	32 37 34	id. 28 34 3	az. 28 58 00
2	34 45 34	34 59 26	35 43 36	36 13 24	id. 28 46 00	az. 28 24 36
3	34 32 00	34 32 14	38 14 18	38 16 54	or. 30 36 52	az. 30 48 9
4	34 35 37	34 38 44	....	40 18 12	....	....
5	....	34 40 54	42 22 12	42 8 3	....	....
6	34 41 52	34 42 34	43 36 44	43 34 2	....	az. 28 56 20
7	....	34 41 36	44 3 35	44 8 13	oc. 27 34 19	az. 27 14 34
8	35 23 18	35 29 14	44 54 18	44 58 4	....	....
9	34 54 14	35 6 2	....	46 22 2	....	....
10	35 42 8	35 54 34	47 4 34	46 58 3	....	....
11	36 22 5	36 8 14	49 25 32	49 14 13	id. 26 49 30	az. 26 54 19
12	36 44 20	36 44 52	52 54 58	52 44 36	or. 26 30 00	....
13	36 43 34	36 48 34	53 13 19	52 26 12	oc. 26 34 38	az. 26 45 39
14	37 16 49	37 11 39	53 33 46	53 34 6	or. 26 24 00	az. 26 39 00
15	36 13 44	36 18 4	54 5 42	54 9 34	oc. 26 13 15	....
16	36 53 52	36 49 34	54 39 24	54 38 34	id. 24 49 39	az. 24 52 11
17	....	37 46 14	55 53 52	56 8 52	id. 24 26 00	az. 24 37 40
18	37 57 55	38 4 36	....	57 49 12	....	az. 25 41 00
19	38 2 47	38 6 27	59 12 34	58 45 10	id. 24 59 00	az. 24 26 00

DE L'ESPÉRANCE.

ÉPOQUE, 1792.	THERM.	BAROM.	VENTS ET ÉTAT DU CIEL.
	d	p. l.	
Janvier. 8	18,4	28 2,5	N. N. O. Bon frais, clair, ensuite nuageux.
9	18,1	28 4,0	N. N. O. : N. ¼ N. E. Foible, petite pluie, beau.
10	18,4	28 4,9	N. O. Foible, ensuite calme, beau.
11	19,0	28 4,0	O. N. O. Très-foible, beau, ensuite brumeux.
12	18,8	28 3,6	O. Très-foible, beau, nuageux.
13	17,0	28 3,1	O. S. O. : O. Moyen, nuageux, ensuite découvert.
14	18,0	28 2,3	O. Moyen, nuageux, ensuite découvert.
15	18,3	28 1,5	O. N. O. Moyen, nuageux, beau.
16	16,5	28 1,5	N. N. O. : N. Bon frais, couvert, un peu pluvieux.
Février. 17	15,0	28 4,0	S. S. E. Fortes rafales, couvert, pluie.
18	15,5	28 4,2	S. : S. S. O. Joli frais, nuageux.
19	18,2	28 2,7	S. S. O. : O. S. O. Joli frais, nuageux.
20	17,0	28 2,0	O. : N. N. O. Frais, couvert.
21	19,0	28 4,0	N. O. Bon frais, couvert.
22	19,0	28 1,9	O. S. O. : N. N. O. Petit frais, assez beau.
23	18,0	27 8,5	O. N. O. : O. Frais, assez beau.
24	17,1	28 6,9	O. S. O. Grand frais, beau, grains.
25	18,5	28 2,7	E. ¼ N. E. Grand frais, ensuite petit frais, clair.
26	19,9	28 0,0	E. N. E. : N. E. Grand frais, beau.
27	19,0	28 2,9	N. O. Petit frais, beau.
28	18,4	28 2,7	S. O. Foible, ensuite calme, beau.
29	19,5	27 10,0	N. E. Moyen frais, beau, ensuite couvert.
Mars. 1	15,8	27 11,5	O. : O. N. O. Frais, orageux, ensuite beau.
2	18,0	28 1,2	N. O. Bon frais, beau, un peu nuageux.
3	18,5	28 3,0	N. Assez frais, beau.
4	18,0	28 3,3	N. E. ¼ N. Frais, ensuite foible, très-couvert.
5	17,1	28 2,4	N. E. ¼ N. Joli frais, couvert, pluie.
6	18,7	28 3,0	N. O. Moyen, ensuite calme, beau, un peu nuageux.
7	17,0	28 4,0	E. S. E. : S. Petit frais, couvert.
8	18,0	28 3,9	E. S. E. : N. N. E. Petit frais, couvert.
9	15,0	28 5,0	Du N. N. O. au S. S. O. Frais, couvert.
10	16,0	28 6,0	E. S. E. : E. N. E. Bon frais, couvert, petite pluie.
11	17,0	28 3,0	N. E. ¼ E. : N. N. E. Bon frais, couvert.
12	17,0	28 2,9	N. N. E. Bon frais, couvert.
13	16,0	28 5,0	N. N. E. Foible, ensuite calme, couvert, ensuite très-beau.
14	16,0	28 5,0	E. S. E. : E. N. E. Très-petit frais, sombre.
15	15,0	28 6,3	E. S. E. : S. S. E. Moyen frais, sombre.
16	14,8	28 7,0	S. E. : E. Moyen frais, sombre.
17	15,0	28 5,9	E. : N. E. Moyen frais, sombre.
18	16,0	28 5,0	N. E. : N. N. O. Moyen frais, sombre.
19	16,0	28 6,0	N. N. O. : N. O. Petit frais, beau.

TABLES DE LA ROUTE

ÉPOQUE, 1792.	LATITUDE OBSERVÉE, sud.	LATITUDE ESTIMÉE, sud.	LONGITUDE OBSERVÉE, orientale.	LONGITUDE ESTIMÉE, orientale.	DÉCLINAISON DE L'AIGUILLE ouest.	
	d ′ ″	d ′ ″	d ′ ″	d ′ ″	d ′ ″	d ′
Mars. 20	38 12 38	38 9 4	60 18 20	60 4 8	or. 25 32 19	az. 25 36
21	38 30 37	38 24 37	61 54 36	61 33 16	id. 23 19 48	az. 25 36
22	38 26 42	38 28 14	64 16 12	64 18 00	oc. 24 46 38	....
23	38 9 45	38 22 45	....	66 34 20	or. 23 48 15	....
24	37 15 44	37 14 36	68 4 18	67 59 32	....	....
25	36 49 36	37 54 33	68 43 47	68 38 44	id. 23 14 52	....
26	37 4 49	37 18 49	70 48 10	70 58 10	....	az. 19 32
27	36 48 30	36 54 12	72 8 10	71 59 4	id. 20 6 19	....
28	37 33 6	37 33 48	74 24 18	74 8 19	oc. 20 15 12	or. 18 44
29	38 45 34	39 4 12	....	77 51 4	id. 17 43 39	....
30	39 23 34	39 30 58	80 4 32	79 48 2	....	....
31	39 54 49	40 7 55	82 23 36	82 14 49	....	....
Avril. 1	40 42 26	41 2 26	84 59 14	85 3 40	id. 16 4 53	az. 15 24
2	40 56 18	41 9 18	88 14 19	87 48 10	....	....
3	40 45 10	40 34 00	90 26 18	90 22 14	....	az. 17 44
4	41 3 36	41 19 26	92 59 4	93 5 4	....	....
5	41 34 00	41 46 11	96 58 38	96 41 38	or. 18 16 10	az. 17 59
6	42 5 18	42 18 14	100 25 19	100 18 8	oc. 19 8 10	....
7	....	42 17 10	....	104 7 3	....	....
8	42 15 16	42 32 16	106 35 36	106 49 39	id. 13 14 13	or. 14 58
9	....	42 36 34	....	110 8 12	id. 14 18 30	....
10	....	42 59 32	....	114 35 14	....	....
11	42 54 53	43 14 43	116 59 18	117 12 4	....	....
12	....	42 42 46	....	119 36 2	id. 8 14 19	....
13	....	41 36 12	....	120 51 4	....	....
14	42 2 50	42 3 10	123 48 12	123 32 8	....	....
15	42 5 19	42 18 19	....	117 27 3	....	az. 3 54
16	42 24 25	42 42 15	128 42 11	129 41 40	....	....
17	....	44 7 54	....	131 32 18	id. 1 54 00 Est.	Est.
18	....	44 32 36	136 14 4	135 18 18	id. 2 9 4	az. 2 34
19	43 32 53	44 33 24	138 22 3	139 5 19	or. 1 59 32	....
20	43 48 58	44 8 32	141 59 30	141 59 40	oc. 5 56 40	az. 5 51
Au cap de Diemen.						
Mai. 14	43 32 19	....	144 48 4	....	....	az. 7 38
16	43 30 55	43 33 36	....	144 48 2	....	....
18	....	43 21 13	....	145 14 4	....	....
25	43 10 55	....	....	145 18 2	....	....
26	....	....	....	....	....	....
27	....	43 5 2	....	145 22 1	....	az. 8 26
28	....	43 3 6	....	145 24 2	....	....
29	42 38 23	42 35 32	146 54 19	146 57 19	....	az. 7 48
30	....	40 55 4	....	150 3 9	....	....

DE L'ESPÉRANCE.

ÉPOQUE, 1792.	THERM.	BAROM.	VENTS ET ÉTAT DU CIEL.
	d	p.　l.	
Mars. 20	16,0	28　6,5	N. N. E. : N. E. Très-petit frais, beau.
21	15,0	28　5,5	E. N. E. : N. N. E. Moyen, très-beau.
22	15,0	28　3,8	N. N. E. : N. N. O. Joli frais, beau.
23	13,9	28　3,6	N. O. : S. Frais, beau, ensuite couvert.
24	20,0	28　5,6	S. : S. S. E. Bon frais, couvert.
25	13,3	28　6,0	S. : S. S. O. Petit frais, beau.
26	14,0	28　5,0	O. : S. Joli frais, beau.
27	13,5	28　5,8	S. O. : S. E. Petit frais, beau.
28	15,0	28　3,0	N. N. O. Frais, nuageux.
29	15,0	28　11,2	N. N. O. Frais, bon frais, nuageux.
30	13,0	27　10,0	O. : N. Inégal, couvert, petite pluie.
31	10,0	27　11,9	N. O. : S. O. Grand frais, nuageux, grains.
Avril. 1	10,0	28　7,0	O. S. O. : N. N. O. Grand frais, nuageux, grains.
2	10,0	28　9,0	N. N. O. : S. S. O. Grand frais, nuageux, forts grains.
3	8,5	28　2,5	S. S. O. Grand frais, nuageux, forts grains.
4	12,1	28　2,3	S. O. : N. O. Bon frais, nuageux, beau.
5	12,5	28　3,0	O. N. O. Bon frais, nuageux, beau.
6	13,0	28　3,2	O. N. O. : N. O. Grand frais, nuageux, beau.
7	11,0	28　1,7	N. O. Frais. O. S. O. Moyen, nuageux, couvert, pluie.
8	10,8	28　3,0	O. S. O. : O. Joli frais, nuageux.
9	11,8	28　2,0	N. O. Bon frais, nuageux, beau.
10	11,5	27　11,6	N. O. Grand frais, couvert, petite pluie.
11	10,7	28　1,0	N. O. : O. Joli frais, couvert.
12	8,5	28　0,5	S. O. : S. Joli frais, rafales, couvert, grains.
13	9,0	28　3,0	S. E. : S. S. E. Fortes rafales, couvert, grains.
14	9,2	27　7,5	S. E. : O. S. O. Frais, beau, grains.
15	8,5	27　10,0	S. O. Grand frais, rafales, nuageux, grains.
16	10,0	28　3,1	O. S. O. Bon frais, beau, un peu nuageux.
17	12,0	28　3,0	O. S. O. Grand frais, couvert, grains.
18	12,5	28　4,7	O. S. O. : O. Bon frais, couvert, petite pluie.
19	12,0	28　4,5	O. Bon frais, couvert, petite pluie la nuit.
20	11,5	28　1,7	O. Bon frais, couvert, grande pluie.
Mai. 14	.....	....	S. O. Rafales, pluie, grains.
16	.....	27　6,0	N. Joli frais, beau.
18	8,5	27　9,4	N. Joli frais, nuageux.
25	8,0	28　2,9	O. Foible, beau.
26	10,0	28　3,0	Calme, couvert, petite pluie.
27	10,2	28　2,7	Presque calme, beau.
28	9,0	27　11,0	Calme. N. Frais, serein, ensuite nuageux.
29	9,0	27　10,3	N. O. : S. O. Frais, couvert, petite pluie.
30	9,2	27　7,7	S. O. : S. S. O. Grand frais, couvert, grains.

TABLES DE LA ROUTE

ÉPOQUE, 1792.	LATITUDE OBSERVÉE, sud.	LATITUDE ESTIMÉE, sud.	LONGITUDE OBSERVÉE, orientale.	LONGITUDE ESTIMÉE, orientale.	DÉCLINAISON DE L'AIGUILLE est.	
	d ′ ″	d ′ ″	d ′ ″	d ′ ″	d ′ ″	d ′ ″
Mai. 31	39 12 54	39 18 2	....	152 4 1	....	....
Juin. 1	37 16 43	37 14 36	153 48 13	154 20 19	....	....
2	35 34 38	35 28 14	155 38 14	155 52 50	oc. 10 50 4	....
3	34 43 57	34 52 38	156 12 18	156 28 4	id. 10 8 00	az. 9 56 5
4	35 35 47	34 26 4	158 4 8	157 46 2	id. 11 22 40	az. 11 38
5	34 52 28	34 38 48	....	159 12 3	or. 11 56 34	....
6	34 55 52	34 54 12	159 42 54	159 10 2	....	....
7	32 32 36	32 42 48	161 18 24	161 18 54	....	....
8	29 50 54	29 39 54	162 52 14	162 29 6	id. 12 38 50	az. 11 48 0
9	28 21 46	28 18 42	163 13 4	163 13 36	oc. 11 54 52	az. 11 53 3
10	....	27 38 3	....	163 32 34	id. 11 23 34	or. 13 18 1
11	27 10 49	27 9 19	164 23 10	164 14 8	or. 11 18 12	....
12	25 51 26	25 48 44	165 13 14	165 8 10	oc. 11 42 00	az. 11 8 4
13	24 42 12	24 42 23	165 28 46	165 13 46	id. 11 58 14	az. 11 38 5
14	24 18 00	24 12 44	....	165 24 6	....	....
15	23 57 43	23 57 33	165 18 00	165 24 00	id. 11 19 32	az. 10 45 1
16	23 6 14	23 8 24	165 13 00	164 59 00	id. 10 40 30	az. 10 46
17	22 49 38	22 56 2	164 44 00	165 3 00	id. 10 34 54	or. 11 59
18	23 4 48	22 59 4	164 35 37	164 24 37	id. 10 17 46	or. 11 4 3
19	....	23 4 46	164 7 44	164 16 41	id. 10 38 12	or. 10 52 3
20	22 42 18	22 39 00	164 4 9	163 24 00	....	....
21	22 6 42	22 9 34	163 36 52	163 29 31	id. 10 33 20	or. 10 8 0
22	21 49 34	21 44 36	....	163 00 00	id. 10 26 24	....
23	21 38 18	21 36 34	162 49 38	162 49 32	or. 10 34 8	....
24	21 45 27	21 37 27	162 46 29	162 38 54	oc. 10 54 7	or. 10 8 0
25	21 38 19	21 30 48	162 39 18	162 29 28	id. 10 00 00	az. 10 4 3
26	21 42 58	21 38 44	162 36 39	162 14 26	id. 10 6 48	or. 9 58 3
27	21 20 44	21 24 46	162 22 29	161 48 39	id. 9 45 38	....
28	20 28 00	20 29 44	161 27 36	161 22 38	....	....
29	20 6 4	20 9 14	161 9 48	161 19 46	or. 9 6 34	....
30	19 26 49	19 27 54	....	160 46 51	....	....
Juillet. 1	18 47 54	18 57 00	160 34 6	160 48 45	....	....
2	18 9 16	18 5 52	....	160 33 2	....	....
3	17 21 18	17 32 16	159 56 44	160 22 56	oc. 9 38 00	....
4	16 46 54	16 45 48	159 32 36	159 34 40	id. 9 4 8	or. 9 6 00
5	15 45 48	15 54 48	....	158 54 8	id. 9 14 19	or. 9 4 00
6	14 27 39	14 17 59	157 38 2	157 49 16	id. 8 17 48	....
7	12 48 16	12 48 46	....	156 18 44	id. 8 9 38	....
8	10 52 34	10 56 19	155 59 8	155 17 14	....	....
9	8 51 14	8 47 17	154 34 7	154 34 2	id. 8 34 00	az. 8 23 1
10	7 26 43	7 31 4	152 54 9	153 8 17	....	....
11	6 59 32	6 58 44	....	152 46 18	id. 8 14 00	....
12	....	6 37 26	152 18 22	152 30 4	....	....
13	6 13 24	6 24 52	152 9 42	152 5 44	....	....

DE L'ESPÉRANCE.

ÉPOQUE, 1792.		THERM.	BAROM.	VENTS ET ÉTAT DU CIEL.
		d	p. l.	
Mai.	31	12,0	27 11,5	S. S. E. Grand frais, très-mauvais tems.
Juin.	1	12,5	28 0,5	S. : S. S. E. Joli frais, couvert, ensuite clair.
	2	13,0	28 3,0	S. Joli frais, beau.
	3	14,8	28 4,0	S. O. : N. O. Petit frais, beau.
	4	14,8	28 3,5	N. N. O. Foible, ensuite joli frais, beau, nuageux.
	5	15,0	28 0,3	N. N. O. : N. N. E. Inégal, couvert, pluie la nuit.
	6	14,0	27 11,0	N. : O. Très-variable, foible, orageux, couvert, pluvieux.
	7	15,0	27 10,0	S. O. : S. Joli frais, nuageux, grains.
	8	15,0	28 0,5	S. O. Bon frais, nuageux.
	9	15,5	28 2,5	S. O. Joli frais, nuageux.
	10	16,0	28 3,0	S. O. Petit frais, ensuite calme, couvert.
	11	16,4	28 2,3	O. N. O. : N. N. O. Petit frais, beau.
	12	17,0	28 2,9	N. O. O. Joli frais, beau.
	13	18,0	28 3,0	O. : O. S. O. Petit frais, nuageux.
	14	18,0	28 3,4	O. S. O. : O. N. O. Petit frais, ensuite calme, couvert.
	15	18,0	28 3,5	S. O. Très-foible, beau.
	16	17,0	28 3,6	O. S. O. Petit frais, serein.
	17	18,0	28 2,6	S. O. Très-foible, obscur.
	18	18,0	28 2,2	S. O. Petit frais, très-beau.
	19	17,0	28 1,9	S. S. O. : O. S. O. Petit frais, beau, ensuite nuageux.
	20	16,9	28 1,9	S. : S. S. O. Petit frais, joli frais, nuageux, beau.
	21	17,0	28 3,3	S. S. O. : S. S. E. Joli frais, nuageux, beau.
	22	17,7	28 3,3	S. E. Petit frais, nuageux.
	23	18,0	28 1,0	E. : N. E. : N. Petit frais, nuageux, beau.
	24	18,0	28 2,0	Du N. O. au S. O. Joli frais, assez beau.
	25	18,0	28 3,0	S. O. : S. S. O. Joli frais, beau.
	26	18,0	28 2,3	S. O. Joli frais, petit frais, nuageux.
	27	17,9	28 3,5	S. S. O. Joli frais, nuageux.
	28	17,0	28 4,0	S. S. E. Bon frais, grains.
	29	18,0	28 4,0	S. E. : E. S. E. Bon frais, joli frais, nuageux.
	30	18,3	28 4,0	E. S. E. Joli frais, nuageux, grande pluie.
Juillet.	1	19,0	28 2,9	E. S. E. : E. Joli frais, couvert, pluie.
	2	20,0	28 2,5	E. Moyen frais, couvert.
	3	21,0	28 2,0	E. N. E. : N. E. Petit frais, couvert.
	4	22,0	28 2,0	E. N. E. : N. E. Petit frais, couvert, ensuite serein.
	5	20,4	28 1,2	N. E. : S. S. E. : S. E. Petit frais, couvert, ensuite serein.
	6	20,0	28 1,1	S. E. : S. S. E. Moyen frais, nuageux.
	7	20,0	28 1,6	S. E. : S. S. E. Joli frais, nuageux, pluvieux.
	8	20,5	28 1,8	S. S. E. Joli frais, pluvieux, ensuite serein.
	9	21,0	28 1,4	S. S. E. Joli frais, couvert, nuageux.
	10	21,0	28 1,0	S. S. E. Bon frais, couvert, nuageux.
	11	21,6	28 0,5	S. E. Bon frais, couvert, pluie par intervalles.
	12	22,0	28 1,0	S. E. : E. S. E. Bon frais, couvert, pluie par intervalles.
	13	21,0	28 1,4	S. E. : E. S. E. Joli frais, couvert.

TOME II.   L.

TABLES DE LA ROUTE

ÉPOQUE, 1792.	LATITUDE OBSERVÉE, sud.	LATITUDE ESTIMÉE, sud.	LONGITUDE OBSERVÉE, orientale.	LONGITUDE ESTIMÉE, orientale.	DÉCLINAISON DE L'AIGUILLE, est.	
	d ′ ″	d ′ ″	d ′ ″	d ′ ″	d ′ ″	d ′ ″
Juillet. 14	5 43 14	5 44 34	152 5 18	152 2 54	....	....
15	5 5 53	5 22 4	152 6 00	151 52 8	or. 6 44 26	az. 4 48 47
16	4 56 8	5 5 30	151 8 42	151 35 18	....	....
17	4 40 58	4 48 00	150 17 3	150 38 3	....	....
A la Nouvelle-Irlande.						
24	....	4 41 00	....	150 24 00	....	....
25	....	4 4 31	....	149 36 4	....	....
26	2 51 39	3 42 00	148 18 43	148 48 40	....	....
27	2 43 45	2 53 15	147 9 7	147 5 2	id. 6 19 38	....
28	2 21 48	2 29 36	146 24 52	146 36 22	oc. 6 44 36	az. 5 24 49
29	2 19 59	2 18 39	145 44 46	145 49 46	id. 6 6 29	az. 6 43 48
30	1 45 00	2 6 24	145 28 45	145 18 46	id. 6 4 00	....
31	1 56 00	2 9 12	144 59 46	144 52 46	id. 5 59 00	or. 6 24 36
Août. 1	2 5 24	2 10 35	143 42 36	144 13 36	....	....
2	1 32 00	1 35 28	142 34 10	142 23 18	id. 5 12 14	az. 4 36 49
3	1 37 17	1 49 47	142 1 4	141 49 4	....	....
4	1 36 53	1 49 58	140 58 44	141 22 12	or. 4 8 36	az. 3 49 8
5	1 18 00	1 13 46	139 25 56	139 24 56	oc. 3 17 46	or. 4 8 44
6	0 45 39	0 53 39	137 46 30	137 59 26	id. 4 19 30	or. 3 22 52
7	0 17 24	0 26 34	136 38 12	136 36 8	id. 4 6 18	or. 3 9 58
8	0 3 19	0 7 47	135 59 43	135 55 46	id. 4 5 4	or. 3 8 45
	Nord.					
9	0 9 00	0 1 00	135 16 54	135 19 44	id. 2 54 16	or. 2 36 6
		Nord.				
10	0 17 52	0 10 52	134 38 12	134 36 8	id. 2 18 26	or. 2 58 36
11	0 26 39	0 18 48	....	134 9 38	....	....
		Sud.				
12	0 10 37	0 1 32	133 32 00	133 36 38	....	....
	Sud.					
13	0 5 3	0 17 38	133 32 26	133 22 54	id. 3 4 36	az. 2 14 4
14	0 6 34	0 17 34	133 12 46	132 39 56	id. 2 6 16	az. 2 36 54
	Nord.					
15	0 7 29	0 6 23	132 19 12	132 18 13	id. 2 24 17	az. 2 36 19
		Nord.				
16	0 14 12	0 2 14	131 57 36	132 2 22	id. 2 28 46	or. 2 16 48
		Sud.				
17	0 9 4	0 8 38	131 45 19	131 48 38	id. 2 6 44	az. 2 16 38
18	....	0 18 14	....	131 18 17	id. 1 43 36	....
	Sud.					
19	0 17 30	0 19 29	130 54 3	130 55 2	....	....
20	0 13 46	0 19 14	130 24 46	130 24 48	id. 1 36 24	az. 1 18 54
21	0 12 37	0 15 37	130 6 19	130 12 19	id. 1 14 6	or. 1 58 2
22	0 28 46	0 33 59	129 35 34	129 39 36	id. 0 49 4	or. 1 19 11

DE L'ESPÉRANCE. 83

ÉPOQUE, 1792.	THERM. d	BAROM. p. l.	VENTS ET ÉTAT DU CIEL.
Juillet. 14	22,0	28 1,0	S. E. : E. S. E. Joli frais, un peu couvert.
15	22,0	28 1,0	E. S. E. : S. S. E. Joli frais, beau.
16	22,0	28 1,0	S. E. : S. Joli frais, pluvieux, ensuite beau.
17	22,0	28 1,3	S. S. E. Joli frais, couvert.
24	21,0	28 1,4	S. S. E. Joli frais, forte pluie.
25	21,0	28 1,3	S. S. E. Joli frais, couvert, grains.
26	21,0	28 0,9	E. S. E. : S. E. Bon frais, couvert, assez beau.
27	21,2	28 0,6	S. E. Joli frais, orageux, ensuite beau, variable.
28	22,0	28 0,4	S. E. Joli frais, beau.
29	22,3	28 0,6	Idem.
30	21,2	28 0,8	S. S. E. : S. E. Joli frais, couvert, pluie par intervalles.
31	22,4	28 1,3	S. E. Joli frais, couvert.
Août. 1	22,2	28 1,2	S. E. : S. S. E. Petit frais, joli frais, nuageux.
2	22,5	28 1,3	S. E. : S. S. E. Joli frais, nuageux.
3	22,6	28 1,3	Idem.
4	22,5	28 1,4	O. S. O. : S. E. Inégal, pluie, ensuite très-beau.
5	22,5	28 1,2	E. S. E. Joli frais, nuageux, beau.
6	.....	....	E. S. E. : E. N. E. Joli frais, petit frais, nuageux; beau.
7	.....	....	S. S. E. : S. E. Petit frais, nuageux, beau.
8	23,3	28 1,4	S. S. E. : S. E. Très-petit frais, très-beau.
9	.....	....	S. E. : E. Très-petit frais, très-beau.
10	.....	....	E. S. E. : E. N. E. Très-petit frais, très-beau.
11	23,8	28 1,2	S. S. E. Joli frais, ensuite calme, très-beau.
12	23,2	28 1,6	N. E. : N. O. : O. Inégal, beau.
13	24,1	28 1,1	O. N. O. : O. : O. S. O. Inégal, beau, grains.
14	23,3	28 1,7	S. O. : S. S. O. : S. S. E. Inégal, couvert.
15	.....	....	S. : S. E. Variable, foible, couvert.
16	.....	....	S. S. E. : E. Très-foible, couvert, ensuite serein.
17	.....	....	S. E. : N. N. E. Petit frais, beau, ensuite pluvieux.
18	23,6	28 1,4	S. E. : N. E. Variable, petit frais, couvert, pluie.
19	.....	....	E. N. E. : O. S. O. Petit frais, calme, couvert, ensuite clair.
20	23,1	28 1,7	S. : E. N. E. Très-foible, clair.
21	.....	....	S. E. : N. E. Foible, orageux, ensuite beau, très-variable.
22	.....	....	N. E. : S. O. : S. E. Foible, frais, beau.

L 2

TABLES DE LA ROUTE

ÉPOQUE, 1792.	LATITUDE OBSERVÉE, sud.	LATITUDE ESTIMÉE, sud.	LONGITUDE OBSERVÉE, orientale.	LONGITUDE ESTIMÉE, orientale.	DÉCLINAISON DE L'AIGUILLE, est.	
	d ′ ″	d ′ ″	d ′ ″	d ′ ″	d ′ ″	d ′ ″
Août. 23	0 46 54	0 55 19	128 56 33	129 2 34	oc. 0 48 54	az. 0 48 54
24	0 53 49	0 56 10	128 24 19	128 28 19	....	....
25	1 19 36	1 29 35	127 45 18	127 41 12	id. 0 49 53	....
26	1 43 16	1 39 46	127 26 34	127 28 19	id. 0 28 32 Ouest.	or. 1 28 8 Ouest.
27	1 59 56	2 4 16	127 2 38	127 13 38	id. 0 26 8 Est.	or. 0 40 24 Est.
28	2 22 34	2 28 38	127 12 6	127 6 3	id. 0 4 13	or. 0 22 54
29	2 28 38	2 39 19	127 13 52	127 1 49	id. 0 54 58	or. 1 28 34
30	2 39 48	2 42 38	127 4 32	126 56 54	id. 1 9 36	or. 0 56 28
31	2 40 51	2 46 11	126 49 46	126 42 46	id. 1 48 38	....
Septemb. 1	2 46 37	2 52 47	126 28 54	126 24 52	id. 1 34 19	or. 1 23 54
2	2 52 34	2 45 38	126 4 48	126 8 44	id. 1 8 54	or. 1 8 36
3	3 14 6	3 10 34	125 35 8	126 48 32	id. 1 19 8	....
4	3 35 46	3 28 6	125 49 3	125 40 24		....
5	3 48 36	3 55 36	125 52 15	125 2 25	id. 0 47 29	.... Ouest.
6	3 40 39	....	126 9 54	....	....	az. 1 14 26
À Amboine. 1ère année de la rép. franç.						
Vendém. 23	3 48 46	3 48 3	125 57 4	125 56 8	Ouest.	....
24	4 29 00	4 33 48	125 14 8	125 36 2	id. 0 37 8 Est.	....
25	5 24 54	5 26 19	124 36 8	124 38 49	id. 0 16 00	.... Est.
26	6 12 13	6 26 23	123 52 6	124 3 2	id. 0 4 19 Ouest.	or. 0 18 44 Ouest.
27	7 2 24	7 4 44	123 9 34	123 35 9	id. 0 34 36 Est.	or. 0 38 36 Est.
28	7 25 36	7 18 24	123 23 46	123 2 46	id. 0 29 34 Ouest.	az. 0 24 59 Ouest.
29	8 15 27	8 9 29	123 29 10	123 23 10	id. 0 58 54	az. 0 32 56
30	8 44 38	8 29 36	122 56 6	123 28 36	id. 0 26 3	or. 0 26 54
Brumaire. 1	9 3 12	8 56 44	122 34 8	122 44 7	id. 0 28 56	or. 0 33 56
2	9 17 49	9 8 2	122 17 19	122 19 19	id. 1 33 12	or. 0 24 22
3	9 18 48	9 16 19	121 39 34	122 4 8	or. 1 33 12	az. 1 26 12
4	9 44 48	9 28 42	120 58 46	121 36 47	oc. 1 14 11	az. 1 9 11
5	10 6 00	9 55 37	120 23 12	120 46 12	id. 1 17 26	or. 0 29 38
6	10 23 54	10 14 00	119 52 14	120 15 18	id. 0 56 34	....
7	10 42 00	10 42 47	118 49 18	119 19 34	id. 0 54 36	az. 0 52 36
8	10 50 48	10 58 38	118 7 23	118 34 23	or. 1 14 48	....
9	11 3 38	11 3 00	117 19 54	117 48 28	oc. 1 26 8	or. 1 56 44

DE L'ESPÉRANCE.

ÉPOQUE, 1792.	THERM.	BAROM.	VENTS ET ÉTAT DU CIEL.
	d	p. l.	
Août. 23	22,2	28 1,4	S. : S. S. E. Joli frais, beau.
24	21,6	28 1,8	S. S. E. Joli frais, calme, joli frais, beau.
25	21,1	28 2,0	S. S. E. : S. Joli frais, foible, beau.
26	21,7	28 1,7	E. : S. E. : S. Petit frais, beau, petits grains.
27	.....	....	S. O. Variable, petit frais, beau.
28	.....	....	E. : N. : S. O. Variable, petit frais, beau.
29	22,6	28 1,2	E. : N. Variable, très-foible, beau.
30	22,2	28 2,2	E. N. E. : S. E. : S. S. O. Très-foible, beau.
31	.....	....	E. N. E. : S. E. Petit frais, ensuite calme, sombre.
Septemb. 1	.....	....	S. E. : N. E. : N. Frais, petit frais, beau.
2	22,6	28 1,8	S. S. E. : O. N. O. Petit frais, beau.
3	22,0	28 1,5	S. S. O. : E. Petit frais, beau.
4	22,0	28 1,7	S. S. O. : S. E. : E. Foible, beau.
5	22,6	28 2,1	S. S. E. : E. S. E. Joli frais, nuageux.
6	22,0	28 2,2	E. N. E. : S. S. E. Petit frais, nuageux.
Vendém. 23	.....	....	S. : S. E. Petit frais, beau.
24	.....	....	E. S. E. : S. S. E. Petit frais, couvert.
25	22,4	28 1,5	E. S. E. : S. S. E. Joli frais, couvert.
26	.....	....	E. S. E. : S. E. Joli frais, couvert.
27	23,1	28 2,1	E. S. E. : S. S. O. Joli frais, petit frais, couvert.
28	.....	....	Calme. E. N. E. Petit frais, couvert.
29	.....	....	E. S. E. : E. : E. N. E. Petit frais, couvert.
30	22,3	28 1,6	S. E. : N. O. Petit frais, très-beau.
Brumaire. 1	22,1	28 1,1	S. S. E. : N. N. O. Petit frais, brumeux.
2	22,2	28 1,6	S. S. E. : N. N. O. Très-foible, brumeux.
3	22,6	28 1,6	Idem.
4	.....	....	Du S. O. au N. O. Très-foible, brumeux.
5	.....	....	O. S. O. : S. S. O. Très-foible, brumeux.
6	23,5	28 2,7	S. S. E. Très-foible, brumeux.
7	24,2	28 2,9	S. E. Très-petit frais, brumeux.
8	22,4	28 2,1	S. : E. : S. : S. O. Petit frais, serein.
9	.....	....	S. S. E. : S. S. O. Petit frais, serein.

TABLES DE LA ROUTE

ÉPOQUE, 1ere. année de la république franç.	LATITUDE OBSERVÉE, sud.	LATITUDE ESTIMÉE, sud.	LONGITUDE OBSERVÉE, orientale.	LONGITUDE ESTIMÉE, orientale.	DÉCLINAISON DE L'AIGUILLE, ouest.	
	d ′ ″	d ′ ″	d ′ ″	d ′ ″	d ′ ″	d ′ ″
Brumaire. 10	11 24 16	11 28 2	117 6 38	117 19 6	oc. 1 48 36	az. 1 23 3
11	11 45 38	11 36 6	116 19 32	116 42 54	id. 1 34 19	or. 1 28 4
12	12 14 54	12 19 33	115 28 4	115 39 34	id. 1 45 36	or. 1 6
13	12 35 28	12 46 54	114 36 12	114 52 14	or. 1 36 18	....
14	12 36 33	12 55 43	113 48 48	114 6 12	id. 1 39 49	....
15	13 28 44	13 28 42	113 3 56	113 26 56	id. 1 44 36	....
16	14 58 00	14 45 33	112 5 28	112 26 34	id. 1 58 30	az. 2 59 4
17	15 59 00	15 52 38	111 29 36	111 39 56	....	....
18	16 45 34	16 39 14	110 34 43	110 54 46	id. 2 52 00	az. 1 19 3
19	17 15 38	17 23 46	109 15 48	109 24 48	oc. 3 34 26	or. 2 59 5
20	17 46 12	17 52 34	107 49 27	108 4 27	id. 3 18 54	....
21	18 5 6	18 15 26	106 59 34	107 5 32	id. 3 39 9	....
22	18 7 54	18 15 54	106 26 38	106 34 38	id. 3 54 16	....
23	18 38 12	18 38 52	105 56 12	106 5 44	id. 2 26 24	....
24	19 42 34	19 41 34	105 15 24	105 22 44	id. 4 3 9	....
25	20 42 44	20 42 11	104 26 32	104 25 52	id. 3 12 14	az. 3 18 1
26	21 26 34	21 46 42	102 44 11	103 16 16	id. 4 22 36	....
27	22 28 38	22 30 46	101 45 34	101 54 36	id. 4 38 24	or. 3 36 5
28	23 34 26	23 33 26	101 6 16	100 58 46	id. 4 42 36	....
29	24 42 00	24 49 00	100 15 8	100 29 13	id. 4 29 17	....
30	25 47 38	25 46 54	99 26 34	99 26 14	....	....
Frimaire. 1	26 24 00	26 18 19	99 36 8	99 28 36	....	az. 6 23 5
2	....	27 18 4	98 29 34	98 39 24	....	....
3	....	28 23 6	....	97 44 3	....	....
4	30 4 00	29 32 7	96 56 7	97 36 8	....	az. 7 46 34
5	31 4 47	30 44 49	....	97 8 2	....	az. 8 8 12
6	30 48 24	30 49 36	98 8 46	97 35 48	....	....
7	30 48 23	30 52 53	99 12 54	99 14 54	id. 8 32 2	az. 8 9 6
8	30 59 37	31 2 8	99 46 23	99 49 54	id. 9 36 54	az. 9 58 19
9	31 4 12	31 9 17	100 26 54	100 9 54	id. 10 4 9	az. 9 4 7
10	31 24 46	31 24 9	101 28 36	101 24 32	id. 9 22 3	az. 8 48 52
11	32 29 54	32 26 30	103 14 54	103 14 54	id. 9 38 54	az. 10 26 16
12	32 56 16	33 8 16	105 00 16	104 2 18	id. 9 38 53	az. 9 38 36
13	33 23 54	33 28 19	105 53 14	105 23 34	id. 9 36 44	az. 9 52 54
14	34 16 14	34 32 4	108 58 38	108 19 18	id. 9 36 12	az. 10 14 2
15	34 10 34	34 26 8	112 2 3	111 36 38	....	....
16	34 45 36	34 34 36	113 38 56	113 4 56	id. 7 38 14	....
17	35 16 46	35 2 36	115 10 14	114 48 46	....	az. 9 8 44
18	34 48 34	34 52 45	116 51 28	116 59 24	id. 7 52 36	az. 8 18 29
19	34 9 36	34 14 19	118 21 48	117 46 26	or. 5 47 6	az. 8 19 6
20	34 1 12	34 9 42	119 26 34	118 54 8	oc. 7 8 00	az. 6 49 18
21	33 55 16	33 54 52	119 32 19	118 56 34	id. 6 16 18	az. 5 46 52
A la baie de Legrand.						

DE L'ESPÉRANCE.

ÉPOQUE, année de la république franç.	THERM.	BAROM.	VENTS ET ÉTAT DU CIEL.
	d	p. l.	
Brumaire. 10	....	....	S. S. O. : S. S. E. Joli frais, un peu nuageux.
11	....	....	S. S. E. : S. Petit frais, nuageux.
12	....	....	S. S. E. : S. E. Petit frais, nuageux.
13	21,2	28 2,2	S. E. : S. Petit frais, nuageux.
14	....	....	S. : E. S. E. Très-foible, nuageux.
15	....	....	E. : E. S. E. Petit frais, un peu nuageux.
16	....	....	E. : E. S. E. Joli frais, nuageux.
17	....	....	E. : S. E. Joli frais, nuageux.
18	....	....	E. S. E. : S. Moyen, serein.
19	19,4	28 2,6	S. S. E. : S. ¼ S. E. Bon frais, très-beau.
20	....	....	S. ¼ S. E. : S. E. ¼ S. Bon frais, couvert.
21	....	....	S. ¼ S. E. : S. E. ¼ E. Joli frais, couvert.
22	....	....	S. S. O. : S. E. Petit frais, couvert.
23	....	....	S. S. E. : E. S. E. Petit frais, couvert.
24	19,1	28 3,1	S. E. ¼ E. : S. E. Joli frais, couvert.
25	....	....	S. E. : S. S. E. Joli frais, couvert.
26	....	....	S. S. E. : E. S. E. Joli frais, couvert.
27	....	....	S. E. Bon frais, couvert.
28	....	....	Idem.
29	....	....	S. E. : E. S. E. Fortes rafales, couvert.
30	....	....	S. E. ¼ E. : S. E. ¼ S. Joli frais, assez beau.
Frimaire. 1	18,4	28 3,2	S. : S. E. ¼ S. Joli frais, couvert, beau.
2	....	....	E. S. E. : S. E. ¼ S. Bon frais, couvert.
3	....	....	S. E. : E. S. E. Joli frais, couvert.
4	....	....	S. E. ¼ S. : E. ¼ N. E. Moyen frais, couvert.
5	....	....	E. N. E. : S. S. E. Variable, foible, couvert et petite pluie.
6	....	....	S. S. E. : S. O. Foible, un peu couvert.
7	19,2	28 4,1	S. S. O. : S. ¼ S. E. Petit frais, très-beau.
8	....	....	S. S. O. : S. S. E. : N. Foible, très-beau.
9	....	....	N. N. O. : O. Foible, très-beau.
10	....	....	O. : N. N. O. Moyen, très-beau.
11	....	....	N. : S. O. Joli frais, beau, ensuite petite pluie.
12	....	....	S. O. Petit frais, très-beau.
13	14,2	28 2,3	N. O. : S. O. Petit frais, très-beau.
14	....	....	O. N. O. : O. S. O. Bon frais, nuageux.
15	13,0	28 1,2	O. : S. O. Bon frais, nuageux.
16	14,0	28 2,5	O. S. O. : O. N. O. Bon frais, nuageux.
17	14,0	28 2,5	O. N. O. : O. S. O. Grand frais, pluie, ensuite beau.
18	14,2	28 1,8	O. N. O. Joli frais, couvert.
19	13,5	28 2,7	O. : S. O. Bon frais, joli frais, serein.
20	14,0	28 0,5	O. : O. S. O. Joli frais, nuageux.
21	14,2	28 2,4	O. S. O. : S. O. Très-grand frais, couvert.

TABLES DE LA ROUTE

ÉPOQUE, 1ère année de la république franç.	LATITUDE OBSERVÉE, sud.	LATITUDE ESTIMÉE, sud.	LONGITUDE OBSERVÉE, orientale.	LONGITUDE ESTIMÉE, orientale.	DÉCLINAISON DE L'AIGUILLE ouest.	
	d ′ ″	d ′ ″	d ′ ″	d ′ ″	d ′ ″	d ′
Frimaire. 28	34 12 54	34 12 54	119 21 10	118 49 36	....	....
29	34 16 18	34 18 49	119 30 14	119 8 45	oc. 5 36 52	az. 5 58
30	34 26 16	34 32 16	119 33 6	119 4 4	id. 6 4 16	az. 6 34
Nivose. 1	35 12 00	35 9 28	....	119 35 2	....	....
2	35 4 34	34 59 14	119 54 36	119 28 36	id. 5 19 14	....
3	34 24 53	34 28 54	120 22 36	120 3 38	....	oc. 5 36
4	34 13 42	34 14 42	121 1 3	120 55 2	id. 5 8 2	az. 5 18
5	33 40 46	33 48 46	122 4 8	122 8 4	id. 4 58 00	az. 4 5
6	33 3 58	33 12 54	122 35 7	122 35 38	id. 4 18 3	az. 4 34
7	32 33 19	32 36 34	123 23 46	123 16 44	....	oc. 3 36
8	32 17 52	32 24 38	124 52 16	124 45 16	id. 4 8 58	az. 2 42
9	31 59 00	32 4 36	126 4 7	125 58 14	id. 3 58 19	az. 2 58
10	32 16 40	32 9 18	126 39 46	126 48 46	....	az. 2 36
11	32 9 34	32 5 4	127 2 38	127 4 14	id. 2 58 3	az. 2 19
12	31 53 8	31 59 17	127 20 54	127 29 52	or. 2 47 38	az. 2 53
13	31 47 4	31 48 19	127 58 46	127 58 54	id. 1 38 44	az. 2 17
14	31 42 00	31 44 52	128 54 32	128 53 36	id. 1 39 28	....
15	31 52 00	31 55 44	129 9 48	129 14 42	....	....
16	32 52 46	32 59 15	128 8 4	128 18 36	oc. 1 49 2	az. 1 24
17	34 28 54	34 24 52	127 44 52	128 6 54	id. 2 26 19	az. 0 34
18	35 31 48	35 32 46	127 18 54	127 38 8	id. 1 38 6	az. 0 36
19	36 13 32	36 16 12	126 22 2	126 46 58	id. 2 14 6	az. 2 28
20	37 00 8	36 48 34	....	127 12 16	....	....
21	37 16 36	37 16 48	128 34 44	128 45 19	or. 3 28 7	az. 3 37
22	37 12 34	37 14 36	129 6 54	129 8 54	id. 2 48 36	az. 2 47
23	37 36 15	37 38 34	129 58 36	129 28 34	oc. 2 6 19	az. 1 58
24	38 53 16	38 44 16	131 32 54	131 34 52	id. 1 29 54	az. 1 48
25	39 18 24	39 28 46	131 56 8	132 4 36	....	Est.
26	40 18 38	40 9 00	132 22 28	132 32 58	....	or. 0 16
27	40 58 34	41 12 4	135 4 18	135 18 34	....	oc. 0 34
28	41 39 37	41 48 19	137 44 37	137 38 17	Est. or. 3 54 37	az. 1 52
29	42 38 52	42 52 36	141 6 46	141 8 56	....	....
30	42 51 19	42 56 58	142 49 18	142 32 46	....	....
Pluviose. 1	43 22 34	43 28 24	143 29 6	143 14 4	oc. 6 52 4	az. 8 9
2	43 44 48	43 48 36	144 16 52	144 2 6	....	az. 7 52
3	43 38 1	....	144 46 3	....	id. 7 24 56	or. 8 13
Au cap de Diemen.						
Ventose. 10	43 22 26	....	....	145 40 00	....	az. 7 28
11	42 56 52	42 59 4	147 57 6	147 55 8	or. 6 4 32	....
12	42 32 34	42 25 8	151 1 8	151 13 8	id. 9 16 8	az. 9 17
13	42 21 36	42 12 49	153 14 16	153 21 36	oc. 10 44 46	or. 12 44

DE L'ESPÉRANCE.

ÉPOQUE, 1ere. année de la république franç.	THERM.	BAROM.	VENTS ET ÉTAT DU CIEL.
	d	p. l.	
Frimaire. 28	15,0	28 3,0	E. : E. N. E. Joli frais, beau.
29	15,5	28 3,0	E. : S. Joli frais, beau.
30	....	......	S. E. : S. S. O. Petit frais, beau, nuageux.
Nivose. 1	15,2	28 1,5	S. S. E. : E. : E. N. E. Joli frais, couvert.
2	16,0	28 1,5	E. : S. Frais, ensuite très-foible, beau.
3	15,6	28 0,5	S. E. : E. Joli frais, couvert, brumeux.
4	15,0	27 11,9	E. S. E.: N. E.: N. O.: S. O. Frais, brumeux, ensuite clair.
5	14,5	28 2,3	S. O. : O. S. O. Très-grand frais, beau.
6	15,1	28 1,0	E. : E. S. E. Joli frais, beau.
7	15,0	28 0,3	E. S. E. : S. S. E. : S. S. O. Joli frais, nuageux.
8	....	......	S. : S. O. Très-frais, ensuite foible, nuageux.
9	16,0	28 3,0	S. : E. : N. : O. : S. O. Petit frais, très-beau.
10	16,0	28 2,0	E. : E. N. E. Bon frais, très-beau.
11	19,5	28 0,0	E. : E. N. E. Joli frais, petit frais, très-beau.
12	20,9	28 1,8	E. : N. : O. S. O. Petit frais, orageux, ensuite brumeux.
13	17,0	28 0,1	O. : N. : E. Foible, orageux, ensuite brumeux.
14	17,0	28 1,0	S. E. : E. : N. E. Moyen frais, orageux, ensuite brumeux.
15	15,0	28 4,2	S. E. : S. Joli frais, orageux, ensuite brumeux.
16	14,5	28 5,0	S. S. E. : E. S. E. Joli frais, nuageux.
17	....	......	E. S. E. : E. : E. N. E. Joli frais, nuageux.
18	....	......	E. $\frac{1}{4}$ N. E. : S. E. Moyen frais, nuageux.
19	13,4	28 3,0	S. E. : E. Petit frais, couvert.
20	....	......	E. : N. : O. : S. O. Foible, couvert.
21	....	......	O.: S.: O.: S.: S. S. E. Petit frais, petite pluie, ensuite beau.
22	13,0	28 2,3	S. S. E. Foible, ensuite calme, beau.
23	....	......	S. : E. : N. E. Très-foible, petit frais, beau.
24	....	......	N. E.: N. : N. O. Frais, foible, beau.
25	....	......	N. O.: S. O. : S. E. Joli frais, nuageux.
26	11,4	28 4,1	E. S. E.: N. O. Petit frais, ensuite calme, frais, nuageux, grains.
27	....	......	O. S. O. : O. : O. N. O. Joli frais, nuageux.
28	....	......	O. : O. N. O. Joli frais, nuageux, un peu de pluie.
29	....	......	N. O. : O. : S. O. Bon frais, nuageux, grains.
30	10,3	28 1,4	S. O. : S. O. : S. Bon frais, nuageux, grains.
Pluviose. 1	11,5	28 3,0	S. O. Joli frais, ensuite calme. O. S. O. Frais, nuageux, beau.
2	12,5	28 3,3	N. O. Frais, ensuite calme. O. Petit frais, beau.
3	12,7	28 2,4	E. : N. Foible, joli frais, très-beau.
Ventose. 10	....	......	S. S. O. Joli frais, nuageux, beau.
11	14,0	28 0,4	N. N. O. Joli frais, petit frais, très-beau.
12	....	......	N. O. : O. : S. O. Bon frais, nuageux, assez beau.
13	....	......	O. S. O. : N. N. O. Petit frais, joli frais, beau.

TABLES DE LA ROUTE

ÉPOQUE, 1ère année de la république franç.	LATITUDE OBSERVÉE, sud.	LATITUDE ESTIMÉE, sud.	LONGITUDE OBSERVÉE, orientale.	LONGITUDE ESTIMÉE, orientale.	DÉCLINAISON DE L'AIGUILLE, est.	
	d ′ ″	d ′ ″	d ′ ″	d ′ ″	d ′ ″	d ′ ″
Ventose. 14	42 10 54	42 2 4	155 1 3	155 42 36	oc. 11 38 00	az. 12 38 00
15	....	41 42 8	....	157 35 8	....	....
16	40 23 8	40 21 54	....	159 26 4	....	....
17	39 27 19	39 26 28	161 7 53	160 38 2	or. 13 8 00	az. 13 19 00
18	37 53 43	37 44 46	163 33 56	163 27 26	....	....
19	36 24 36	36 28 56	165 48 19	165 35 19	....	az. 13 44 00
20	35 36 12	35 43 3	166 52 59	166 43 19	oc. 13 19 00	az. 12 46 19
21	34 26 18	34 22 29	168 35 56	168 17 56	or. 12 48 54	az. 12 59 00
22	34 23 36	34 12 26	170 18 32	170 2 34	....	....
23	34 7 46	34 12 36	171 54 26	171 26 34	....	....
24	33 15 54	33 5 54	174 13 52	174 8 38	....	az. 11 43 56
25	32 38 44	32 28 52	176 26 14	176 12 17	id. 11 23 23	az. 10 49 26
26	31 55 19	31 41 32	178 34 53	178 29 34	....	....
27	30 19 17	30 18 27	179 49 27	179 42 24	oc. 11 46 4	az. 10 36 26
			Ouest.			
28	29 34 36	29 22 36	179 54 26	179 59 28	or. 11 49 34	az. 10 44 30
			Ouest.			
29	28 18 49	28 28 18	179 9 19	179 18 36	oc. 10 56 54	or. 10 13 19
30	....	27 9 4	....	178 38 44	id. 11 17 36	or. 10 33 46
Germinal. 1	25 58 36	25 53 36	178 7 14	178 32 46	....	....
2	24 19 26	24 9 34	176 18 4	176 5 3	....	....
3	22 8 39	22 9 48	176 26 7	176 22 8	id. 9 48 16	az. 8 46 54
4	21 9 36	21 10 32	....	177 16 9	id. 9 44 17	az. 9 46 36
A Tongata-bou.						
21	20 55 23	20 52 23	177 26 40	177 25 56	id. 9 14 00	....
22	20 12 38	20 18 54	179 34 40	179 42 24	....	az. 9 16 54
				Est.		
23	20 2 8	20 16 6	....	177 45 46	....	....
24	....	20 8 16	Est.	175 37 16	....	....
25	19 37 50	20 9 4	172 4 2	172 48 33	....	....
26	19 52 16	20 9 34	169 43 10	169 48 16	id. 9 47 14	az. 9 24 52
27	19 53 8	20 15 2	167 54 30	167 44 18	id. 11 26 14	az. 9 46 12
28	20 8 52	20 28 54	165 45 19	165 58 16	id. 11 16 19	....
29	20 22 35	20 39 26	162 55 4	163 9 2	....	....
30	20 9 36	20 16 56	161 58 53	162 4 53	or. 11 19 4	....
Floréal. 1	20 16 46	....	....	....	id. 8 34 10	....
A la Nouvelle-Calédonie.						
21	20 10 48	20 12 38	162 15 18	162 33 46	....	or. 9 38 16
22	19 50 24	19 54 14	162 2 52	162 36 49	oc. 9 44 58	or. 9 14 36
23	18 53 33	19 13 6	161 25 12	161 42 54	id. 8 38 56	or. 10 12 54
24	18 31 13	18 38 54	161 6 26	161 38 8	id. 10 4 32	or. 9 25 26

DE L'ESPÉRANCE.

ÉPOQUE, 1ère année de la république franç.	THERM.	BAROM.	VENTS ET ÉTAT DU CIEL.
	d	p. l.	
Ventose. 14	....	......	N. N. O. Bon frais, nuageux.
15	14,4	28 1,6	N. N. O. : N. O. Bon frais, couvert, brumeux.
16	....	......	O. S. O. : S. S. O. : S. S. E. Bon frais, brumeux.
17	....	......	S. S. E. : S. O. : O. Joli frais, sombre.
18	15,1	28 2,0	N. O. : O. : S. O. Bon frais, couvert.
19	....	......	S. S. E. : S. S. O. Joli frais, beau.
20	....	......	S. : O. N. O. Petit frais, joli frais, très-beau.
21	....	......	O. : O. N. O. Joli frais, très-beau.
22	16,1	28 0,2	O. : O. N. O. Joli frais, brumeux.
23	17,2	28 0,2	O. N. O. Petit frais, brumeux.
24	....	......	N. O. Joli frais, brumeux.
25	....	......	N. O. : N. N. O. Petit frais, joli frais, brumeux.
26	....	......	N. O. $\frac{1}{4}$ N. : S. O. Grand frais, joli frais, petite pluie.
27	16,8	28 2,2	O. S. O. : S. O. : S. S. O. Joli frais, nuageux.
28	17,0	28 3,5	S. S. E. : S. : S. S. O. Petit frais, nuageux.
29	....	......	S. : S. S. E. : S. E. : E. S. E. Petit frais, beau ciel, un peu nuageux.
30	18,6	28 2,0	S. E. : E. S. E. : E. : E. $\frac{1}{4}$ N. E. Petit frais, beau, ensuite couv., pl.
Germinal. 1	....	......	N. E. : N. : O. Petit frais, joli frais, couvert, pluie, ensuite beau.
2	....	......	S. S. O. : S. Bon frais, nuageux, assez beau.
3	....	......	S. S. E. : S. E. : E. S. E. Joli frais, un peu nuageux, beau.
4	20,0	28 3,2	N. E. : S. E. Joli frais, nuageux, beau.
21	....	......	E. : E. S. E. Joli frais, nuageux, beau.
22	21,0	28 2,7	E. Bon frais, nuageux, beau.
23	....	......	E. : E. S. E. Bon frais, nuageux, beau.
24	20,8	28 2,3	E. S. E. Bon frais, couvert, petite pluie.
25	....	......	E. : E. S. E. Bon frais, couvert, ensuite serein.
26	....	......	E. : E. $\frac{1}{4}$ S. E. Joli frais, nuageux, beau.
27	20,7	28 1,2	E. $\frac{1}{4}$ S. E. : S. E. $\frac{1}{4}$ E. Joli frais, nuageux, beau.
28	....	......	S. E. Joli frais, ensuite bon frais, beau.
29	20,0	28 2,0	E. S. E. : E. Bon frais, couvert.
30	20,3	28 2,2	Idem.
Floréal. 1	20,4	28 2,5	Idem.
21	20,1	28 2,3	E. S. E. : S. S. E. Petit frais, beau.
22	....	......	N. E. : S. E. Variable, très-foible, beau.
23	20,4	28 2,6	S. S. E. Petit frais, ensuite très-frais, beau.
24	....	......	S. E. Très-foible, beau.

TABLES DE LA ROUTE

ÉPOQUE, 1ère année de la république franç.	LATITUDE observée, sud.	LATITUDE estimée, sud.	LONGITUDE observée, orientale.	LONGITUDE estimée, orientale.	DÉCLINAISON DE L'AIGUILLE est.	
	d ′ ″	d ′ ″	d ′ ″	d ′ ″	d ′ ″	d ′ ″
Floréal. 25	17 38 59	17 56 29	161 6 55	161 34 6	oc. 9 32 24	az. 9 44 54
26	16 28 00	16 58 36	....	162 14 36	or. 9 58 36	....
27	14 42 59	14 47 54	163 4 15	163 18 34		
28	....	13 52 18	....	163 24 36		
29	12 55 54	12 58 44	162 39 15	163 14 46	id. 9 54 36	
30	11 38 17	11 39 54	163 13 12	163 38 54		
Prairial. 1	11 15 48	11 12 39	163 32 25	163 39 37	id. 9 43 40	az. 9 24 14
2	10 56 54	10 56 49	163 39 31	163 52 14	oc. 9 18 46	or. 9 36 16
3	10 39 38	10 47 17	163 32 35	163 45 54		
4	10 38 25	10 36 34	163 21 10	163 48 34	id. 10 12 16	az. 9 36 16
5	....	10 32 54	....	163 34 46		
6	....	10 58 36	....	162 14 6		
7	10 48 19	11 8 47	160 17 35	160 52 34		
8	10 53 42	10 58 34	159 40 30	159 43 17		
9	10 33 16	10 18 47	158 57 5	158 52 8		az. 9 42 17
10	9 53 34	9 58 54	159 7 40	158 54 56	or. 9 14 54	az. 8 49 36
11	....	10 12 52	....	159 4 50		az. 7 54 36
12	9 58 56	10 32 56	158 45 50	158 3 36	id. 9 45 36	
13	10 7 16	10 12 18	158 9 26	157 52 26	id. 8 54 12	az. 8 52 18
14	10 3 6	9 52 14	158 7 32	157 53 36		
15	....	9 59 4	....	157 36 8		
16	9 27 43	9 32 14	157 15 10	156 44 7		
17	9 6 39	9 28 37	156 35 45	156 54 13		
18	8 56 54	9 2 34	....	155 56 34		
19	8 49 56	8 48 16	155 9 2	155 33 38		az. 7 54 00
20	9 18 45	9 14 46	155 12 30	155 12 16	oc. 8 00 00	....
21	10 8 19	10 4 12	154 49 5	154 49 49	or. 8 12 47	az. 7 48 54
22	11 29 54	11 9 36	154 37 42	154 38 54	oc. 8 14 18	az. 7 36 4
23	11 6 46	11 24 52	153 33 15	153 44 36		az. 7 46 34
24	11 00 00	11 43 36	152 14 50	152 28 34	id. 8 38 54	az. 8 39 58
25	11 14 34	11 16 38	151 54 25	152 5 34		az. 7 28 14
26	10 58 32	11 18 14	151 18 32	151 29 37	or. 7 48 36	....
27	10 36 32	10 38 6	150 48 35	151 4 12	id. 7 19 36	....
28	10 24 29	10 39 47	150 2 10	150 19 46	id. 7 13 36	....
29	10 12 56	10 12 56	149 42 36	149 56 44	id. 7 26 44	....
30	9 54 39	10 4 59	149 14 22	149 13 26		az. 7 46 00
Messidor. 1	9 42 44	9 55 24	149 7 55	149 8 34	id. 7 34 52	....
2	9 46 6	9 52 36	149 22 30	149 12 48	oc. 7 8 19	or. 7 36 00
3	8 53 29	9 6 34	149 18 24	149 8 54		
4	8 14 48	8 36 54	148 59 40	149 8 36	id. 7 36 44	or. 7 18 00
5	8 16 9	8 26 46	148 17 15	148 24 42	id. 6 54 48	az. 6 34 00
6	8 16 38	8 28 9	147 22 54	147 33 54	id. 7 38 44	az. 6 46 00
7	8 8 17	8 18 42	146 37 25	146 47 36		
8	7 36 38	7 41 37	146 13 44	146 19 34		

DE L'ESPÉRANCE.

ÉPOQUE, année de la république franç.	THERM.	BAROM.	VENTS ET ÉTAT DU CIEL.
	d	p. l.	
Floréal. 25	20,7	28 3,5	S. E. Foible, ensuite petit frais, beau.
26	....	......	E. S. E. Frais, ensuite bon frais, nuageux.
27	21,2	28 2,4	E. S. E. Bon frais, nuageux.
28	....	......	S. E.: E.: N. E. Inégal, orageux, couvert, pluie.
29	21,8	28 2,1	E. N. E.: E.: E. S. E. Joli frais, nuageux, ensuite serein.
30	....	......	E.: E. S. E. Joli frais, nuageux.
Prairial. 1	22,0	28 1,0	E. S. E.: N. E.: N. O. Foible, orageux, pluie, ensuite serein.
2	23,0	28 1,0	E.: N.: S. E. Foible, beau, petite pluie, beau.
3	22,5	28 1,0	E. S. E.: N. E.: N. Foible, nuageux.
4	23,0	28 0,0	E.: S. E. Foible, nuageux.
5	22,0	28 0,8	E. S. E. Petit frais, nuageux, pluie.
6	22,0	28 1,1	E. Bon frais, couvert, pluvieux.
7	22,5	28 0,5	E. S. E. Bon frais, nuageux.
8	22,8	28 0,2	E. Bon frais, nuageux.
9	22,0	28 0,2	E.: E. S. E. Bon frais, nuageux, grains, pluie.
10	22,5	28 0,5	E. Joli frais, ensuite calme. O. Foible, nuageux.
11	22,2	28 0,8	O. Très-inégal, nuageux, grains, pluie.
12	22,0	28 1,0	N.: N. E.: E. N. E. Petit frais, nuageux.
13	22,5	28 0,6	E. N. E. Joli frais, nuageux.
14	21,6	28 1,0	Du S. à l'E. Variable, petit frais, couvert, pluie.
15	21,5	28 1,8	Du S. à l'E. Inégal, foible, couvert, orageux.
16	21,5	28 1,5	E. S. E. Joli frais, nuageux.
17	22,5	28 1,5	S. E. Bon frais, nuageux.
18	22,0	28 0,0	S. E. Bon frais, nuageux, quelques petits grains.
19	22,0	28 1,2	Idem.
20	....	......	S. E.: N. E.: N. O.: S. O.: S. Petit frais, nuag., pl., ensuite beau.
21	21,9	28 1,6	S. E.: E. S. E. Joli frais, nuageux, pluie.
22	22,0	28 2,0	E.: E. N. E. Petit frais, assez beau, petits grains.
23	....	......	S. E.: S. O. Petit frais, assez beau, petits grains.
24	21,0	28 1,9	S. E. Petit frais, assez beau, petits grains.
25	20,5	28 2,0	S. E. Petit frais, assez beau, ensuite pluvieux.
26	21,0	28 2,3	E. S. E.: S. S. E. Petit frais, beau, ensuite pluvieux.
27	21,0	28 3,0	S. E. Petit frais, beau.
28	21,0	28 2,0	E. S. E.: S. E. Petit frais, beau.
29	21,2	28 2,0	S. E.: S. S. E. Petit frais, beau.
30	20,0	28 1,8	S. E. Petit frais, très-beau.
Messidor. 1	21,5	28 1,9	E. S. E. Foible, ensuite calme, très-beau.
2	21,6	28 1,9	Idem.
3	21,0	28 2,0	S. E. Joli frais, très-beau.
4	21,0	28 1,5	S. E.: S. S. E. Joli frais, très-beau.
5	21,0	28 1,3	S. S. E.: S. E. Inégal, grains, nuageux, pluie.
6	22,0	28 2,7	S. E. Joli frais, nuageux.
7	21,4	28 2,5	S. E. Joli frais, ensuite petit frais, nuageux.
8	21,7	28 2,3	S. E. Petit frais, nuageux.

TABLES DE LA ROUTE

ÉPOQUE, 1ere. année de la république franç.	LATITUDE OBSERVÉE, sud.	LATITUDE ESTIMÉE, sud.	LONGITUDE OBSERVÉE, orientale.	LONGITUDE ESTIMÉE, orientale.	DÉCLINAISON DE L'AIGUILLE, est.	
	d ′ ″	d ′ ″	d ′ ″	d ′ ″	d ′ ″	d ′ ″
Messidor. 9	6 54 42	7 32 18	145 31 35	145 33 38	....	
10	7 8 48	7 6 9	145 47 10	145 45 19	....	az. 6 9 0
11	7 8 43	7 13 44	145 51 45	145 36 34	or. 6 34 00	az. 6 12 00
12	5 39 36	6 25 14	146 26 20	145 56 37	....	az. 6 14 00
13	5 15 16	5 18 36	146 52 55	146 54 58	oc. 6 42 46	or. 6 36 0
14	4 49 56	5 12 58	147 15 30	147 12 18	id. 6 38 44	
15	4 47 24	4 47 36	147 53 36	147 48 56	id. 6 14 55	az. 6 34 00
16	5 4 38	4 51 34	147 47 40	148 9 52	id. 6 42 38	
17	4 51 14	4 54 8	148 36 15	148 28 19	id. 6 37 36	
18	4 38 36	4 42 8	148 55 50	148 43 36	id. 6 8 36	
19	4 42 18	4 38 36	149 9 25	148 54 19	id. 6 22 54	or. 6 44 00
20	4 22 44	4 18 54	149 19 34	149 6 18	id. 6 42 34	or. 6 38 00
21	3 46 39	3 48 18	149 18 35	149 8 36	id. 6 34 3	az. 6 32 00
22	3 13 36	3 16 34	148 49 10	149 43 17	id. 6 38 44	
23	2 42 54	2 52 33	147 2 46	147 59 9	....	
24	2 31 36	2 38 14	147 4 20	147 5 48	or. 6 17 54	
25	2 9 49	2 12 47	146 30 55	146 24 54	....	
26	1 5 36	1 12 18	145 42 30	145 54 48	....	az. 5 42 00
27	0 53 39	0 52 48	144 5 6	145 3 43	....	
28	0 52 18	0 49 18	144 35 40	144 26 38	....	
29	0 36 54	0 33 14	144 5 15	143 54 12	id. 5 24 18	
30	0 39 10	0 26 8	143 23 52	143 7 56	....	
Thermid. 1	....	0 31 19	....	142 46 48	oc. 4 54 37	az. 4 37 00
2	0 38 54	0 22 26	143 9 26	142 38 46	or. 4 18 19	
3	0 42 18	0 27 44	143 2 12	142 39 36	oc. 3 38 19	az. 4 38 00
4	0 43 34	0 26 39	142 53 36	142 26 16	or. 4 18 17	az. 3 59 00
5	0 14 18 Nord.	0 13 24 Nord.	142 25 35	142 4 12	oc. 4 32 54	or. 4 14 00
6	0 2 34 Sud.	0 1 43	141 22 45	141 13 46	or. 4 54 18	....
7	0 8 39	0 1 38 Sud.	140 36 20	140 28 58	oc. 4 18 47	or. 4 8 00
8	0 12 6 Nord.	0 7 46 Nord.	139 12 50	139 54 32	or. 4 18 00	....
9	0 8 54	0 3 58	139 32 30	138 59 8	oc. 4 17 18	
10	0 22 14 Sud.	0 16 36 Sud.	139 14 51	138 34 36	....	....
11	0 8 58	0 5 54	138 9 40	138 38 7	or. 3 4 36	
12	0 8 14	0 14 42	138 43 15	138 8 34	oc. 3 22 37	
13	....	0 23 6	....	137 19 17	id. 3 38 19	az. 3 33 00
14	0 8 46	0 25 47	135 56 50	135 14 19	....	
15	0 5 34	0 8 24	134 51 25	134 38 12	id. 2 28 00	az. 2 18 48
16	0 5 42	0 5 41	134 30 00	134 9 46	id. 2 48 9	az. 2 24 58
17	....	0 15 36	....	133 56 34	or. 2 44 36	....

DE L'ESPÉRANCE.

ÉPOQUE, année de la République franç.	THERM.	BAROM.		VENTS ET ÉTAT DU CIEL.
	d	p.	l.	
Messidor. 9	21,0	28	2,6	E. S. E. : S. E. Petit frais, ensuite bon frais, grains, pluie.
10	20,0	28	2,0	O. N. O. : N. O. Petit frais, nuageux, grains, pluie.
11	21,7	28	1,5	S. : S. S. E. Petit frais, nuageux, pluie, ensuite beau.
12	21,0	28	1,0	S. : S. S. E. Joli frais, ensuite bon frais, nuageux.
13	22,0	28	0,5	S. S. E. Joli frais, variable, ensuite calme, beau.
14	22,2	28	1,0	S. E. : E. S. E. Joli frais, beau.
15	22,0	28	1,1	S. : S. E. Frais, très-foible, beau.
16	22,2	28	1,0	Calme. S. Petit frais, beau.
17	22,4	28	0,7	Idem.
18	22,5	28	1,0	S. E. Orageux, petit frais, beau.
19	22,5	28	0,7	N. O. Petit frais, ensuite calme, couv., orag., pl., ensuite serein.
20	22,5	28	0,5	S. S. E. Petit frais, beau.
21	23,0	28	1,0	Idem.
22	23,0	28	0,7	Idem.
23	21,6	28	0,5	S. E. Petit frais, inégal, nuageux, pluie, ensuite beau.
24	.....	....		E. : S. S. E. Inégal, nuageux, pluie, ensuite beau.
25	.....	....		S. E. Inégal, petit frais, nuageux, pluie, ensuite beau.
26	23,2	28	0,6	S. E. Inégal, petit frais, nuageux.
27	23,2	28	0,9	E. Très-petit frais, nuageux.
28	.....	....		N. : N. O. : S. S. E. Petit frais, nuageux, pluie, couvert.
29	.....	....		Idem.
30	22,8	28	1,0	E. : N. Inégal, nuageux, pluie, couvert.
Thermid. 1	23,4	28	0,7	S. E. : E. : N. : N. O. Inégal, nuageux, pluie, couvert.
2	.....	....		O. : S. : S. E. Très-foible, nuageux.
3	.....	....		S. : S. E. Très-foible, très-beau.
4	.....	....		Idem.
5	23,6	28	0,9	E. S. E. Petit frais, très-beau.
6	22,8	28	1,1	Idem.
7	.....	....		E. : E. N. E. Petit frais, nuageux.
8	.....	....		E. : S. E. Foible, orageux.
9	.....	....		E. : S. Inégal, orageux.
10	24,1	28	1,3	S. : O. N. O. Inégal, grains, pluie.
11	.....	....		O. : S. O. Joli frais, nuageux.
12	.....	....		S. : E. Foible, joli frais, nuageux.
13	23,8	28	1,4	S. : E. : N. Inégal, couvert, pluie.
14	.....	....		S. : S. E. : E. Joli frais, nuageux.
15	.....	....		E. : N. Petit frais, ensuite calme, nuageux.
16	24,0	28	1,2	N. : O. : S. : O. : N. Foible, beau.
17	.....	....		O. : O. S. O. Petit frais, nuageux, pluie.

TABLES DE LA ROUTE

ÉPOQUE, 1ère année de la république franç.	LATITUDE OBSERVÉE, sud.	LATITUDE ESTIMÉE, sud.	LONGITUDE OBSERVÉE, orientale.	LONGITUDE ESTIMÉE, orientale.	DÉCLINAISON DE L'AIGUILLE est.	
	d ′ ″	d ′ ″	d ′ ″	d ′ ″	d ′ ″	d ′
Thermid. 18	....	0 9 18	....	133 44 52	oc. 2 38 16	....
19	0 13 23 Nord.	0 6 34	....	133 22 12	....	
20	0 18 34	0 1 38 Nord.	132 30 20	132 2 8	....	
21	0 18 58	0 15 37 Sud.	132 36 55	132 4 36	id. 1 36 44	....
22	0 9 26	0 3 5	131 56 30	131 38 34	id. 2 38 14	az. 2 49
23	0 3 3	0 5 10	131 25 5	131 4 36	....	
24	0 1 32	0 8 29	....	130 38 24	....	az. 1 19
25	0 15 52	0 5 18 Nord.	129 18 5	130 12 14	or. 1 44 18	....
26	....	0 6 4	....	129 32 16	oc. 1 18 39	
27	0 12 39 Sud.	0 00 49	129 48 25	129 26 16	id. 1 48 36	az. 0 24
28	0 2 36 Nord.	0 00 36 Sud.	129 34 3	129 8 19	id. 1 58 44	....
29	0 1 27	0 00 39	....	129 2 4	id. 0 44 48	
A Waygiou. Fructidor. 11	0 3 44 Sud.	0 2 48	129 15 2	129 14 54	id. 1 8 7	
12	0 6 36	0 14 16	128 33 8	128 37 44	id. 0 44 12	
13	0 33 38	0 38 19	127 24 16	127 52 16	....	az. 0 48
14	0 56 16	0 58 14	127 14 6	127 16 19	or. 0 34 18	az. 0 14
15	1 38 29	1 29 37	127 2 36	127 8 4	....	
16	2 14 42	2 3 42	126 28 36	126 52 24	oc. 0 46 8 Ouest.	Ouest.
17	2 48 43	2 38 00	125 48 6	126 14 8	or. 0 8 48	az. 0 6
18	3 18 24	3 8 32	125 22 4	125 48 4	oc. 0 8 44	....
A Bourou. jours complémentaires. 1	2 48 54	3 4 6	124 52 16	124 54 16	or. 1 36 18	....
2	2 51 52	2 58 32	124 8 36	124 42 36	oc. 0 17 42 Est.	az. 0 18 Est.
3	3 28 00	3 25 36	122 54 48	123 19 7	id. 0 13 19	az. 0 18
4	3 28 46	3 33 3	123 19 43	123 25 42	id. 0 36 38 Ouest.	or. 0 22 Ouest.
5	4 14 37	4 8 36	122 36 48	122 48 34	or. 0 4 38	az. 0 18
6	4 18 14	4 28 34	122 3 16	122 8 26	oc. 0 43 48	or. 0 12
2ᵉ. année de la rép. franç. Vendém. 1	4 18 56	4 32 46	121 38 46	121 32 46	id. 0 41 39	....
2	4 22 4	4 28 16	121 8 16	121 18 16	....	az. 0 16

DE L'ESPÉRANCE.

ÉPOQUE, 1re. année de la République franç.	THERM. d	BAROM. p. l.	VENTS ET ÉTAT DU CIEL.
Thermid. 18	23,7	28 0,8	O. S. O. : O. N. O. Joli frais, nuageux, pluie.
19	23,2	28 1,3	O. : S. O. : S. Petit frais, nuageux, pluie.
20	.....	....	S. : S. O. Bon frais, petit frais, nuageux, pluie.
21	24,2	28 0,6	S. O. : O. : S. E. Très-frais, beau.
22	.....	....	E. : S. Petit frais, nuageux.
23	21,9	28 0,9	S. : S. O. : O. S. O. Petit frais, ensuite bon frais, pluie.
24	.....	....	O. S. O. : S. : S. E. Petit frais, pluie.
25	.....	....	S. : S. O. : S. S. E. Petit frais, nuageux, beau.
26	22,4	28 1,3	S. O. : S. E. Foible, pluie.
27	22,3	28 0,6	S. O. : S. E. Foible, couvert.
28	.....	....	N. O. : O. Variable, foible, pluie.
29	.....	....	S. O. Inégal, beau.
Fructidor. 11	21,9	28 1,0	S. O. Petit frais, nuageux.
12	.....	....	S. : S. S. E. Bon frais, nuageux.
13	22,0	28 1,1	S. : S. S. E. Joli frais, nuageux.
14	.....	....	S. : S. S. E. Petit frais, nuageux.
15	22,6	28 1,4	S. : S. S. E. Joli frais, nuageux.
16	.....	....	S. E. : O. Petit frais, nuageux.
17	22,4	28 1,3	E. : S. Petit frais, ensuite calme, nuageux.
18	.....	....	S. E. Joli frais, nuageux.
Jours complémentaires.			
1	22,5	28 1,6	E. S. E. Joli frais, ensuite calme, beau.
2	.....	....	E. S. E. Très-foible, beau.
3	22,1	28 1,4	S. S. E. Joli frais, beau.
4	22,3	28 1,7	Idem.
5	.....	....	S. S. E. : S. E. Joli frais, beau.
6	22,0	28 1,5	S. S. E. Petit frais, beau.
2e. année de la rép. franç.			
Vendém. 1	22,4	28 2,0	S. S. E. : E. S. E. Très-foible, beau.
2	22,0	28 1,7	S. : S. S. O. Très-foible, beau.

TABLES DE LA ROUTE

ÉPOQUE, 2e. année de la république franç.	LATITUDE OBSERVÉE, sud.	LATITUDE ESTIMÉE, sud.	LONGITUDE OBSERVÉE, orientale.	LONGITUDE ESTIMÉE, orientale.	DÉCLINAISON DE L'AIGUILLE, ouest.	
	d ′ ″	d ′ ″	d ′ ″	d ′ ″	d ′ ″	d ′ ″
Vendém. 3	....	....	....	....	oc. 0 34 42	....
4	4 32 38	....	....	....	....	....
Dans le détroit de Bouton.						
5	....	....	....	....	....	az. 0 6 20
6	4 38 34	....	....	....	or. 0 46 35	az. 0 48 34
7	4 36 38	....	....	....	oc. 0 26 18	az. 0 34 52
8	4 38 36	....	120 46 2	....	or. 0 46 54	....
12	4 43 14	....	....	120 59 4	....	....
13	4 47 28	....	....	....	....	....
14	....	....	....	....	....	....
15	....	....	....	....	....	....
16	....	....	....	....	oc. 0 34 10	....
17	....	....	....	....	id. 0 38 7	....
18	5 28 4	....	120 44 8	....	id. 0 18 37	....
19	5 47 56	5 54 56	119 38 34	119 42 38	id. 0 29 44	or. 1 9 34
20	5 45 43	5 52 44	118 43 56	118 46 38	....	....
21	6 5 34	6 12 8	117 25 14	117 32 7	id. 0 37 46	or. 1 58 52
22	6 16 38	6 12 38	116 2 36	116 4 35	id. 0 18 36	or. 1 56 38
23	5 53 36	5 56 48	114 54 16	114 55 38	id. 1 3 6	or. 0 56 44
24	5 44 52	5 53 54	113 42 34	113 44 56	id. 0 36 24	or. 0 23 47
25	6 18 34	6 26 34	112 45 34	112 58 37	id. 0 52 6	or. 1 48 49
26	6 52 36	6 53 46	111 56 52	112 2 45	or. 1 18 46	....
27	6 52 16	6 52 28	111 28 12	111 28 12	....	....
28	6 55 4	6 56 4	110 59 54	110 59 18	id. 1 34 18	....
29	6 56 44	6 58 32	110 48 46	110 52 7	id. 1 26 48	....
30	6 58 00	....	110 54 38	....	id. 1 22 00	....
A Surabaya.						

DE L'ESPÉRANCE.

ÉPOQUE, 5e année de la république franç.	THERM.	BAROM.		VENTS ET ÉTAT DU CIEL.
	d	p.	l.	
Vendém. 3	22,2	28	1,5	Du N. à l'E. Inégal, beau.
4	22,6	28	0,7	De l'E. S. E. à l'O. S. O. Joli frais, beau.
5	.....	....		S. E. Joli frais, beau.
6	22,8	28	1,5	E. S. E. : E. N. E. Joli frais, beau.
7	.....	....		E. Petit frais, beau.
8	22,7	28	1,6	
12	22,5	28	1,7	
13	22,7	28	1,3	
14	23,0	28	1,5	
15	23,3	28	1,8	
16	22,8	28	1,6	
17	.....	....		S. S. E. : E. S. E. Joli frais, beau.
18	22,3	28	1,8	S. S. E. : E. S. E. Inégal, beau.
19	22,1	28	1,6	Du S. à l'O. S. O. Joli frais, beau.
20	22,4	28	1,4	S. E. Joli frais, beau.
21	22,0	28	1,8	De l'E. au S. E. Joli frais, très-beau.
22	22,8	28	1,7	E. S. E. : S. E. Joli frais, beau.
23	22,5	28	1,5	E. S. E. Joli frais, beau.
24	.....	....		Idem.
25	23,5	28	1,6	Idem.
26	23,0	28	1,5	Idem.
27	23,0	28	1,4	N. E. Joli frais, beau.
28	23,6	28	1,2	N. O. Joli frais, beau.
29	23,7	28	1,3	N. N. O. : N. Joli frais, beau.
30	23,6	28	1,5	N. E. : S. O. Beau.

NOMS

ET

VALEURS DES NOUVELLES MESURES

COMPARÉES AVEC LES ANCIENNES.

Mesures linéaires.

	toises	pieds	pouces	lignes
Myriamètre.	5130	4	5	4
Kilomètre.	513	0	5	4
Hectomètre.	51	1	10	1,6
Décamètre.	5	0	9	4,96
MÈTRE.	0	3	0	11,296
Décimètre.	0	0	3	8,330
Centimètre.	0	0	0	4,433

Mesures de capacité.

	pieds cubes.	pouces cubes.
Myrialitre.	291,7390	
Kilolitre.	29,1739	
Hectolitre.	2,9174	
Décalitre.	0,2917	
LITRE.		50,4125
Décilitre.		5,0412
Centilitre.		0,5041

TOME II.   O

NOUVELLES MESURES.

Mesures de pésanteur.

	livres	onces	gros	grains.
Bar...	204	4	4	54
Myriagramme.................................	20	6	6	63
Kilogramme...................................	2	0	5	35
Hectogramme.................................	0	3	2	10,72
Décagramme..................................	0	0	2	44,27
GRAMME.....................................	0	0	0	18,827
Décigramme..................................	0	0	0	1,883
Centigramme.................................	0	0	0	0,188

TABLE

DES PLANCHES

CONTENUES DANS L'ATLAS.

N°. I. *Carte pour servir au Voyage à la recherche de la Pérouse.*

N°. II. *Vue des îles de l'Amirauté.*

N°. III. *Sauvage des îles de l'Amirauté.*

N°. IV. *Pêche des Sauvages du cap de Diemen.*

N°. V. *Sauvages du cap de Diemen préparant leur repas.*

N°. VI. *Femme du cap de Diemen.*

N°. VII. *Homme du cap de Diemen. — Enfant du cap de Diemen.*

N°. VIII. *Homme du cap de Diemen. — Finau, chef des guerriers de Tongatabou.*

N°. IX. *Cigne noir du cap de Diemen.*

TABLE

N°. X. *Perruche du cap de Diemen.*

N°. XI. *Calao de l'île de Waygiou.*

N°. XII. Fig. 1, 2, 3. *Aseroe rubra.* — 4, 5, 6. *Araignée que les Calédoniens mangent.* — 7, 8. *Bouclier des naturels de la Louisiade.* — 9. *Hache des naturels de la Louisiade.*

N°. XIII. *Eucalyptus globulus.*

N°. XIV. *Exocarpos cupressiformis.*

N°. XV. *Diplarrena moraea.*

N°. XVI. *Richea glauca.*

N°. XVII. *Mazeutoxeron rufum.*

N°. XVIII. *Carpodontos lucida.*

N°. XIX. *Mazeutoxeron reflexum.*

N°. XX. *Eucalyptus cornuta.*

N°. XXI. *Chorizema ilicifolia.*

N°. XXII. *Anigozanthos rufa.*

N°. XXIII. *Banksia repens.*

N°. XXIV. *Banksia nivea.*

N°. XXV. *Sauvage de la Nouvelle-Zélande.* — *Jeune Sauvage de la Nouvelle-Zélande.*

N°. XXVI. *Fête donnée au général Dentrecasteaux par Toubau, roi des îles des Amis.*

N°. XXVII. *Danse des femmes des îles des Amis en présence de la reine Tiné.*

N°. XXVIII. *Double pirogue des îles des Amis.*

N°. XXIX. *Toubau, fils du roi des îles des Amis.— Vouacécé, habitant des îles Fidgi.*

N°. XXX. *Femme de Tongatabou.— Femme d'Amboine.*

N°. XXXI. *Effets des habitans des îles des Amis.*

 Fig. 1, 2, 3, 4, 5, 6 et 7. *Paniers de différentes formes.*
 Fig. 8. *Vase de terre, entouré d'un filet à larges mailles fait avec de la bourre de cocos.*
 Fig. 9. *Vase de bois dans lequel on prépare le kava.*
 Fig. 10, 11 et 12. *Tasses pour boire le kava.*
 Fig. 13. *Cuiller taillée dans un coquillage.*
 Fig. 14. *Fruit du* melodinus scandens, *que les femmes remplissent d'huile destinée à graisser différentes parties du corps.*

N°. XXXII. *Suite des effets des habitans des îles des Amis.*

 Fig. 15. *Tablier de bourre de cocos.*
 Fig. 16, 17, 18 et 19. *Différentes sortes de colliers.*
 Fig. 20. *Ornement de tête.*
 Fig. 21. *Peigne.*
 Fig. 22. *Figure grotesque, d'os; plusieurs habitans la portoient suspendue au cou, de même que le morceau d'os représentant un oiseau assez mal sculpté attaché au collier n°. 19.*
 Fig. 23. *Dent de requin fichée au bout d'un bois : elle sert à sculpter divers ouvrages.*

TABLE

Fig. 24. *Rape faite avec une peau de raie attachée à un morceau de bois.*

Fig. 25 et 26. *Pierres calcaires que les habitans attachent aux lignes avec lesquelles ils pêchent à de grandes profondeurs.*

Fig. 27, 28 et 29. *Hameçons.*

Fig. 30. *Crochet de bois à quatre branches surmonté d'un plateau de bois.*

Fig. 31. *Le plateau.*

N°. XXXIII. *Suite des effets des habitans des îles des Amis.*

Fig. 32. *Emouchoir de bourre de cocos.*

Fig. 33. *Eventail fait avec une feuille de l'espèce de palmier appelé corypha umbraculifera.*

Fig. 34 et 35. *Oreillers de bois.*

Fig. 36. *Casse-tête.*

Fig. 37, 38 et 39. *Massues.*

Fig. 40. *Sorte de coutelas d'os.*

Fig. 41. *Espece de sabre d'os.*

N°. XXXIV. *Femme des îles Beaupré. — Homme des îles Beaupré.*

N°. XXXV. *Sauvage de la Nouvelle-Calédonie lançant une zagaie.*

N°. XXXVI. *Femme de la Nouvelle-Calédonie.*

N°. XXXVII. *Effets des Sauvages de la Nouvelle-Calédonie.*

Fig. 1. *Masque de bois.*

Fig. 2 et 3. *Bonnet.*

DES PLANCHES.

Fig. 4. *Collier.*
Fig. 5 et 6. *Bracelets.*
Fig. 7, 8 et 9. *Peignes.*
Fig. 10, 11, 12, 13, 14 et 15. *Massues.*

N°. XXXVIII. *Suite des effets des Sauvages de la Nouvelle-Calédonie.*

Fig. 16. *Sac pour porter les pierres ovales que les habitans jetent avec leurs frondes.*
Fig. 17. *Fronde.*
Fig. 18. *Pierre.*
Fig. 19. Nbouet, *instrument avec lequel les Sauvages de la Nouvelle-Calédonie coupent les chairs de leurs ennemis qu'ils partagent entre eux après le combat.*
Fig. 20. *Deux cubitus humains taillés et bien polis, destinés à arracher les intestins des malheureuses victimes que ces peuples dévorent.*
Fig. 21. *Hache de serpentine emmanchée de bois.*
Fig. 22 et 23. *Hameçons.*
Fig. 24. *Panier.*
Fig. 25. *Zagaie des habitans des îles de l'Amirauté. Son extrémité supérieure est terminée par un morceau de verre de volcan.*
Fig. 26. *Flûte des naturels de la Louisiade.*
Fig. 27. *Collier des naturels de la Louisiade.*
Fig. 28, 29 et 30. *Huttes des Sauvages de la Nouvelle-Calédonie.*

N°. XXXIX. *Pie de la Nouvelle-Calédonie.*

N°. XL. *Dracophyllum verticillatum.*

N°. XLI. *Antholoma montana.*

N°. XLII. *Vue de l'île de Bourou prise de la rade.*

TABLE DES PLANCHES.

Nº. XLIII. *Pirogue des Arsacides.* — *Pirogue de l'île de Bouka.*

Nº. XLIV. *Double pirogue de la Nouvelle-Calédonie.* — *Catimarron du cap de Diemen.* — *Pirogue de l'île de Sainte-Croix, dans la mer du Sud.*

TABLE

TABLE

DES CHAPITRES

CONTENUS DANS CE VOLUME.

CHAPITRE X.

Séjour dans la baie des Roches. Diverses excursions dans l'intérieur des terres. Bonté du sol. Organisation singulière de l'écorce de plusieurs arbres particuliers à la Nouvelle-Hollande. Difficulté de pénétrer dans les forêts. Les arbres dans l'intérieur des terres ne sont point creusés par le feu comme sur les bords de la mer. Charbon de terre vers le nord-ouest du cap méridional. Entrevue avec les Sauvages. Leur conduite très-pacifique à notre égard. L'un d'eux vint nous observer la nuit pendant notre sommeil. Plusieurs nous accompagnèrent à travers les bois. Diverses autres entrevues avec ces habitans. Ils font griller sur les charbons les coquil-

lages pour les manger. Polygamie établie chez ces peuples. Leur pêche. Les femmes vont chercher des crustacées et des coquillages en plongeant quelquefois à de grandes profondeurs. L'un des Sauvages vient à bord. Leurs connoissances en botanique,
page 5

CHAPITRE XI.

Départ de la baie des Roches pour passer par le détroit Dentrecasteaux. Les vaisseaux échouent dans ce détroit. Diverses excursions sur les terres voisines. Entrevue avec des naturels. Ils avoient déposé dans les bois leurs armes qu'ils reprîrent en s'en retournant. Notre mouillage à la baie de l'Aventure. 64

CHAPITRE XII.

Départ de la baie de l'Aventure. Nous passons tout près et au nord de la Nouvelle-Zélande. Entrevue avec ses habitans. Découverte de plusieurs îles inconnues jusqu'alors. Mouillage à Tongatabou, l'une des îles des Amis. Empressement des naturels à venir à bord, et à nous procurer des vivres frais. Nous salons un grand nombre de cochons. Les insulaires sont très-enclins au vol. Une de nos sentinelles est assassinée pendant la nuit par un naturel qui lui vole son fusil. Le roi Toubau livre l'assassin au général Dentrecasteaux, et lui remet le fusil qui avoit été volé. La reine Tiné vient à bord. Toubau donne une fête au Général. La reine Tiné lui en donne aussi une. Le forgeron de la Recherche tombe sous les coups de massue que lui assènent des naturels par lesquels il est dépouillé en plein jour à la vue de nos vaisseaux. On embarque de jeunes pieds d'arbres à pain pour enrichir nos colonies de ce végétal précieux, 81

CHAPITRE XIII.

Départ de Tongatabou. Vue de la partie australe de l'archipel du Saint-Esprit. Découverte de l'île de Beaupré. Mouillage à la Nouvelle-Calédonie. Entrevues avec les naturels. Description de leurs huttes. Ces Sauvages sont anthropophages. Leur impudence à notre égard. Ils mangent de gros morceaux de stéatite pour appaiser leur faim. Leurs tentatives de s'emparer de nos embarcations. Diverses excursions dans l'intérieur de l'île. Mort du capitaine Huon. Espèce nouvelle d'araignée dont les Sauvages de la Nouvelle-Calédonie se nourrissent, 178

TABLE

CHAPITRE XIV.

Départ de la Nouvelle-Calédonie. Entrevues avec les habitans de l'île de Sainte-Croix. Leur mauvaise foi. L'un de ces Sauvages perça légérement d'un coup de flèche le front d'un de nos matelots qui périt des suites de cette blessure. Singulière construction de leurs pirogues. Vue de la partie méridionale de l'archipel de Salomon. Entrevues avec ses habitans. Leur perfidie. Reconnoissance des côtes du nord de la Louisiade. Entrevues avec ses habitans. Dangers de cette navigation. Nous passons par le détroit de Dampier pour reconnoître la côte septentrionale de la Nouvelle-Bretagne. Mort du général Dentrecasteaux. Le scorbut fait de grands ravages sur nos deux navires. Mort du boulanger de la Recherche. Mouillage à Waygiou,   249

CHAPITRE XV.

Séjour à Waygiou. Nos scorbutiques éprouvent un prompt soulagement. Entrevues avec les naturels. Mouillage à Bourou. Nous passons par le détroit de Bouton. Ravages de la dyssenterie. Mouillage à Sourabaya. Séjour à Samarang. Ma détention au fort d'Anké près Batavia. Séjour à l'Ile-de-France. Retour en France,   288

VOCABULAIRES.

Vocabulaire malais, page 5
Vocabulaire de la langue des Sauvages du cap de Diemen, 44
Vocabulaire de la langue des îles des Amis, 47
Vocabulaire du langage des naturels de la Nouvelle-Calédonie, 58
Vocabulaire du langage des naturels de Waygiou, 66

Tables de la route de l'Espérance depuis son départ d'Europe jusqu'à son arrivée à Sourabaya, 71
Noms et valeurs des nouvelles mesures comparées avec les anciennes, 101
Table des planches contenues dans l'atlas, 103

FIN DE LA TABLE DES CHAPITRES.

ERRATA.

TOME PREMIER.

page vij	ligne 21	au *lisez* aux.
5	23	de *lisez* des.
24	23	*prenantes* lisez *prenanthes*.
91	15	des *lisez* de.
111	20	hauts-fonds *lisez* bas-fonds.
167	4	déchouer *lisez* d'échouer.
215	17	demi *lisez* demie.
292	7	faite *lisez* fait.
298	24	sou- *lisez* souvent.
365	2	*supprimez* la.

TOME SECOND.

19	26	d'arbre et *lisez* d'arbre en.
35	1	un *lisez* une.
42	24	*supprimez* un.
108	10	de pieds *lisez* des pieds.
158	8	de fois *lisez* des fois.
160	21	ain *lisez* hameçon.

www.ingramcontent.com/pod-product-compliance
Lightning Source LLC
Chambersburg PA
CBHW070609230426

43670CB00010B/1462